中等职业教育国家规划教材
全国中等职业教育教材审定委员会审定

热工基础

（第三版）

电厂热力设备运行专业

主　　编　唐莉萍
编　　写　刘蓉莉　景朝晖
责任主审　孙保民
审　　稿　陈梅倩　李文彦

中国电力出版社
CHINA ELECTRIC POWER PRESS

内 容 提 要

本书是根据教育部颁布的中等职业学校电厂热力设备运行专业“热工基础”课程教学大纲编写而成的。

全书共分五个单元，单元下设课题。全书包括工程热力学和传热学两部分内容，主要叙述热力学基础知识，热力学基本定律及应用，水蒸气的热力性质和蒸汽流动规律与计算，蒸汽动力循环的分析与计算；导热、对流换热、辐射换热的基本概念和基本规律；传热的分析与计算，换热器的传热计算和综合分析等。

全书采用中华人民共和国法定计量单位。各课题后附有例题和课堂练习题，各单元后附有小结、复习思考题和习题。

本书可做为中等职业学校电厂热力设备运行专业的教材，也可作为该专业初、中级工的培训教材，还可供从事热力工程工作和相关专业的技术人员参考。

图书在版编目（CIP）数据

热工基础/唐莉萍主编. —3版. —北京：中国电力出版社，2013.9（2022.1重印）

中等职业教育国家规划教材

ISBN 978-7-5123-4784-7

Ⅰ.①热… Ⅱ.①唐… Ⅲ.①热工学—中等专业学校—教材 Ⅳ.①TK122

中国版本图书馆CIP数据核字（2013）第179468号

中国电力出版社出版、发行

（北京市东城区北京站西街19号 100005 http://www.cepp.sgcc.com.cn）

三河市百盛印装有限公司印刷

各地新华书店经售

*

2002年1月第一版

2013年9月第三版 2022年1月北京第三十一次印刷

787毫米×1092毫米 16开本 13.25印张 316千字 1插页

定价 **42.00**元

电力中等职业教育国家规划教材

编 委 会

中等职业教育国家规划教材

出版说明

为了贯彻《中共中央国务院关于深化教育改革全面推进素质教育的决定》精神，落实《面向21世纪教育振兴行动计划》中提出的职业教育课程改革和教材建设规划，根据教育部关于《中等职业教育国家规划教材申报、立项及管理意见》（教职成［2001］1号）的精神，我们组织力量对实现中等职业教育培养目标和保证基本教学规格起保障作用的德育课程、文化基础课程、专业技术基础课程和80个重点建设专业主干课程的教材进行了规划和编写，从2001年秋季开学起，国家规划教材将陆续提供给各类中等职业学校选用。

国家规划教材是根据教育部最新颁布的德育课程、文化基础课程、专业技术基础课程和80个重点建设专业主干课程的教学大纲（课程教学基本要求）编写，并经全国中等职业教育教材审定委员会审定。新教材全面贯彻素质教育思想，从社会发展对高素质劳动者和中初级专门人才需要的实际出发，注重对学生的创新精神和实践能力的培养。新教材在理论体系、组织结构和阐述方法等方面均作了一些新的尝试。新教材实行一纲多本，努力为教材选用提供比较和选择，满足不同学制、不同专业和不同办学条件的教学需要。

希望各地、各部门积极推广和选用国家规划教材，并在使用过程中，注意总结经验，及时提出修改意见和建议，使之不断完善和提高。

教育部职业教育与成人教育司

二〇〇一年十月

前 言

本书是根据教育部制定的中等职业学校电厂热力设备运行专业热工基础课教学大纲，在中国电力出版社2006年8月出版的《中等职业教育国家规划教材　热工基础（第二版）》的基础上根据2012年10月郑州“中等职业教育教材修订研讨会”的会议精神修订的。

本次修订所遵循的理念是：以就业为导向，以学生为主体，着眼于学生职业生涯发展，注重职业素养的培养，有利于课程教学改革，并反映产业升级、技术进步和职业岗位变化的要求，在教学内容上，按照岗位需求、课程目标修改教学内容，体现“四新”、必需和够用，对接职业标准，易学易懂。

本次修订在教材内容和体系框架上未作大的改动。同时，为了使本教材更好地服务于专业能力的培养这一目标，本书此次做了以下修订：①对现场应用中不直接涉及的偏深内容进行了删减；②删去了黑度测定实验的内容；③补充了换热器实物图片；④突出了传热学中热阻分析法在工程实际中的应用；⑤补充了超超临界压力机组的相关内容；⑥书后增加了焓熵图，便于热力计算时使用；⑦对第二版中出现的错误进行了更正。

本书由保定电力职业技术学院副教授唐莉萍主编，并修订绪论、第三、四单元；重庆市电力公司教育培训中心高级讲师刘蓉莉修订第一、二单元；武汉电力职业技术学院副教授景朝晖修订第五单元。全书由江西电力职业技术学院教授饶金华主审。

本书可作为中等职业学校（普通中专、成人中专、技工学校、职业高中）教材，也可作为职工培训用书或供热力工程和有关专业的技术人员参考。

编　者

2013年7月

第一版前言

热工基础是中等职业学校电厂热力设备运行专业（三年制）的一门主要专业技术基础课程。它的任务是：使学生具备高素质劳动者和中初级专门人才所必须的热工基本知识和基本技能；为学生学习专业知识和掌握职业技能，提高全面素质，增强适应职业变化的能力和继续学习打下一定的基础。本书是依据国家教委最新颁发的教学计划（试行）和教学大纲进行编写的。

本书遵照国家教委关于中等职业技术教育课程改革的原则和基本思路，力求贯彻以能力为本位的思想，全书采用模块式框架，单元—课题式结构，并针对培养能力的要求，将内容分为五个大模块和若干个小模块。不同工种、不同岗位的学员可根据需要灵活选用。本书注重理论与电厂生产实践相结合，在内容的编排上力求突出针对性和实用性，并以够用为度。例题及课堂练习题主要取材于火电厂200MW、300MW和600MW机组的数据资料。为便于自学，各单元后附有小结、复习思考题及习题，各课题后的例题及课堂练习题是为加强实践环节而设置的。

本书由保定电力工业学校唐莉萍主编，并编写绪论部分及第三单元、第四单元，重庆电力培训中心刘蓉莉编写第一单元、第二单元，武汉电力工业学校景朝晖编写第五单元。由江西电力工业学校饶金华主审。

本书在编写过程中得到了重庆电力教育培训中心黄恩洪老师、长沙电力工业学校吴智储老师的大力支持，谨表谢意。

对于书中存在的缺点和不足之处恳切希望广大读者批评指正。

编　者

2001年6月

第二版前言

《热工基础》是教育部80个重点建设专业主干课程之一，是根据教育部最新颁布的中等职业学校电厂热力设备运行专业“热工基础”课程教学大纲编写的。

本书以培养学生的创新精神和实践能力为重点，以培养在生产、服务、技术和管理第一线工作的高素质劳动者和中初级专门人才为目标。教材的内容适应劳动就业、教育发展和构建人才成长“立交桥”的需要，使学生通过学习具有综合职业能力、继续学习的能力和适应职业变化的能力。

为了使本课程更好地为专业课奠定基础，同时体现目前我国电力行业发展的新技术、新趋势，本书在修订过程中作了以下修改：①对混合气体，增加了组成气体的状态方程式；②增加了逆向循环和逆向卡诺循环的内容；③增加了滞止参数的概念；④给出了回热循环加热器热平衡的第二种方法；⑤增加了超临界压力机组的概念和超临界压力一次再热循环的 $T-s$ 图；⑥增加了燃气一蒸汽联合循环的内容；⑦增加了管内沸腾换热的内容；⑧对辐射换热的增强与削弱及增强传热的内容做了修订；⑨补充了换热器实物图片；⑩按照有关规定，对部分名词、术语及符号的使用做了相应的修订，对第一版教材中出现的错误进行了更正。

本书由保定电力职业技术学院副教授唐莉萍主编，并修订绪论、第三、四单元；重庆电力公司教育培训中心高级讲师刘蓉莉修订第一、二单元；武汉电力职业技术学院副教授景朝晖修订第五单元。全书由江西电力职业技术学院副教授饶金华主审。

本书可作为中等职业学校（普通中专、成人中专、技工学校、职业高中）教材，也可作为职工培训用书或供热力工程和有关专业的技术人员参考。

编　者

2006年5月

主 要 符 号 表

一、工程热力学符号

英 文 字 母

A 面积；功热当量
C 热容
c 质量热容；流速
C_V 容积热容
C_m 摩尔热容
d 比湿度（含湿量）；汽耗率
D 过热度
F 力
g 重力加速度
H 焓
h 比焓
K 热量利用系数
l 长度；比汽化潜热
M 摩尔质量
Ma 马赫数
M_r 相对分子质量
m 质量
n 物质的量
p 绝对压力
p_{amb} 大气压力
p_g 表压力
p_v 真空
Q 热量
q 比热量
q_m 质量流量
R 气体常数
S 熵
s 比熵；位移
T 热力学温度
t 摄氏温度
U 热力学能
u 比热力学能
V 容积
V_m 摩尔容积
v 比体积
W 容积功
W_0 循环净功
W_s 轴功
W_t 技术功
W_f 流动功
w 比容积功
w_i 混合气体的质量分数
w_0 比循环净功
w_s 比轴功
w_t 比技术功
w_f 比流动功
x 干度
x_i 混合气体的摩尔分数
Z 高度

希 腊 字 母

α 抽汽率
β 压力比
ε_1 制冷系数
ε_2 供暖系数
η 效率

η_t	循环热效率
κ	定熵指数
γ	质量热容比
ρ	密度
φ_i	混合气体的体积分数

下　角　标

C	卡诺循环
c	临界点状态参数
cr	临界流动的有关量
i	序号
max	最大
min	最小
R	朗肯循环
p	定压
s	定熵
s	饱和状态
T	定温
V	定容
vap	蒸汽
wat	水
x	湿蒸汽
0	标准状态；基准状态
1	初态；进口
2	终态；出口

上　角　标

$'$	饱和水
$''$	干饱和蒸汽

顶　　标

—	平均

特　殊　符　号

d	状态参数的微小量变化
Δ	状态参数的增量
δ	过程函数的微小量变化

二、传热学符号

英　文　字　母

A	面积
a	热扩散率
C	辐射系数
c	质量热容；流速
d	直径
E	辐射力
G	投入辐射
h	高度
K	传热系数
K_l	单位长度圆筒壁传热系数
l	长度；比汽化潜热
q_m	质量流量
R	热阻
R_λ	导热热阻
R_c	对流换热热阻
R_r	辐射换热热阻
R_K	传热热阻
T	热力学温度
t	摄氏温度

希　腊　字　母

α	吸收率；复合换热系数
α_c	对流换热表面传热系数
α_r	辐射换热表面传热系数
δ	厚度
ε	黑度

λ	导热系数（热导率）
μ	动力黏度
ν	运动黏度
π	圆周率
ρ	反射率；密度
τ	穿透率
Φ	热流量
φ	热流密度
φ_l	单位长度圆筒壁的热流量

下 角 标

b	黑体
cr	临界
f	流体
max	最大
min	最小
s	饱和状态
w	壁面

上 角 标

′	进口
″	出口

顶 标

—	平均

目 录

中等职业教育国家规划教材出版说明
前言
第一版前言
第二版前言
主要符号表

绪论 …… 1
单元一 热力学基础知识 …… 4
课题一 工质、热力状态及基本状态参数 …… 4
课题二 热力过程及参数坐标图 …… 10
课题三 理想气体状态方程式 …… 17
课题四 热容及热量计算 …… 23
小结 …… 28
复习思考题 …… 29
习题 …… 30
单元二 热力学基本定律 …… 32
课题一 热力学第一定律 …… 32
课题二 理想气体的基本热力过程 …… 40
课题三 热力学第二定律 …… 47
小结 …… 57
复习思考题 …… 59
习题 …… 60
单元三 水蒸气的热力性质 …… 61
课题一 水蒸气 …… 61
课题二 蒸汽的流动 …… 75
课题三 空气通过喷管的动力特性演示实验 …… 89
小结 …… 92
复习思考题 …… 93
习题 …… 94
单元四 蒸汽动力循环 …… 96
课题一 朗肯循环 …… 96
课题二 回热循环 …… 104

课题三　再热循环…… 109
课题四　热电合供循环…… 114
课题五　燃气—蒸汽联合循环…… 116
小结…… 119
复习思考题…… 120
习题…… 121
单元五　传热及换热器…… 122
课题一　传热的基本方式…… 122
课题二　传热过程…… 146
课题三　换热器…… 157
课题四　换热器实验…… 166
小结…… 168
复习思考题…… 170
习题…… 171

附录 A …… 173
附表一　气体的平均质量定压热容$\bar{c}_p|_0^t$…… 173
附表二　气体的平均容积定压热容$\overline{C_{p,V}}|_0^t$…… 174
附表三　气体的平均质量定容热容$\bar{c}_V|_0^t$…… 175
附表四　气体的平均容积定容热容$\overline{C_{V,V}}|_0^t$…… 176
附表五　饱和水与饱和蒸汽性质表（按温度排列）…… 177
附表六　饱和水与饱和蒸汽性质表（按压力排列）…… 178
附表七　未饱和水与过热蒸汽性质表…… 180
附表八　几种材料的密度、导热系数、质量热容和热扩散率…… 192
附表九　几种材料在表面法线方向上的辐射黑度…… 193
附录 B　焓熵图…… 194

参考文献…… 195

绪　论

一、能源、热能及其利用

能源的开发利用程度是人类社会生产发展的一个重要标志。所谓能源，是指为生产和日常生活提供各种能量和动力的物质资源。在自然界中，可被利用的能源主要有：风能、水能、潮汐能、太阳能、地热能、燃料的化学能和原子核能等。在这些能源中，除风能、水能和潮汐能是以机械能的形式被人们利用之外，其余各种能源都往往以热能的形式被人们所利用。显然，人们从自然界能源中获得能量的主要形式是热能。

热能是指组成物质的所有微观粒子作各种不规则热运动时的能量。热能的利用有两种基本方式，一种是直接利用，即将热能直接用来加热物体，如烘干、蒸煮、采暖、焙烧、冶炼等；另一种是间接利用，即将热能转换为机械能，用作生产上的动力，或进一步将机械能转变为电能，如内燃机、喷气发动机、蒸汽动力装置、燃气轮机动力装置、核能动力装置等。由于电能具有传输方便，使用灵活，且易于转变为其他形式的能量等诸多优点，它已成为发展现代社会物质文明的重要条件。在能源的利用中，电能利用占总能源利用的比例已成为国民经济发展水平的标志。

电能可由自然界的各种能源转换而得到，其中火力发电是电力工业的重要组成部分。在我国，2012 年的火力发电量为 39 108 亿 kW·h，占全国总发电量的 78.6%，在世界上，火力发电约占世界总发电量的 80%。预计在今后相当长的一个时期内，火力发电仍将占据主要地位。因此，热能的研究和利用对整个人类的生产和生活有着巨大的意义。

二、火力发电厂的生产过程

利用燃料（煤、石油、天然气等）生产电能的工厂叫火力发电厂，简称火电厂。

火力发电厂的生产过程，就是将燃料中的化学能转换为热能（在锅炉中），再将热能转换为机械能（在汽轮机中），最后将机械能转换为电能（在发电机中）的一系列能量转换过程。

图 0－1 是以煤为燃料的火力发电厂生产过程示意。

煤由煤场经输煤皮带送入锅炉制粉系统，经过磨煤机被磨制成煤粉，在热空气的输送下进入锅炉燃烧室内燃烧，生成高温烟气，使燃料的化学能转换为烟气的热能；锅炉受热面将烟气的热能传给水，水受热而蒸发，变成具有一定压力和温度的过热蒸汽，由此，烟气的热能通过传热就转换为水蒸气所具有的热能；具有一定热能的过热蒸汽进入汽轮机，在汽轮机喷管中降压降温膨胀而形成高速汽流，将蒸汽的热能转换成动能，具有较大动能的蒸汽冲动汽轮机转子上的叶片，使汽轮机转子旋转，将蒸汽的动能转换成汽轮机轴的回转机械能；汽轮机再带动发电机一起旋转而发出电能，将机械能转换为电能。

做功后的蒸汽在凝汽器中将热量传给冷却水（也叫循环水）而凝结成水，再由水泵升压后经低压加热器、除氧器、高压加热器送回锅炉。如此周而复始，就使燃料燃烧时放出的热能连续不断地转换为电能。

由此可见，火力发电厂主要由两大部分组成，即从燃料的化学能转换为机械能的热力部

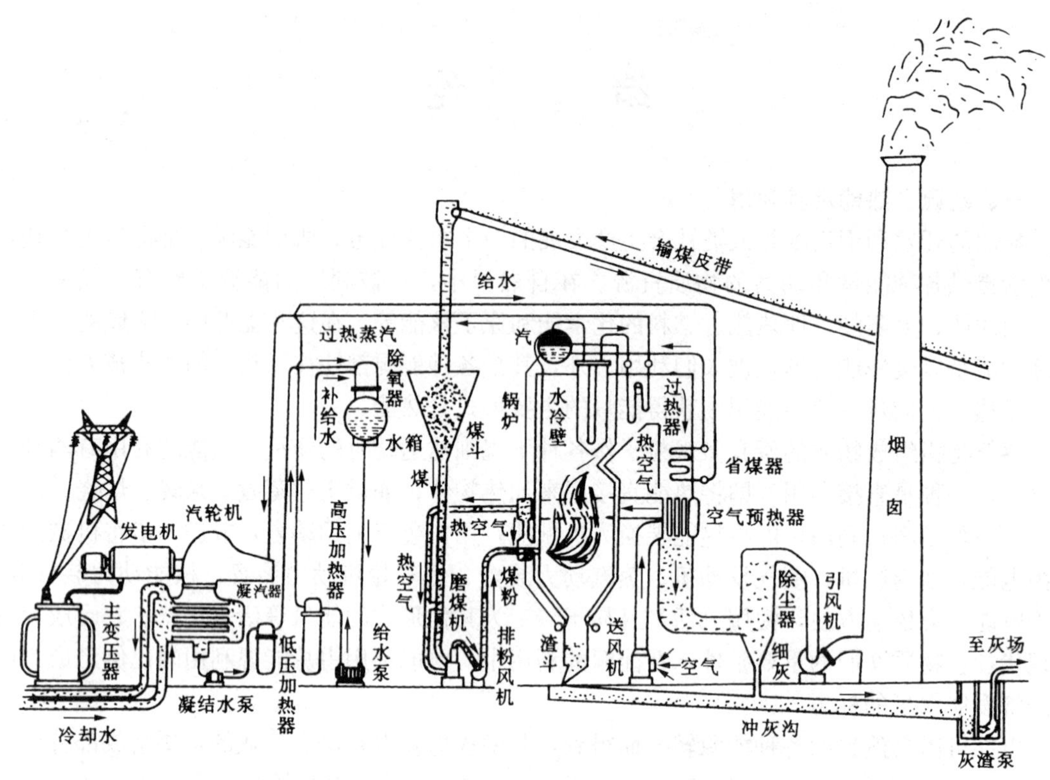

图 0-1　火力发电厂生产过程示意

分和从机械能转换为电能的电气部分。热力部分包括锅炉、汽轮机、水泵、加热器以及连接它们的管道等设备，这些设备的组合通常称为热能动力装置或热能动力设备。

三、《热工基础》的主要内容及应用

《热工基础》是讲述工程热力学和传热学基础知识的教科书，全书包括五个单元，其中前四个单元属于工程热力学，第五单元属于传热学。

工程热力学是研究热能和机械能之间相互转换规律的科学，它以热力学第一定律、热力学第二定律为基础，着重阐述工质在基本热力过程和动力基本循环中的热功转换规律，最终找出提高转换效率的途径和方法。

传热学是研究热量传递规律的科学。它以导热、对流换热及辐射换热三种换热方式为基础，研究复杂换热的传热过程及常用换热设备的传热特点，最终找出增强传热和削弱传热的途径及方法。

热工基础着重研究热、功转换和热量传递等宏观现象，所以，主要应用宏观研究法，对热现象进行具体的观察和分析，总结出普遍的基本规律。但为了说明热现象的本质及其根本原因，有时也用微观理论进行解释。为分析问题方便，本课程中还常常采用抽象化、理想化及简化的研究方法。

热能与机械能的相互转换及热量的传递是火力发电厂热力设备中的主要工作过程。所以热工基础是动力类专业的一门主要的专业基础课。各种热能动力装置的设计、制造、安装、运行、检修与改进都离不开它所讲述的基本理论。

随着我国国民经济的持续、高速发展，电力工业也必将进入一个高速发展时期。虽然我国电力装机容量和发电量已跃居世界第一位，但我国的发电技术经济指标还比较低，人均占有发电量的水平也较低（人均发电量3676kW·h/a，为发达国家的40%左右），因此，我们在开发新能源的同时，必须合理地利用能源，以使我国的能源工业全面地达到或超过世界先进水平。学好热工基础可为开发新能源和合理利用能源奠定必要的理论基础。

单 元 一

热力学基础知识

•——内 容 提 要——•

热力学是研究热能转换为机械能的规律和方法的一门学科，在对自然现象大量观察的基础上，采用抽象、概括、理想化和简化的手段，建立热力学讨论方法，提出热力系统、热力过程等概念。本单元介绍基本状态参数、容积功和热量的表示及计算；给出理想气体状态方程式并应用它解决实际问题；讨论了热容的影响因素及利用热容计算热量的方法。本单元主要介绍热力学的基本概念，将会出现较多的名词术语，必须准确理解和掌握，为本课程后续单元及专业课程的学习打下良好基础。

课题一　工质、热力状态及基本状态参数

教学目的

热能转换为机械能是在热力系统中依靠工质完成的。理解工质的概念及特性，正确掌握热力系统的分类，是讨论热力学问题的关键。通过本课题的学习，应掌握基本状态参数的定义及表示方法。

教学内容

一、工质、热机、热源和热力系

热能转换为机械能的装置很多，形式各异，比较典型的有蒸汽动力装置和内燃机装置。火电厂中采用的蒸汽动力装置如图 1 - 1 所示。燃料（煤或油）在锅炉的炉膛内燃烧后成为烟气，使燃料的化学能转变为热能。锅炉水冷壁内的水吸收了烟气的热量后汽化为水蒸气，水蒸气在过热器内进一步吸收热量而提高温度，成为过热蒸汽，此过程为水和水蒸气的吸热过程。从锅炉的过热器中出来的高温高压水蒸气进入汽轮机，如图 1 - 2 所示，蒸汽在喷管中降压膨胀，水蒸气的速度增大，使热能转变为水蒸气的动能，接着，这股高速的气流冲击汽轮机动叶片而做功，将水蒸气的动能传递给汽轮机转子，使汽轮机的轴转动，将蒸汽的动能转换为汽轮机轴的机械能。此过程是水蒸气的膨胀做功过程。汽轮机带动发电机发电，将机械能转变成电能。做功后的蒸汽在凝汽器中放热而凝结成水，此过程是水蒸气的放热过程。凝结水由水泵升压后送回锅炉，此过程是水的压缩过程。由上可见，在蒸汽动力装置中，水（水蒸气）经历了吸热、膨胀、放热和压缩等过程，如此周而复始，就将燃料燃烧时放出的热能连续不断地转换为机械能。

在上述蒸汽动力装置中，将热能连续不断地转换为机械能，需要借助于某种媒介物质通过压缩、吸热、膨胀、放热四个过程去实现。我们把这种实现热能和机械能相互转换的媒介

物质称为工质，例如，火电厂中的水蒸气。

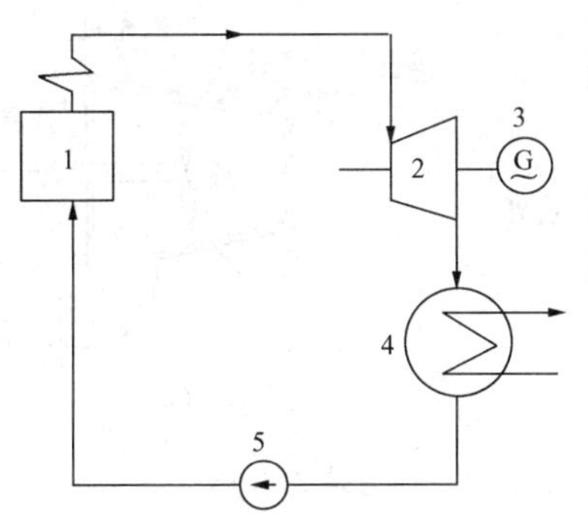

图 1-1　蒸汽动力装置示意
1—锅炉；2—汽轮机；3—发电机；
4—凝汽器；5—给水泵

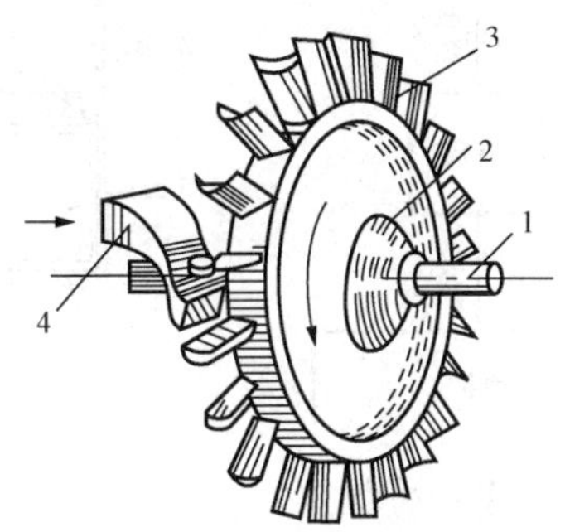

图 1-2　汽轮机结构简图
1—轴；2—叶轮；
3—动叶片；4—喷管

为了能够充分地将热能转换为机械能，要求工质具有良好的膨胀性能。同时，为了保证工质连续地流过热力设备而不断地做功，要求工质具有良好的流动性。当然，在物质的固、液、气三种状态中，气体物质受热后的膨胀能力最大，流动性也最好，最适宜于作为能量转换的工质。除此之外，作为工质，还要求热力性质稳定、不腐蚀热力设备、无毒、廉价、易获得等。所以，在火电厂中广泛采用水蒸气作为工质。

热能转换为机械能，必须依靠一定的设备（例如汽轮机）来完成。这种用来将热能转换为机械能的设备称为热机。

我们把不断向工质提供热能的物体，称为高温热源，简称热源，如锅炉中的高温烟气。将不断接受工质排放余热的物体，称为低温热源，简称冷源，如凝汽器或大气环境。在热能动力装置稳定运行中，热源不会由于给工质提供热能而温度降低，其热容量可视为无限大，即通常认为热源的温度保持不变。同理，工质放出余热给大气或凝汽器，大气或冷却水的热容量也可以视为无限大，冷源不会由于吸收余热而温度升高，即视为冷源的温度也保持不变。

热能动力装置的工作流程可以概括成：工质从高温热源吸收的热能，一部分在热机中转换为机械能，另一部分排至低温热源，如图 1-3 所示。

在力学中，将研究对象取为分离体，分析它与周围物体的相互作用。同样，在热力学中也要将分析研究的对象从周围物体中分割出来，研究它通过分界面与周围物体之间的能量交换。这种人为分割出来的、由界面包围着的、作为研究对象的物体总和称为热力系统，简称热力系。周围一切与热力系有关的物体，统称外界或环境。热力系与外界的边界面，称为边界。边界可以是真实的、假想的，也可以是固定的、移动的，如图 1-4（a）所示。若取汽缸中封闭的工质为热力系，则活塞、重物及热源为外界，汽缸和活塞的内壁面是真实的分界面，活塞是可以上、下移动的分界面。在图 1-4（b）中，取汽轮机进、出口截面 1-1 与 2-2 之间的气体作为研究对象，那么进、出口截面是假想的分界面，汽轮机壳体的内壁是真实的、固定的分界面。热力系与外界之间可以有以功和热的形式进行的能量传递，也可以同时有物质交换。按照系统与外界有无物质交换的情况，热力系可以划分为：

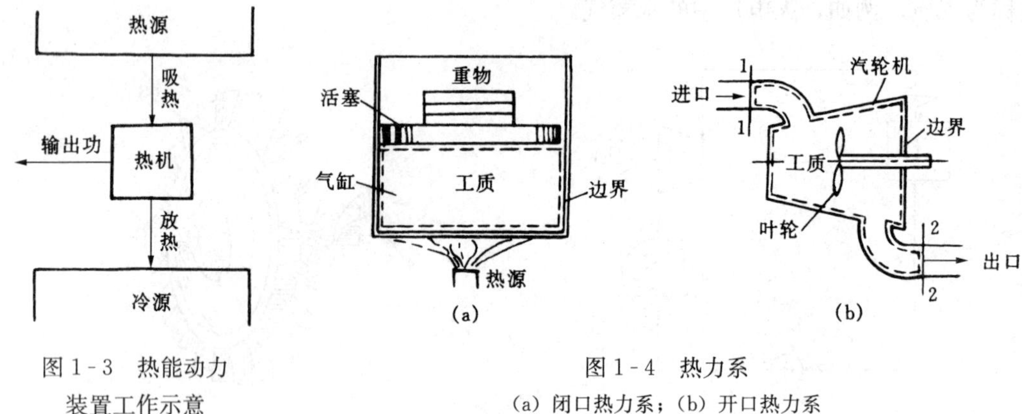

图 1-3 热能动力装置工作示意

图 1-4 热力系
(a) 闭口热力系；(b) 开口热力系

闭口热力系——热力系与外界无物质交换的系统。其质量是恒定不变的，也称封闭热力系。如图 1-4 (a) 所示，取封闭在气缸中的气体为研究对象，这就是闭口热力系。

开口热力系——热力系与外界有物质交换的系统。如图 1-4 (b) 所示，取汽轮机壳体内壁包围的空间为一个热力系，它与外界间通过进出口边界，不断交换物质，这就是开口热力系。

闭口系统与开口系统都可以通过边界与外界发生能量的交换。

按照系统与外界进行能量交换的情况，热力系又可划分为绝热热力系和孤立热力系。

绝热热力系——热力系与外界没有热量的交换，但可以有功和物质的交换。

孤立热力系——热力系与外界不发生任何关系，既没有物质交换，也没有能量的传递。

热力系的选择取决于研究对象的特点及研究的任务。例如，我们可以把整个蒸汽动力装置作为一个热力系，计算它与外界交换的功和热量，此时，装置中工质的质量不变，是闭口热力系；若只分析汽轮机的工作过程，取汽轮机内的空间为热力系，此时有工质流进、流出，这就是开口热力系。

需要指出的是，绝对的绝热热力系和孤立热力系是不存在的。但是，如果某些实际的热力系统，在与外界的传热量很少时，可以近似地看作是绝热热力系。例如，对图 1-4 (b) 所示的热力系，蒸汽通过汽缸壁对外的散热量，与蒸汽在汽轮机中进行的能量转换相比是非常小的，实际计算时把它当作绝热热力系不会引起很大的误差。同样，如果系统与外界的物质交换和能量交换都很微弱，对系统所产生的影响可以忽略不计，则这样的系统就可近似地看作孤立热力系。可见，绝热热力系和孤立热力系都是从实际事物中概括出来的抽象概念。在抽象过程中，略去了不起重要作用的次要因素，抓住了事物的本质。从而使复杂的热力学问题研究得到简化，为我们分析问题和解决问题提供了便捷的途径。这种将复杂问题简化，建立热力学模型，总结出热力学基本定律，然后推广应用到实际系统中的方法，是分析热力学问题的基本方法。

二、工质的热力状态

在前面讨论的热能动力装置中，热能转换为机械能是依靠工质的吸热、膨胀、放热和压缩过程来完成的。在这些过程中，工质的物理特性随时发生变化，即工质的宏观物理状况总是在不断变化。为了描述这些变化，把工质在某一瞬间所呈现的宏观物理特性称为工质的热力学状态，简称状态。

用来描述和说明工质状态的一些物理量，称为热力状态参数，简称状态参数，如温度、压力等。状态参数只取决于工质的状态，即对应某一确定的状态，就可以用确定的状态参数来描述。反过来，如果工质有一组确定的状态参数，便可以确定其状态。对本书中所涉及的热力系，只要已知工质的两个独立的状态参数，即可确定工质的状态。工质状态发生变化，则状态参数也会随之改变，其变化量只取决于初、终状态的值，而与变化的途径无关。能满足上述特性的物理量，都可作为状态参数。例如，热力系在初态时温度为 t_1，终态时温度为 t_2，则不管工质的状态是如何变化的，其温度变化量总可以表示为 t_2-t_1，温度就是工质的状态参数。

在热力学中，采用的状态参数有温度、压力、比体积、热力学能、焓、熵等。其中，温度和压力可由仪表直接测得，比体积可以通过物体的质量和容积经简单计算求得，而且这三个状态参数的意义都比较容易理解，所以常称为基本状态参数。至于其他状态参数，均只能由基本状态参数导出，因而又称导出状态参数，以后将陆续介绍。

三、基本状态参数

（一）温度

温度是表示物体冷热程度的物理量。例如夏天气温高，冬天气温低；锅炉汽包内的水比凝汽器中的凝结水温度高等。两个冷热程度不同的物体接触时，它们之间会自发地进行热交换，热物体逐渐变冷，温度下降；冷物体逐渐变热，温度升高，经过一定时间后，两个物体冷热程度相同，即温度相等，热交换量为零，这表明它们之间达到了某种共同的平衡，这种平衡称为热平衡，即热平衡的条件为物体温度相等。

温度的测量正是利用热平衡的原理来进行的。当温度计与被测量物体达到热平衡时，温度计所指示的温度就是该被测物体的温度。

温度的数值表示方法称为温标。标定温度的方法，有多种形式，任何一种温标的建立，根本问题是确定基准点和分度方法。

热力学温标是基本温标，用这种温标确定的温度称为热力学温度，符号为 T，单位是开尔文，中文符号为“开”，国际符号为“K”，所以也称开氏温度。根据国际计量会议规定，热力学温标选取水的三相点（即固、液、气三相平衡共存的状态）为基本定点，并定义其温度为 273.16K，所表示的温度间隔等于水三相点热力学温度的 1/273.16。

与热力学温标并用的还有摄氏温标，符号为 t，单位为摄氏度，符号为“℃”。摄氏温度被定义为

$$t = T - 273.15 \tag{1-1}$$

在我国法定计量单位中规定，温度采用热力学温标和摄氏温标。

摄氏温度与热力学温度之间，每一温度间隔的大小完全一样，只是所取的零点不同，即0℃相当于 273.15K。用摄氏温标表示，水的三相点为 0.01℃。因此凡涉及温差的地方用 K 或℃，在数值上均相同，即 $\Delta T=\Delta t$。两种温标的换算关系可以写成

$$T = t + 273.15$$

一般工程计算中可以近似为

$$T = t + 273 \tag{1-2}$$

从微观角度看，物体的冷热程度取决于物体内部微粒运动的状况。根据分子运动论，气

体的热力学温度与分子平均移动动能成正比，气体分子热运动越剧烈，分子的平均移动动能越大，气体的温度也越高。所以，温度标志着物体内部分子热运动的强烈程度。热力学温度的 0K 是分子停止运动时的温度，是不可能达到的。

（二）压力

单位面积上受到的垂直作用力，称为压力（即物理学中的压强），用符号 p 表示，即

$$p = \frac{F}{A}$$

式中 F——垂直作用力，N；

A——面积，m^2。

从微观角度看，气体的压力是气体分子做不规则热运动时，频繁地撞击容器内壁的平均总结果。容器内气体温度越高，分子运动速度越快，对容器壁的撞击作用越强，压力就越大。同样，容器内气体分子个数越多，对容器壁撞击次数就越多，压力也就越大。可见，对于一个确定容器而言，气体的压力取决于气体的温度和容器内所含气体的分子数。

工程上，工质的压力是用压力表来测量的。压力测量一般采用弹簧管式压力计（如图 1-5 所示），较小的压力用 U 形管式压力计来测量（见图 1-6）。

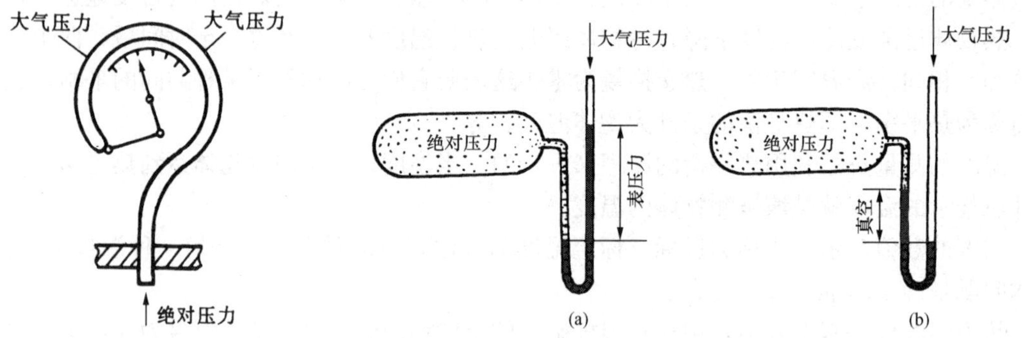

图 1-5 弹簧管式压力计　　图 1-6 U 形管式压力计

它们的测量原理都是建立在力平衡基础之上的。弹簧管式压力计，管内为被测流体，管外为大气，弹簧管在内外压差作用下产生变形，带动指针指示，测出工质真实压力与大气压力之间的差值。在 U 形管压力计中，U 形管内盛有测压液体（水或水银等），它一端和大气相通，另一端与被测容器连通，U 形管两边出现的液柱高度差即为被测工质真实压力与大气压力之差。由此可知，压力计测得的压力并不是工质的真实压力，而是工质真实压力与大气压力之差。

工质的真实压力，称为绝对压力，以 p 表示。大气压力用 p_{amb} 表示。

当绝对压力大于大气压力时，其绝对压力超出大气压力之值，即为压力表计所反映出来的压力，称为表压力，用 p_g 表示，则有

$$p = p_{amb} + p_g \tag{1-3}$$

如果工质的真实压力低于大气压力时，其绝对压力与大气压力之差额为负值，此时压力表上所指示的读数习惯上称为负压或真空，用 p_v 表示，则

$$p = p_{amb} - p_v \tag{1-4}$$

若以绝对压力为零作基准线，则绝对压力、表压力、真空、大气压力之间的关系可用图1-7来表示。

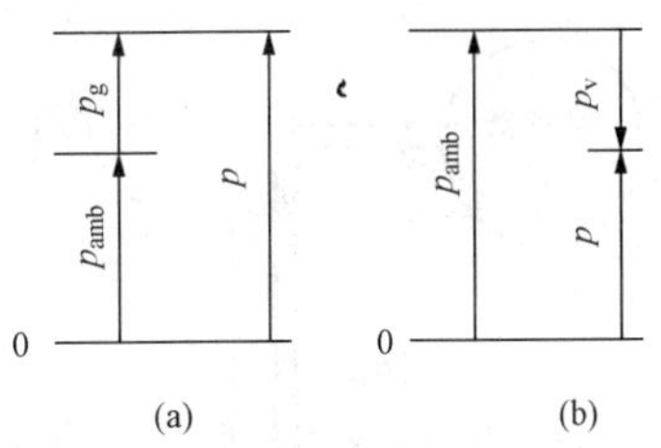

图1-7　绝对压力、表压力、真空、大气压力的关系
(a) $p > p_{amb}$；(b) $p < p_{amb}$

大气压力的数值是由气压计测定的，其数值随测量的时间、地点而不同。当工质绝对压力不变时，由于大气压力可以发生变化，则测出的表压力和真空也会随之变化。因此，表压力和真空不是状态参数，只有绝对压力才能作为状态参数。工程计算中，选取的压力必须是绝对压力。在火电厂中所测得的锅炉汽包及主蒸汽的压力值都是表压力，负压燃烧锅炉炉膛内的烟气和凝汽器内蒸汽的压力值为真空，计算时须换算为绝对压力。

法定计量单位中压力的单位是牛顿每平方米（N/m^2），又称为帕斯卡，简称帕，符号为Pa，即

$$1Pa = 1N/m^2$$

在工程实际应用中，因帕的单位太小，读数不方便，常用千帕（kPa）、兆帕（MPa）作为压力的单位。

$$1kPa = 10^3 Pa，1MPa = 10^6 Pa$$

工程上压力的计量也可用液柱高度来表示。常用的测压液体有水和水银，其换算关系为

$$1mmHg \approx 133.3Pa，1mmH_2O \approx 9.81Pa$$

物理学中，将纬度45°海平面上的常年平均气压定为标准大气压，或称物理大气压，用atm表示，其值为760mmHg，即

$$1atm = 760mmHg = 1.01325 \times 10^5 Pa$$

在热工计算中，应将各种不同的压力单位换算成国际单位，以达到单位的统一。

（三）比体积和密度

单位质量工质所占有的容积称为比体积，用符号v表示，即

$$v = \frac{V}{m} \tag{1-5}$$

式中　m——工质的质量，kg；

　　V——$m$kg工质的容积，m^3。

密度是单位容积内工质的质量，用符号ρ表示，即

$$\rho = \frac{m}{V} \tag{1-6}$$

显然，比体积和密度互为倒数，即

$$v = \frac{1}{\rho}$$

从微观意义上讲，对同一气体，密度和比体积都是描述分子聚集疏密程度的物理量。

例　题

【1-1】　如图1-8所示，用水银压力计测量凝汽器的压力，已知测压计读数h_m为706mmHg，当地大气压$p_{amb} = 98.07kPa$，求凝汽器的绝对压力、表压力和真空。

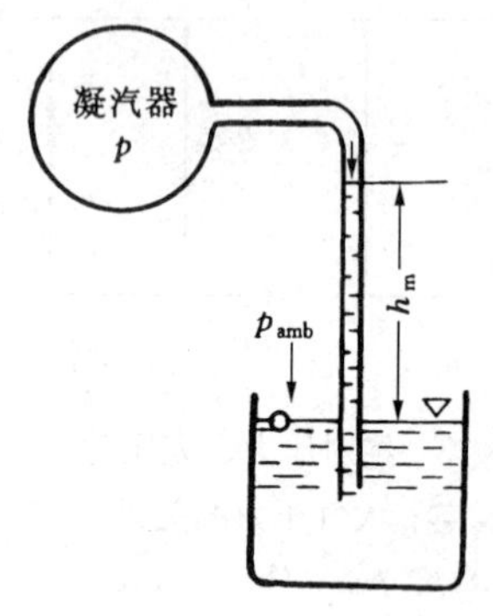

图 1-8 例题 1-1 图

解 由于凝汽器内蒸汽的密度远小于水银的密度，忽略蒸汽高度产生的压力，则凝汽器内真空 $p_v=706\times133.3=94\,110$ (Pa)

绝对压力 $p=p_{amb}-p_v=98\,070-94\,110=3960$ (Pa)

凝汽器的表压力 $p_g=p-p_{amb}=3960-98\,070=-94\,110$ (Pa)

说明：凝汽器内的表压力为负值，称为负压，负压与真空的绝对数值是相等的。

【1-2】 一台型号 HG-1021/18.2-540/540 的锅炉，其中 18.2 指的是新蒸汽的表压力为 18.2MPa，当地大气压为 750mmHg，试求蒸汽的绝对压力为多少？

解 根据 $p=p_{amb}+p_g$，则绝对压力为

$$p=750\times133.3+18.2\times10^6=18.3\times10^6\ (\text{Pa})=18.3\ (\text{MPa})$$

说明：(1) 在火力发电厂的设备型号中，通常有表示压力的参数。在不同设备型号中，其含义不尽相同。例如，在锅炉型号 HG-1021/18.2-540/540 中，18.2 指的是新蒸汽的表压力为 18.2MPa；而汽轮机型号 N300-16.7/537/537 中，16.7 指的是新蒸汽绝对压力为 16.7MPa。

(2) 在我国的火力发电厂一些老设备型号中，仍有采用工程大气压 (at) 作为压力单位的。如 HG-410/100-1 锅炉，其中 100 指的是蒸汽绝对压力为 100 工程大气压 (at)。

$$1\text{at}=98\,070\text{Pa}=98.07\times10^3\text{Pa}$$

(3) 有些计算中，当工质压力较高时，大气压力的数值可以近似取为 0.1MPa，这样引起的误差是很小的。但是，如果工质本身的压力数值比较小，则大气压力应取当地大气压力值。

【1-3】 某凝汽器内，蒸汽比体积为 45.668m^3/kg，凝结成水后，比体积为 0.001m^3/kg，试计算蒸汽凝结前后的比体积之比为多少？

解 $v_2=0.001\text{m}^3/\text{kg}$，$v_1=45.668\text{m}^3/\text{kg}$

则工质凝结前后的比体积之比为

$$\frac{v_2}{v_1}=\frac{0.001}{45.668}=\frac{1}{45\,668}$$

故工质凝结后，比体积缩小到原来的 1/45 668。说明工质在凝汽器内凝结时，比体积大大减小，这就是凝汽器真空产生的根本原因。

课堂练习题

1-1 从气压计上读得当地大气压力是 755mmHg，试换算成国际单位。

1-2 已知水的临界温度为 374.15℃，求出此时的热力学温度。

课题二 热力过程及参数坐标图

教学目的

能量转换是通过工质发生一系列状态变化来实现的，其中可逆过程是热力学讨论的一种

理想模型，应着重理解其意义。同时应掌握容积功和热量的概念及其在坐标图上的表示，了解它们与状态参数的区别。应理解熵的定义式，了解其一般用途。

教学内容

一、平衡状态

（一）平衡状态与不平衡状态

一个热力系在不受外界影响的条件下，其状态始终保持不变，则这种状态称为平衡状态，否则为不平衡状态。

平衡状态存在的条件是，必须同时满足热力系与外界间的热平衡和力平衡。热力系与外界没有温差，即 $\Delta T=0$，则热力系与外界没有热量交换，热力系就处于热的平衡。热力系与外界无不平衡力，即 $\Delta F=0$，则热力系与外界无功的交换，热力系就处于力的平衡。因此，只要热力系与外界不发生热量和功量的交换，热力系的状态就不会发生变化，即在不受外界影响时，系统的平衡状态保持稳定，不会被破坏。如果热力系内存在着热的不平衡或力的不平衡，则热力系内工质通过分子运动传递能量，使状态发生变化：自发地由不平衡状态变成平衡状态。热力系的状态参数也会随之不断变化，直到达到新的平衡状态。也就是说，不平衡状态具有自动达到平衡状态的趋势。

要注意平衡状态与稳定状态的区别。平衡状态和稳定状态虽然都不随时间而变化，但前者不受外界影响，而后者是依靠外界的作用维持的；还要注意平衡和均匀的区别，平衡是对时间而言，均匀是对空间而言。如果不考虑外力场（重力场、电磁场等）的作用，则单相物质组成的热力系达到平衡状态时，热力系也是均匀的。此时热力系各部分的状态参数都相同，即热力系内各点的温度、压力、比体积等状态参数都应相等。

本书所研究的状态，除有特别指明外，均指平衡状态。因为只有在平衡状态下，工质才具有确定的状态参数。

（二）状态方程式

热力系的平衡状态可以用各个状态参数描述。状态参数数值不同，说明热力系处于不同的平衡状态。理论和实验表明，各个状态参数之间有着内在的联系，它们之间有确定的相互关系。在本课程讨论的热力系统中，只要两个独立的状态参数的值一旦确定，其他状态参数值也就相应确定，即某一状态参数可以表示成另外两个独立参数的函数，例如：

$$T=f(p,v),\ p=f(T,v),\ v=f(p,T)$$

或

$$F(p,v,T)=0$$

这种由状态参数组成的函数关系式称为状态方程式，其具体形式取决于工质的性质，由实验和理论导出。本单元课题三将介绍理想气体状态方程式。

（三）参数坐标图

两个独立的状态参数可以确定一个状态，这样可以用两个相互独立的状态参数构成一个状态参数坐标图。坐标图上的一个点表示工质所处的一个状态。例如，已知工质某一状态下的压力 p_1、比体积 v_1，在 p-v 参数坐标图上可以确定唯一的点 1，如图 1-9 所示；如果已知参数坐标图中一点 2，可以通过参数坐标图确定出 2 点的状态参数值 p_2、v_2。

可见，工质的状态和参数坐标图上的点是相互对应的。在平衡状态下，工质内各点的温

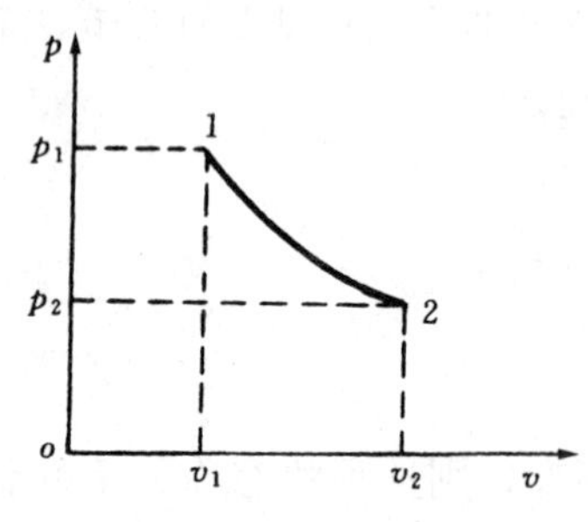

图 1-9　状态参数坐标图

度、压力等状态参数的值才是均匀的，才有确定的参数值，工质的平衡状态可用参数坐标图上的一个点表示。所以，状态参数坐标图中每一点都表示工质的一个平衡状态，称为状态点。不平衡状态没有确定的状态参数，因而也就无法表示在状态参数坐标图上。

二、热力过程

（一）准平衡过程

当处于平衡状态的系统受到外界作用时，例如外界对工质加热等，工质所处的平衡遭到破坏，工质的状态将发生变化。工质从一个状态连续地变化到另一个状态所经历的全部过程称为热力过程，简称过程。

热力过程中，若状态变化速度很慢（打破平衡状态的速度很慢），远远小于热力系内部恢复平衡状态的速度，则每一瞬间状态的变化量都无限小，可以认为工质是处于平衡状态的。这种由一系列平衡状态组成的过程称为准平衡过程。例如，以很小的温差对工质进行加热，很缓慢地推动活塞移动等。要实现准平衡过程，必须是系统与外界间的压差和温差都无限小，即 $\Delta p=0$，$\Delta T=0$。如果破坏平衡的速度比较大，在每一时刻系统内部来不及恢复平衡，则这样的过程就是不平衡过程。

既然准平衡过程是由一系列平衡状态组成的，而这些平衡状态在参数坐标图上表现为一系列的点，这些点连成的曲线就代表该准平衡过程，如图 1-9 所示，曲线 1-2 代表一个准平衡过程。显然，只有准平衡过程才能在参数坐标图上用一条曲线来表示，线上的每一点，代表过程进行中的一个平衡状态。

准平衡过程是理想化的过程。在适当条件下，实际过程可以近似当作准平衡过程来研究。这是因为气体分子运动速度极大，平衡打破后恢复能力很强，气体能及时建立新的平衡状态。只有准平衡过程才能用热力学方法进行分析研究。

（二）可逆过程

一个过程进行完了以后，如能使热力系沿着原来相同的路径逆行至原态，并使相互作用中的外界亦回复到原态，而不留下任何痕迹，则此过程称为可逆过程。

如图 1-10 所示，热力系由气缸内的工质、热机和热源组成。工质从热源吸热完成准平衡膨胀过程，在 p-v 图上可用 1-a-b-c-d-2 过程线表示，如果没有摩擦损失，工质膨胀所做的功全部转变为飞轮的动能。反过来，若能利用飞轮的动能推动活塞逆行，且沿着原过程的逆行 2-d-c-b-a-1 作准平衡压缩过程，同时向热源放出相同热量，这样不仅使工质回复到原状态 1 点，且飞轮和热源也回复到原态，而不留下任何变化。因此，1-2 过程为可逆过程。

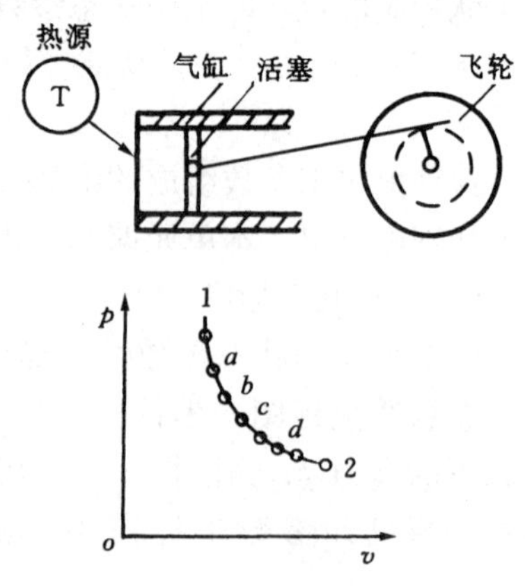

图 1-10　可逆过程示意

不平衡过程一定是不可逆过程。上述系统中，若工质进行的是不平衡膨胀过程，飞轮获得的动能一定小于工质的膨胀功，显然就不可能沿原过程的逆行将工质压缩回原状态，除非外界提供额外的机械能。此外，由于热的不平衡，工质吸热时温度低于热源温度，故逆向进行时就不可能把热量交还此热源，而只能向另一温度更低的热源放热。可见工质进行了一个不平衡过程后必将产生一些不可逆复的后遗效果。

另外，当存在任何种类的摩擦时，过程中摩擦消耗机械功，这部分功转变为热量，这些热量是不可能自发地再转变为功的，这就留下了不可逆复的后遗效果。所以，有摩擦的过程也是不可逆的。

可逆过程要求工质内部是平衡的，同时工质与外界作用时不存在任何能量的不可逆损耗。所以，可逆过程必然是准平衡过程，而准平衡过程只是可逆过程的条件之一。

实际热力设备中进行的过程，总是或多或少地存在着各种不可逆因素，因此实际过程都是不可逆的。可逆过程是将过程理想化后得出的一种理想模型，因为它不存在任何能量损失，能最大限度地实现热变功，所以它是一切实际过程的理想极限，是一切热力设备力求接近的目标，也是改进实际过程的一个准绳和为之努力的方向。对实际过程的研究，只要利用适当的效率和系数，对相应的可逆过程结果作修正，便可求出实际不可逆过程中的能量转换和状态变化。

除特殊指明外，本书后面所分析的过程，都是可逆过程。

三、容积功与 p-v 图

只要系统与外界之间存在不平衡因素，即存在温差或不平衡力的作用，系统与外界之间就会有能量交换。能量交换有做功和传热两种形式。

（一）功的定义

工质在膨胀过程中，状态发生变化，系统反抗外力的作用而做功；当工质被压缩时，工质接受外力对它的做功。在物理学中，功为力与沿力作用方向产生的位移的乘积。而在热力学中，力与位移通常不是明显看得出来的。那么，在热力学中怎样对气体的功进行定义呢？

如图 1-11 所示，气缸内有一定质量的气体。取气体为封闭系统，活塞、曲柄连杆机构及重物为外界。气体膨胀时，系统通过边界与外界发生相互作用，活塞向左移动。在不计活塞、曲柄连杆机构的重量时，其唯一的外界变化是升起了重物。因此，在热力学中我们可以把功定义为“当系统通过边界与外界发生能量传递时，如果外界的唯一效果可以用升起重物来表示，则系统对外界做了功；反之，如果外界的唯一效果是降低重物，则外界对系统做了功”。应该注意，功的热力学定义中，并不意味着真的举起了重物。这种效果可以是实际发生的，也可以是通过其他形式折合而成的。

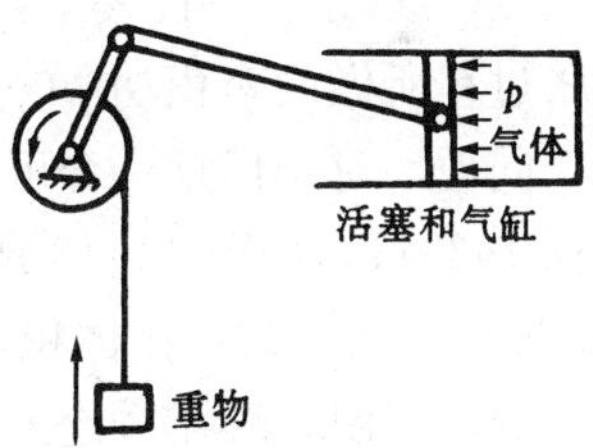

图 1-11　气体做功示意图

从功的热力学定义中可以看出，功是系统与外界之间的一种能量传递方式，或者说功是能量传递的一种量度方法。在热力过程中，系统对外界做了多少功，就说明系统给外界传递了多少能量，或者说系统能量减小了多少，功是伴随热力过程的进行而发生的。它是过程量而不是状态参数，我们不能说热力系在某个状态下具有多少功。

（二）功的符号及单位

$m$kg 工质做的功用 W 表示，其单位为 J（焦耳）或 kJ（千焦）。单位质量工质所完成的

功称为比功，用 w 表示，即

$$w=\frac{W}{m} \tag{1-7}$$

或

$$W=mw$$

单位时间内完成的功，称为功率，单位为瓦特，符号为 W（瓦）或 kW（千瓦）。

$$1W=1J/s \text{ 或 } 1kW=1kJ/s$$

1kW 在 1h 内所做的功是 1kW·h。

$$1kW\cdot h=1kJ/s\times 3600s=3600kJ$$

热力学规定：系统对外做功时，功为正值，即 $W>0$；外界对系统做功时，功为负值，即 $W<0$。

（三）容积功及 p-v 图

在图 1-11 由气体所组成的热力系统中，系统与外界交换的功是在压差作用下产生的。系统容积膨胀和容积压缩的功，分别称为膨胀功和压缩功。由于膨胀功和压缩功都是通过系统的容积变化而与外界交换的功量，故称容积变化功，或称容积功。

如图 1-12 所示，由气缸内壁与活塞端面构成的系统中，有 1kg 压力为 p、比体积为 v_1 的气体，活塞截面积为 A，则作用在活塞上的力为 $F=pA$。在力 F 的作用下，活塞位移为 Δs，气体的比体积由 v_1 增大到 v_2，此时 1kg 气体反抗外力所做的容积功为

$$w=F\times\Delta s=pA\Delta s=p\Delta v=p(v_2-v_1) \tag{1-8}$$

如果工质的质量为 $m$kg，则容积功 $W=mw$。

从上式可以看出，容积功的做功动力为压力 p，做功标志为工质比体积的变化 Δv。对于气体做功，功的定义仍然适用，此时的力对应为压力，位移对应为容积变化，只不过在表现形式上发生变化而已。

上述气体的膨胀过程可以表示在 p-v 图上，如图 1-12 所示。气体从状态 1 点膨胀到状态 2 点，线段 1-2 代表了该定压膨胀过程。由图看出，过程线 1-2 下的面积恰好表示气体膨胀过程所做的容积功 $p(v_2-v_1)$。

同理，对于任意一个可逆过程 $1a2$，可导出 1kg 工质所做容积功的大小为过程线下面的面积 $1a2341$，如图 1-13 所示。由该图可知，$1a2$ 过程工质膨胀，比体积增大，功为正；$2b1$ 过程工质压缩，比体积减小，功为负。所以，p-v 图又称为示功图。用 p-v 图分析功非常直观、方便，故在讨论工质的热功转换时常常被采用。

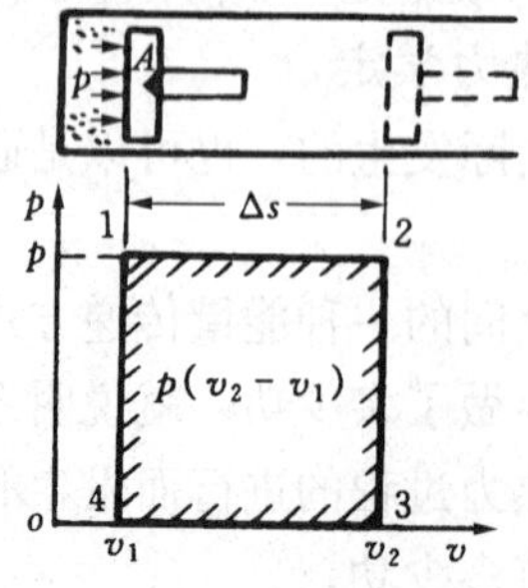

图 1-12　定压过程的容积功

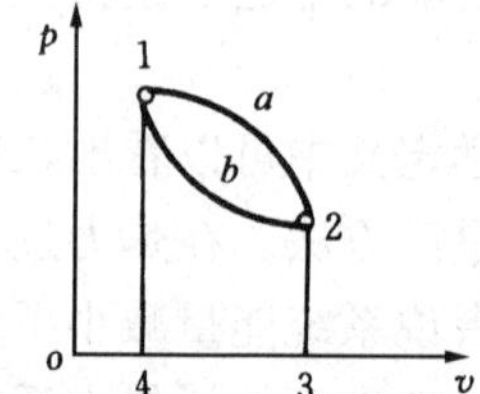

图 1-13　任意过程的容积功

需要指出的是，热能转换为机械能必须依靠工质的比体积变化才能实现。只要有比体积的变化，就会有功量，即比体积变化是系统做容积功的标志。

利用 p-v 图，可以清楚地了解功是过程量的特性。如图 1-13 所示，虽然过程 $1a2$ 和 $1b2$ 具有相同的初、终状态，但所经历的路径不同，两过程线下面的面积不同，故两过程的容积功不同：$w_{1a2}>w_{1b2}$。

四、热量、熵及 T-s 图

（一）热量的概念

当两个温度不同的物体相互接触时，高温物体的温度会降低，低温物体的温度会升高。温度升高，分子的平均动能增大，即物体的热能增加；温度降低，分子的平均动能减小，即物体的热能减少。对于同一物体而言，热能的多少取决于它温度的高低。很显然，温度不同的两物体相接触时，高温物体有一部分能量传递给低温物体。在热力学中，将这种依靠温差而传递的能量称为传热量，或简称热量。因此，热量是在传热过程中物体内部热能改变的量度。由此可见，热量和热能是不同的，热量不是状态参数，而是与过程有关的一个过程量。所以我们不能说“某物体在某状态下具有多少热量”，而只能说“物体在某过程中与其他物体之间传递了多少热量”。

（二）热量符号及单位

热力学中，热量用符号 Q 表示，单位为 J（焦耳）或 kJ（千焦）。

1kg 工质与外界交换的热量用 q 表示，称为比热量。单位为 kJ/kg。若 $m$kg 工质所吸收的热量为 Q，则

$$q=\frac{Q}{m} \tag{1-9}$$

热力学中规定，工质吸热时，热量为正值；工质放热时，热量为负值。

（三）熵及 T-s 图

做功和传热是能量传递的两种基本方式，功和热量都是过程中能量传递多少的一种量度，具有一定的类比性。例如，可逆过程的容积功与传热量均是过程量，不是状态参数；又如，实现可逆过程容积功的推动力是系统内外微小的压力差，而可逆过程传热的推动力是系统内外微小的温差。类似地，既然可逆过程中比体积的变化是做容积功的标志，那么在可逆的传热过程中也应该存在某一状态参数可用来作为热量传递的标志。我们就定义这个新的状态参数为“熵”，以符号 S 表示。而且这个参数就应该具有下列性质：熵增加，表示系统吸收热量；熵减小，表示系统放出热量；熵不变，表示系统与外界没有热量的传递。

对于一微小可逆过程，传热量以 δQ（符号 δ 表示过程量的微小增量）表示，传热时工质温度为 T，熵的变化量以 dS（符号 d 表示状态参数的微小增量）表示。参照容积功的表示式，可逆过程的传热量可以表示成

$$\delta Q=TdS$$

对于 1kg 工质的传热量，

$$\delta q = \frac{\delta Q}{m} = \frac{T\mathrm{d}S}{m} = T\mathrm{d}s \tag{1-10}$$

则

$$\mathrm{d}s = \frac{\delta q}{T} \tag{1-11}$$

式（1-11）称为熵的定义式。类似于比体积，s 称为比熵，$s = \dfrac{S}{m}$。

熵的单位为J/K或kJ/K，比熵的单位为J/（kg·K）或kJ/（kg·K）。

比熵同比体积一样是状态参数，工质的状态一经确定，其比熵也就有确定的值。

由于 $T>0$，根据 $\delta q = T\mathrm{d}s$ 可知：可逆过程中，工质比熵增大，即 $\mathrm{d}s>0$，则 $\delta q>0$，表示工质吸收热量；工质比熵减小，即 $\mathrm{d}s<0$，则 $\delta q<0$，表示工质放出热量；比熵不变，$\mathrm{d}s=0$，表示工质与外界无热量交换。也就是说，由 $\mathrm{d}s=\dfrac{\delta q}{T}$ 定义的熵，在表示可逆传热过程的方向上，确实起着与做功过程的比体积相类似的作用。

熵是一个复合状态参数，无法用仪表直接测量。工程上一般不计算熵的绝对数值，只计算一个状态到另一个状态熵的变化量，即 $\Delta s = s_2 - s_1$。

熵的定义式 $\mathrm{d}s=\dfrac{\delta q}{T}$，一般不能写成 $\Delta s=\dfrac{q}{T}$，因为在传热过程中，工质的温度可能随时发生变化，故只能就一微小过程来考虑。如果工质的加热过程是定温过程，T 为定值，则可写成 $\Delta s = \dfrac{q}{T}$。

与 p-v 图类似，用热力学温度 T 作为纵坐标，比熵 s 为横坐标，可以组成 T-s 图。如图1-14所示。

图1-14（a）为可逆定温过程，1kg工质从状态1变化到状态2，该过程的吸热量可用过程线下的矩形面积来表示，即

$$q = T\Delta s = T\ (s_2 - s_1) = \text{面积}\ 12341$$

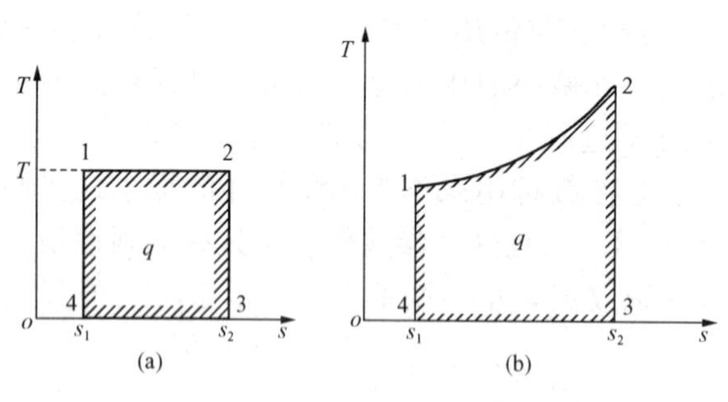

图1-14　T-s 图

（a）可逆定温过程；（b）任意可逆过程

图1-14（b）为一任意可逆过程，同理，过程线1-2下面的面积12 341表示该过程所传递的热量 q。

对于熵的认识，我们应注意：

（1）熵是一个状态参数。工质完成一个热力过程，其熵的变化量只取决于初、终状态的熵，即 $\Delta s = s_2 - s_1$。

（2）建立温—熵图（T-s 图）。在图上可用过程线以下的面积表示热量，便于我们直观的分析问题。

（3）熵的变化指明了可逆过程传热的方向。图1-14（b）中，过程线由左向右即1→2，则 $\mathrm{d}s>0$，$\delta q>0$，工质吸收热量；过程线由右向左即2→1，则 $\mathrm{d}s<0$，$\delta q<0$，工质放出热量；若过程线垂直于横坐标轴，则 $\mathrm{d}s=0$，$\delta q=0$，工质与外界无热量交换。

（4）熵更重要的作用是衡量过程的不可逆程度。

例　题

【1-4】　如图1-15所示，1kg气体经历了AB、BC、CA三个可逆过程，试求出每个过程的功量和整个过程的总功量。

解　根据p-v图的意义，过程线下面的面积可以用来表示1kg工质容积功的大小。

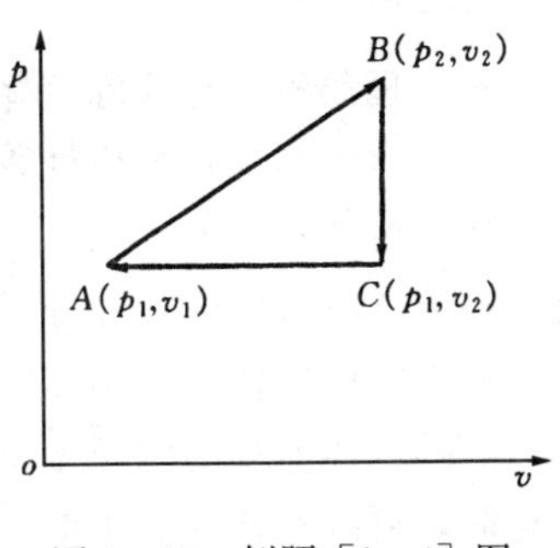

图1-15　例题［1-4］图

在AB过程中，过程线下面的面积为梯形面积，则

$$w_{AB}=\frac{1}{2}(p_1+p_2)(v_2-v_1)$$

在BC过程中，由于过程线与横坐标垂直，则

$$w_{BC}=0$$

在CA过程中，过程线与横坐标构成一个矩形，则

$$w_{CA}=p_1(v_1-v_2)=-p_1(v_2-v_1)$$

整个过程$ABCA$总的功量为

$$w=w_{AB}+w_{BC}+w_{CA}=\frac{1}{2}(p_2+p_1)(v_2-v_1)-p_1(v_2-v_1)$$

$$=\frac{1}{2}(p_2-p_1)(v_2-v_1)$$

即整个过程的功等于封闭三角形ABC的面积。

【1-5】　水在锅炉水冷壁中等温汽化成水蒸气，已知汽化温度为356.96℃，水的比熵为3.873 9kJ/（kg·K），蒸汽的比熵为5.113 5kJ/（kg·K），试求1kg水在该温度下全部变成水蒸气时吸收了多少热量。

解　根据题意，因为水的汽化过程是一个等温过程，则其吸热量可以表示成

$$q=T\Delta s$$

所以　$$q=(356.96+273.15)\times(5.113\,5-3.873\,9)=781(\text{kJ/kg})$$

故1kg水在356.96℃下全部变成水蒸气时吸收了781kJ的热量。

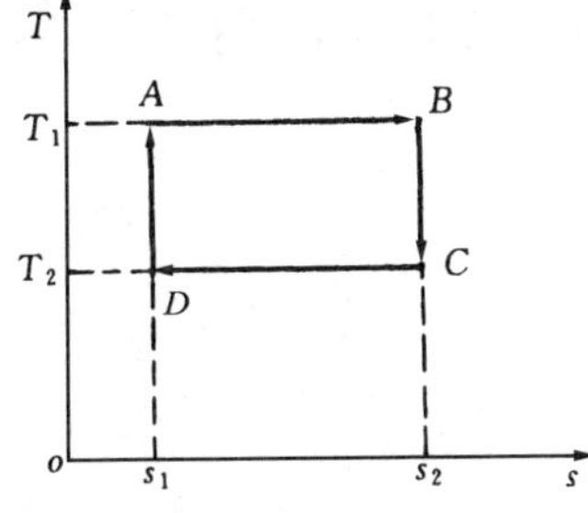

图1-16　课堂练习题1-4图

课堂练习题

1-3　气体初态为$p_1=0.5\text{MPa}$，$V_1=0.4\text{m}^3$，在压力为定值的条件下膨胀到$V_2=0.8\text{m}^3$，求气体膨胀的容积功。

1-4　如图1-16，工质经历了AB、BC、CD、DA四个可逆过程，试根据T-s图的意义求出每个过程的传热量及整个过程的总热量。

课题三　理想气体状态方程式

教学目的

理想气体是一种假想气体，它的引入极大地简化了热力学问题的分析，因此，要求理解理想气体与实际气体的概念。理想气体状态方程式描述了基本状态参数之间的关系，是热力

学过程分析的重要理论依据，应熟练掌握。混合气体在火电厂中应用广泛，应理解混合气体的基本概念、组成表示方法，了解混合气体在火电厂的应用。

教学内容

一、理想气体与实际气体

热力学中为简化分析计算，提出了理想气体这一概念。认为理想气体的分子是弹性的、不占体积的质点，分子间不存在相互作用力。理想气体是一种实际上不存在的假想气体。不能忽略分子本身的体积和分子之间的相互作用力的气态物质，称为实际气体。显然，自然界中一切真实的气体都是实际气体。

实际气体所处的状态是温度较高，压力较低，即气体的比体积较大，密度较小，离液态较远时，可以忽略其分子本身的体积和分子之间的相互作用力，当作理想气体来处理。例如在常温常压下的空气、H_2、N_2、O_2、CO_2、CO 以及这些气体的混合物都可当作理想气体来处理。这样做能满足一般工程计算的精确度要求。

当实际气体处于温度较低，压力较高，即气体的比体积较小，密度较大，离液态较近时，这类气体不能忽略分子本身的体积和分子之间的相互作用力，不能当作理想气体来处理。例如蒸汽动力装置中使用的水蒸气就不能视为理想气体。但是，对于湿空气和烟气中的水蒸气，因其含量少，密度小，可以忽略分子之间的相互作用力，此时的水蒸气便可以当作理想气体来处理。

二、理想气体状态方程式

（一）状态方程

由物理学中的实验分析可知，对于 1kg 理想气体，在任何平衡状态下，其压力和比体积的乘积与热力学温度之比值为一常数，即

$$\frac{p_1 v_1}{T_1}=\frac{p_2 v_2}{T_2}=\frac{pv}{T}=\text{常数} \quad \text{（称为 1kg 联合式）} \tag{1-12}$$

式中常数与状态无关，只取决于气体的性质，称为气体常数，用符号 R 表示，于是

$$\frac{pv}{T}=R$$

或

$$pv=RT \quad \text{（称为 1kg 式）} \tag{1-13}$$

式中 p——气体的绝对压力，Pa；

v——气体的比体积，m^3/kg；

T——气体的热力学温度，K；

R——气体常数，单位为 J/（kg · K），常用气体的 R 值可以从有关气体性质表中查取。

式（1-13）即为理想气体状态方程式，它是针对 1kg 气体而言的。

根据理论分析和计算，R 的值可由下式求得：

$$R=\frac{8.314}{M} \tag{1-14}$$

式中 M——气体的摩尔质量（即 1mol 物质的质量），kg/mol，其数值等于气体的相对分子量 $M_r \times 10^{-3}$。

例如，氧气的相对分子量为 32，则

$$R_{O_2}=\frac{8.314}{32\times10^{-3}}=259.8\quad J/(kg\cdot K)$$

对于 $m$kg 理想气体，状态方程的表达式为

$$pV=mRT \quad (\text{称为 } m\text{kg 式}) \tag{1-15}$$

气体状态变化时，从初态 1 点变化到终态 2 点，若质量保持不变，则有

$$\frac{p_1V_1}{T_1}=\frac{p_2V_2}{T_2} \quad (\text{称为 } m\text{kg 联合式}) \tag{1-16}$$

（二）理想气体状态方程式的应用

理想气体状态方程式表明了理想气体在平衡状态下，三个基本状态参数之间的关系，具体应用如下：

（1）根据 1kg 式，即式（1-13），可由已知的任意两个状态量求出第三个状态量。

（2）根据 $m$kg 式，即式（1-15），可计算气体质量：$m=\frac{pV}{RT}$。

（3）对于一定量的气体，由联合式（1-16）可以进行状态参数之间的换算。电厂锅炉计算中，常需将测得的气体容积换算成计算所需要的标准状态下的容积。所谓标准状态，就是物理学中规定的压力为 1 标准大气压（101 325Pa），温度为 0℃的状态。标准状态下的参数在符号中以下标“0”表示。

由

$$\frac{p_0V_0}{T_0}=\frac{pV}{T}$$

得

$$V_0=\frac{pV}{T}\frac{T_0}{p_0}$$

（4）对 1kg 气体，已知初状态，求终状态下某参数，用式（1-12）计算，即

$$\frac{p_1v_1}{T_1}=\frac{p_2v_2}{T_2}$$

三、混合气体

热力工程中，常用的气体工质往往不是单一成分，而是由几种气体组成的混合物。例如，空气由 N_2、O_2 及少量其他气体组成。锅炉中燃料燃烧所产生的烟气是由 CO_2、CO、N_2、O_2、SO_2 和水蒸气等组成的混合物。这些由多种互相不起化学反应的气体组成的均匀混合物，称为混合气体。组成混合气体的各单一理想气体称为混合气体的组成气体。当混合气体中每一组成气体均可看作理想气体时，由它们所组成的混合气体也可看作是理想气体，称为理想混合气体，具有理想气体的一切性质。

（一）分压力

混合气体中，每一个组成气体的分子都会对容器壁撞击而产生一定的压力。在混合气体的温度下，各组成气体单独占有混合气体容积时，对容器壁产生的压力称为某组成气体的分压力，用 p_i 表示。

如图 1-17 所示，容器 a 中盛有由两种理想气体组成的混合气体。以符号○表示一种气体分子，以符号 Δ 表示另一种气体分子。混合气体的温度为 T，容积为 V。现将它们分别装入与容器 a 大小相同的容器 b、c 中，且温度不变。此时，气体在容器 b、c 中产生的压力分别为它们的分压力 p_1 和 p_2。实验证明，混合气体的压力等于各组成气体的分压力

之和，即

$$p = p_1 + p_2 + \cdots + p_n = \sum_{i=1}^{n} p_i \tag{1-17}$$

这就是道尔顿分压力定律。

火力发电厂热力系统中的除氧器，其除氧原理便利用了道尔顿分压力定律。

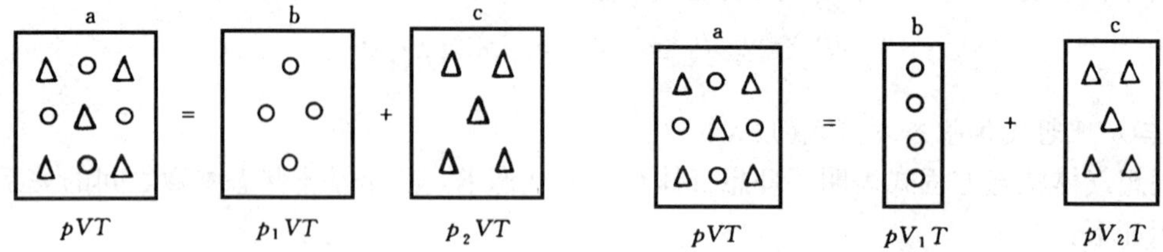

图 1-17 分压力和总压力　　图 1-18 分容积和总容积

（二）分容积

在混合气体的温度和压力下，某组成气体所占据的容积称分容积，用 V_i 表示。

如图 1-18 所示，容器 a 中盛有由两种理想气体组成的混合气体。设想分别将两种组成气体分开，并保持它们在混合气体中的温度和压力，它们单独所占有的容积为 V_1 和 V_2，则 V_1、V_2 即为这两种组成气体的分容积。

实际上，混合气体中每一种组成气体都充满整个容积，其压力为分压力。所谓分容积只是假想将各组成气体在混合气体的温度和压力下分别集中于各自所占据的容积内，这样便于后面用容积来表示各种组成气体数量的多少。

可以证明，混合气体的容积等于各组成气体的分容积之和，即

$$V = V_1 + V_2 + \cdots + V_n = \sum_{i=1}^{n} V_i \tag{1-18}$$

（三）混合气体的组成成分

混合气体的性质取决于各组成气体的性质和数量。各组成气体在混合气体中所占的分量称为混合气体的成分。由于物质量的计量采用不同的单位，混合气体的成分就有不同的表示方法。

1. 质量分数

混合气体中，某一种组成气体的质量 m_i 与混合气体的总质量 m 之比，称为该组成气体的质量分数，记为 $w_i = \dfrac{m_i}{m}$。

因

$$m = m_1 + m_2 + \cdots + m_n = \sum_{i=1}^{n} m_i$$

则有

$$\sum_{i=1}^{n} w_i = w_1 + w_2 + \cdots + w_n = 1 \tag{1-19}$$

即混合气体的质量分数之和等于 1。

2. 体积分数

混合气体中，某一种组成气体的分容积 V_i 与混合气体的容积 V 之比，称为该组成气体的体积分数，用 φ_i 表示，即

$$\varphi_i = \frac{V_i}{V}$$

因混合气体的总容积等于各组成气体的分容积之和，故有

$$\sum_{i=1}^{n} \varphi_i = \varphi_1 + \varphi_2 + \cdots + \varphi_n = 1 \tag{1-20}$$

即混合气体中各组成气体的体积分数之和等于1。

在混合气体的有关计算中，应用得较为广泛的是体积分数。如果已知混合气体的总压力和某组成气体的体积分数，可求得该组成气体的分压力，即

$$p_i = \varphi_i p \tag{1-21}$$

式（1-21）说明，混合气体中某组成气体的分压力，等于该组成气体的体积分数与混合气体压力的乘积。

锅炉热力计算中，常用此式算出烟气中水蒸气分压力，为锅炉防止低温腐蚀的计算提供必要基础。

3. 摩尔分数

在气体量的计量中，除了质量和容积外，还采用摩尔作为物质量的单位。

摩尔（mol）是国际单位制中度量物质量的基本单位。某物质如果含有的分子数目为 $6.022\,5\times10^{23}$ 个，物质的量就叫1摩尔。

1摩尔（mol）物质的质量称为摩尔质量，用符号 M 表示，其单位为kg/mol。实验表明，1摩尔任何物质的质量如果以克为单位时，数量恰好等于相对分子质量。例如，氧气的相对分子质量为32，1摩尔氧气的质量为32g，即氧气的摩尔质量 $M=32\times10^{-3}$ kg/mol。

混合气体中，各组成气体的质量分别为 m_1，m_2，m_3，…，m_n，摩尔质量分别为 M_1，M_2，M_3，…，M_n，则它们的摩尔数分别为

$$n_1 = \frac{m_1}{M_1}, \quad n_2 = \frac{m_2}{M_2}, \quad n_3 = \frac{m_3}{M_3}, \cdots, \quad n_n = \frac{m_n}{M_n}$$

混合气体的总摩尔数 n(mol) 等于各组成气体摩尔数 n_i(mol) 之和，即

$$n = n_1 + n_2 + \cdots + n_n$$

混合气体中某一组成气体的摩尔数 n_i(mol) 与混合气体总摩尔数 n(mol) 之比称为该组成气体的摩尔分数，用符号 x_i 表示，即

$$x_i = \frac{n_i}{n}$$

混合气体中，各组成气体的摩尔分数之和也等于1，即

$$\sum_{i=1}^{n} x_i = x_1 + x_2 + \cdots + x_n = 1 \tag{1-22}$$

混合气体的分数有三种表示方法，它们之间可以进行换算。

（1）体积分数与摩尔分数在数值上相等，即

$$\varphi_i = x_i$$

（2）质量分数与体积分数之间的换算关系为

$$w_i = \varphi_i \frac{M_i}{M}$$

式中　M——混合气体的平均摩尔质量。

（四）混合气体的平均摩尔质量和平均气体常数

混合气体是由几种气体混合而成，它没有统一的化学式，也就没有统一的摩尔质量和气体常数。为了计算方便，可以把混合气体当作一种假想的单一气体看待，如工程上就是将空气作为单一的理想气体看待。这种假想的单一气体的摩尔质量称为混合气体的平均摩尔质量，用 M 表示，它是混合气体的总质量 m 与混合气体的摩尔数 n 之比，即

$$M=\frac{m}{n}$$

由

$$m=\sum_{i=1}^{n}m_i=\sum_{i=1}^{n}n_iM_i$$

则

$$M=\frac{\sum_{i=1}^{n}n_iM_i}{n}=\sum_{i=1}^{n}\varphi_iM_i \tag{1-23}$$

混合气体的平均摩尔质量等于各组成气体的摩尔质量与它们体积分数乘积的总和。

假想气体的气体常数即混合气体的平均气体常数，可由下式计算：

$$R=\frac{8.314}{M}=\frac{8.314}{\sum_{i=1}^{n}\varphi_iM_i} \tag{1-24}$$

如果各组成气体都处在理想气体状态，则其混合物也具有理想气体的一切特性，仍然遵循理想气体状态方程式 $pV=mRT$。对混合气体中的各组成气体，理想气体状态方程式可表示为 $p_iV=m_iR_iT$，或 $pV_i=m_iR_iT$。式中，R_i 表示组成气体的气体常数。

在火力发电厂中应用的混合气体主要是空气和烟气，燃烧需要的空气量计算、烟气状态变化及传热量的计算都将用到混合气体计算的一些基本知识，这在后续专业课程中将会讲到。

例　题

【1-6】 某300MW机组锅炉燃煤所需的空气量在标准状态下为 $120\times10^3\mathrm{m^3/h}$，送风机实际送入的空气温度为27℃，出口压力表读数为 $5.4\times10^3\mathrm{Pa}$。当地大气压力为0.1MPa，求送风机的实际送风量（$\mathrm{m^3/h}$）。

解 由理想气体状态方程式知

$$\frac{pV}{T}=\frac{p_0V_0}{T_0}$$

实际送风量为

$$V=\frac{p_0V_0T}{T_0p}=\frac{101\,325\times120\times10^3\times(273+27)}{273\times(0.1\times10^6+5.4\times10^3)}$$
$$=126.77\times10^3(\mathrm{m^3/h})$$

【1-7】 烟气由 CO_2、O_2、N_2 和 H_2O 组成。$100\mathrm{m^3}$ 的烟气中各种气体的分容积为：$V_{CO_2}=12.5\mathrm{m^3}$、$V_{N_2}=73\mathrm{m^3}$、$V_{H_2O}=8.5\mathrm{m^3}$，求：

（1）各组成气体的体积分数；

（2）混合气体的平均摩尔质量；

（3）若烟气的压力为0.1MPa，求烟气中水蒸气的分压力。

解 由 $V=\sum_{i=1}^{n}V_i$，氧气的分容积为

$$V_{O_2}=V-(V_{CO_2}+V_{N_2}+V_{H_2O})=100-(12.5+73+8.5)=6(m^3)$$

(1) 体积分数

由 $\varphi_i=\dfrac{V_i}{V}$ 得

$$\varphi_{O_2}=\frac{6}{100}=0.06$$

$$\varphi_{CO_2}=\frac{12.5}{100}=0.125$$

$$\varphi_{N_2}=\frac{73}{100}=0.73$$

$$\varphi_{H_2O}=\frac{8.5}{100}=0.085$$

(2) 平均摩尔质量

$$M=\sum_{i=1}^{n}\varphi_iM_i=(0.06\times32+0.125\times44+0.73\times28+0.085\times18)\times10^{-3}$$
$$=29.39\times10^{-3}(kg/mol)$$

即烟气的平均相对分子质量为29.39。

(3) 水蒸气分压力

$$p_{H_2O}=\varphi_{H_2O}\cdot p=0.085\times0.1=0.0085(MPa)$$

课堂练习题

1-5 一定量的二氧化碳气体，$p_1=745mmHg$，$t_1=20℃$，$V_1=10^3m^3$，问其质量为多少kg？折合为标准状态下的容积为多少？

1-6 已知空气由氧气和氮气组成，已知它们的体积分数为 $\varphi_{O_2}=21\%$，$\varphi_{N_2}=79\%$。求它们的质量分数、空气的平均摩尔质量和平均气体常数。

课题四 热容及热量计算

教学目的

热量的计算在火电厂中经常遇到，如锅炉中计算烟气放热或工质在热力设备中的吸热等。本课题主要介绍气体热量的计算。要求理解热容的概念及分类，了解影响热容的因素，掌握利用热容计算热量的方法。

教学内容

一、热容的概念

根据日常生活经验和科学实验可知，对不同的气体加热，使它们升高相同的温度，所吸收的热量是不同的。

物体温度升高（或降低）1K 所吸收（或放出）的热量，称为该物体的热容，用符号 C 表示，单位为 J/K 或 kJ/K。热容的大小不仅与物质的种类有关，还与物质的数量和加热过程有关。

根据物质计量单位不同，热容可以分为三类：

（1）质量热容。单位质量物质的热容，称为质量热容，又称比热容，用符号 c 表示，单位为 kJ/（kg・K）或 J/（kg・K）。

（2）容积热容。在标准状态下 $1m^3$ 气体的热容，称为容积热容，用符号 C_V 表示，单位为 J/（标准 m^3・K）或 kJ/（标准 m^3・K）。

（3）摩尔热容。1mol 物质的热容，称为摩尔热容，用符号 C_m 表示，单位为 J/（mol・K）或 kJ/（mol・K）。

三者之间的换算关系为

$$c=\frac{C_m}{M} \tag{1-25}$$

式中　M——物质的摩尔质量。

$$C_V=\frac{C_m}{22.4\times10^{-3}} \tag{1-26}$$

一般地说，质量热容和容积热容应用较为广泛。

二、影响热容的因素

1. 气体的性质

不同性质的气体，由于各自的分子结构、分子和原子的数目均不相同，在相同的条件下加热时，温度升高 1K 所吸收的热量也不同，因而热容的数值也不相同。一般地说，热容的数值随组成气体分子的原子数的增加而增加。

2. 气体的加热过程

热量是过程量，与过程所经历的途径有关。热容是表示过程中气体吸收（或放出）热量多少的物性参数，故也一定与过程有关。

热力工程中，最常见的加热过程是保持压力不变的定压加热过程和保持容积不变的定容加热过程。

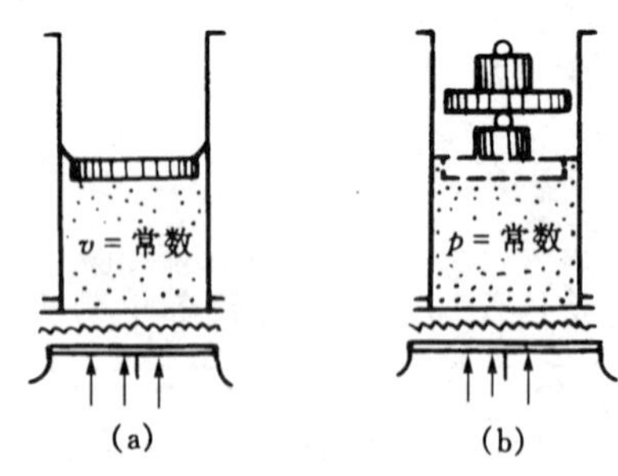

图 1 - 19　定容加热与定压加热
（a）定容加热；（b）定压加热

如图 1 - 19 所示，两个带活塞的气缸各装有 1kg 温度相同的同种气体，在图 1 - 19（a）气缸中，活塞是固定不能移动的。在图 1 - 19（b）气缸中，活塞上放有一重物，在加热过程中活塞是可以移动的。现在对两个气缸进行加热，使它们的温度都升高 1K。显然，在图 1 - 19（a）气缸中，气体加热时容积保持不变，为定容加热过程，所加入的热量全部用来提高气体的温度。而在图 1 - 19（b）气缸中，气体在加热过程中要膨胀，加入的热量除用来升高气体温度外还要用来对外做功。因此，虽然同样升高 1K 的温度，定压加热过程需要的热量要大于定容加热过程需要的热量。

根据过程的不同，相应的热容又可分为定压热容和定容热容。气体在压力不变的条件下温度变化 1K 所需的热量称为定压热容。按物量计量单位的不同，有质量定压热容 c_p、容积定压热容 $C_{p,V}$、摩尔定压热容 $C_{p,m}$。

气体在容积不变的条件下温度变化 1K 所需的热量，称为定容热容。按物量计量单位的不同，有质量定容热容 c_V、容积定容热容 $C_{V,V}$、摩尔定容热容 $C_{V,m}$。

从图 1 - 19 的分析中可以知道，在一定温度下同一种气体的 c_p 和 c_V 彼此并不相等。定压热容 c_p 总是大于定容热容 c_V，即 $c_p > c_V$。

3. 气体的温度

实验和理论证明，理想气体的热容仅是温度的函数。一般情况下，气体的热容随温度的升高而升高。如空气在定压过程中，100℃时，$c_p = 1.006$kJ/(kg·K)；1000℃时，$c_p = 1.091$kJ/(kg·K)。热容与温度的关系可表示为一曲线关系。

$$c = f(t) = a + bt + dt^2 + \cdots$$

式中　a、b、d——系数，由实验测定。

质量热容随温度变化的关系可用图 1 - 20 来描述。由该曲线确定的、随温度而变化的热容，称为气体的真实热容。

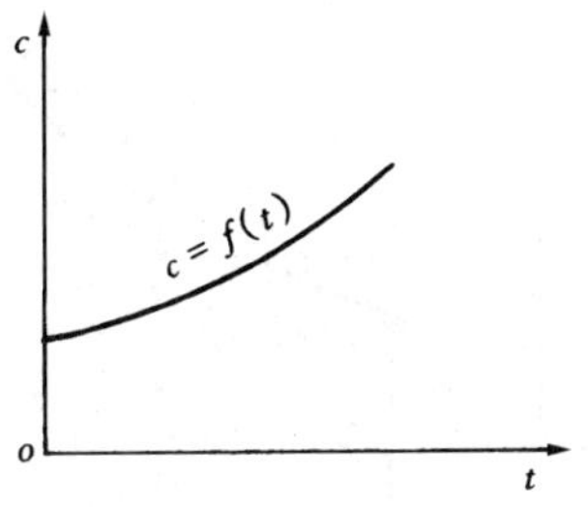

图 1 - 20　质量热容随温度变化的关系

三、利用热容计算热量

因为气体热容随温度变化，利用真实热容计算热量比较复杂。工程上为了简化计算，根据要求的计算精确度不同，可使用定值热容和平均热容来计算气体吸热或放热量。

（一）用定值热容计算热量

当气体温度不高（150℃以下），且变化范围不大时，或在精确度要求不高时，可以忽略温度对热容的影响，将它近似地当作定值。这种不考虑温度影响的热容，称为定值热容。表 1 - 1 列出了气体的定值摩尔热容值。

表 1 - 1　气体的定值摩尔热容值

原子数	摩尔定容热容值 $C_{V,m}$ [J/(mol·K)]	摩尔定压热容值 $C_{p,m}$ [J/(mol·K)]
单原子气体	3×4.186 8	5×4.186 8
双原子气体	5×4.186 8	7×4.186 8
多原子气体	7×4.186 8	9×4.186 8

根据分子运动论的观点，原子数相同的气体定值热容相同。表 1 - 1 中的数值是气体在温度较低时的热容近似值，温度越高，误差就越大。

根据定值摩尔热容，可以由式（1 - 25）和式（1 - 26）换算出它的定值质量热容和定值容积热容。

需要说明的是，查表时空气按双原子气体对待。空气的摩尔质量为 28.96×10^{-3} kg/mol。

利用定值热容计算气体传热量的方法如下：

对于 $m$kg 的气体，温度从 t_1 升高到 t_2 时的吸热量为

$$Q = mc(t_2 - t_1) \tag{1-27}$$

对于 V_0 标准 m^3 的气体，温度从 t_1 升高到 t_2 时的吸热量为

$$Q = V_0 C_V (t_2 - t_1) \tag{1-28}$$

在实际计算中，应注意根据加热过程来确定是选用定压热容还是定容热容，同时还须与采用的物量单位相匹配。对气体容积而言，必须换算到标准状态下的容积才能计算热量。

(二) 用平均热容来计算热量

当温度较高，而且计算精确度要求较高时，必须考虑温度对热容的影响。工程上，多采用平均热容来进行热量的计算。

如图 1-21 所示，1kg 某气体温度从 t_1 升高到 t_2 所吸收的热量可以用面积 $ABDEA$ 来表示。如果采用一个以 $(t_2 - t_1)$ 为底的矩形面积 $FGDEF$ 来代替面积 $ABDEA$，则该矩形的高 FE 就表示了从 $t_1 \sim t_2$ 温度范围内气体的平均质量热容 $\bar{c}\,|_{t_1}^{t_2}$，则该过程的吸热量也可表示成

$$q = \bar{c}\,|_{t_1}^{t_2}(t_2 - t_1) = \text{面积}\ FGDEF$$

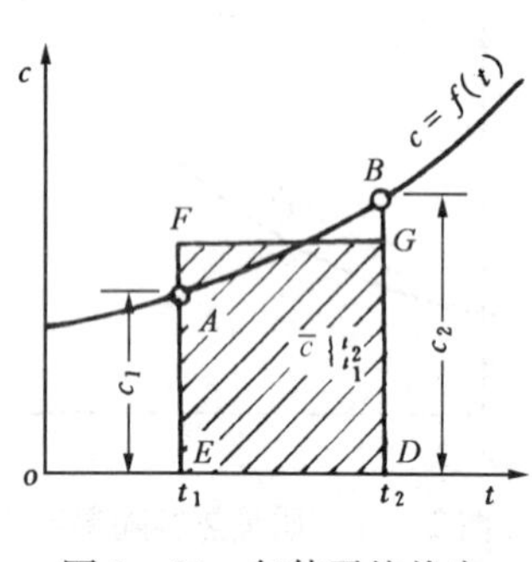

图 1-21 气体平均热容

在一定温度范围内，单位数量的气体所吸收或放出的热量与温差的比值称为在该温度范围内的平均热容。平均质量热容用 $\bar{c}\,|_{t_1}^{t_2}$ 表示，即

$$\bar{c}\,|_{t_1}^{t_2} = \frac{q}{t_2 - t_1}$$

类似地有平均容积热容，用符号 $\overline{C}_V\,|_{t_1}^{t_2}$ 表示。

从以上分析可以看出，平均热容是一个假想的概念，其实质是在某一确定的温度范围内，用一个数值不变的热容去代替随温度变化的真实热容进行热量计算，所得的结果与按真实热容进行计算的结果相同。

工程计算中，将常用气体的平均热容编制成表以供查取。但要制出两个任意温度 t_1 和 t_2 之间的平均热容，其数据将有无穷多个。为简化数据表的编制，特取 0℃到任意温度 t℃的平均热容 $\bar{c}\,|_0^t$，并通过理论分析和实验验证计算出结果以供查表使用。

附录中附表一、附表二、附表三、附表四分别列出了几种常用气体在定压加热过程和定容加热过程中从 0℃到 t℃的平均质量热容和平均容积热容。

根据平均热容计算热量的具体步骤可分两步进行：

(1) 查取平均热容。若 $m$kg 气体温度从 t_1 升高到 t_2，根据过程是定压或定容，查附表一或附表三，得到 1kg 气体从 0℃到 t_1℃的平均质量热容 $\bar{c}\,|_0^{t_1}$ 和从 0℃到 t_2℃的平均质量热容 $\bar{c}\,|_0^{t_2}$；若已知气体的容积 V_0，可查附表二或附表四，得到 1 标准 m^3 的气体从 0℃到 t_1℃的平均容积热容 $\overline{C}_V\,|_0^{t_1}$ 和从 0℃到 t_2℃的平均容积热容 $\overline{C_V}\,|_0^{t_2}$。

(2) 计算定量气体从 t_1℃升高到 t_2℃的吸热量。

$m$kg $$Q = mq = m\left(\bar{c}\,|_0^{t_2} t_2 - \bar{c}\,|_0^{t_1} t_1\right) \tag{1-29}$$

V_0 m^3（标准状态下） $$Q = V_0\left(\overline{C}_V\,|_0^{t_2} t_2 - \overline{C}_V\,|_0^{t_1} t_1\right) \tag{1-30}$$

(三) 混合气体热量的计算

在对烟气等某些混合气体计算热量时，关键是要求出混合气体的热容数值，再按上述方法计算热量。

确定混合气体热容的依据是能量守恒定律，即在加热过程中，一定数量的混合气体温度升高 1K 所需要的热量，应等于各单一气体温度升高 1K 所需热量的总和。

1. 利用质量分数计算混合气体的质量热容

$$c = w_1c_1 + w_2c_2 + \cdots + w_nc_n = \sum_{i=1}^{n} w_ic_i \tag{1 - 31}$$

即混合气体质量热容等于各组成气体的质量热容与其质量分数的乘积之和。

2. 利用体积分数计算混合气体容积热容

$$C_V = \varphi_1C_{V1} + \varphi_2C_{V2} + \cdots + \varphi_nC_{Vn}$$

$$C_V = \sum_{i=1}^{n} \varphi_iC_{Vi} \tag{1 - 32}$$

即混合气体的容积热容等于各组成气体的容积热容与其体积分数的乘积之和。

须注意的是，用式（1 - 31）和式（1 - 32）计算的混合气体的热容，可以是定值热容，也可以是平均热容；可以是定压热容，也可以是定容热容，视具体要求而定。

例　题

【1 - 8】　将 10kg 的氮气在定压下从 20℃加热到 120℃，用定值热容求氮气吸收的热量。

解　因为氮气是双原子气体，查表得

$$C_{p,\mathrm{m}}=7\times4.186\,8 \quad \mathrm{J/(mol\cdot K)}$$

$$c_p = \frac{C_{p,\mathrm{m}}}{M} = \frac{7\times4.186\,8}{28\times10^{-3}} = 1.046\,7\,[\mathrm{kJ/(kg\cdot K)}]$$

$$Q=mc_p(t_2-t_1)=10\times1.047\,6\times(120-20)=1046.7\,(\mathrm{kJ})$$

故氮气吸热量为 1046.7kJ。

【1 - 9】　锅炉燃煤需要的空气量为20 000m³/h（标准状态下），空气预热器将空气从20℃加热到 250℃，求每小时加入的热量（用平均热容计算）。

解　空气预热器的加热过程为定压加热，由附表二查平均容积定压热容。但表中不能直接查出空气在 20℃和 250℃时的平均容积定压热容，需利用数学上的内插法求出。

$$\overline{C}_{p,V}\,\Big|_0^0=1.297\mathrm{kJ/(m^3\cdot K)},\ \overline{C}_{p,V}\,\Big|_0^{100}=1.300\ [\mathrm{kJ/(m^3\cdot K)}]$$

$$\overline{C}_{p,V}\,\Big|_0^{200}=1.307\mathrm{kJ/(m^3\cdot K)},\ \overline{C}_{p,V}\,\Big|_0^{300}=1.317\ [\mathrm{kJ/(m^3\cdot K)}]$$

$$\overline{C}_{p,V}\,\Big|_0^{20}=\overline{C}_{p,V}\,\Big|_0^0+\left(\overline{C}_{p,V}\,\Big|_0^{100}-\overline{C}_{p,V}\,\Big|_0^0\right)\times\frac{20-0}{100-0}=1.298\ [\mathrm{kJ/(m^3\cdot K)}]$$

$$\overline{C}_{p,V}\,\Big|_0^{250}=\overline{C}_{p,V}\,\Big|_0^{200}+\left(\overline{C}_{p,V}\,\Big|_0^{300}-\overline{C}_{p,V}\,\Big|_0^{200}\right)\times\frac{250-200}{300-200}=1.311\ [\mathrm{kJ/(m^3\cdot K)}]$$

则空气吸热量为

$$Q = V_0\left(\overline{C}_{p,V}\,\Big|_0^{250}\times250-\overline{C}_{p,V}\,\Big|_0^{20}\times20\right)=20\,000\times(1.311\times250-1.298\times20)$$
$$=6\,035\,800(\mathrm{kJ})$$

故每小时加入空气的热量为6 035 800kJ。

【1 - 10】　锅炉烟气温度为 1200℃，经过热器、省煤器、空气预热器后冷却至 200℃。已知烟气的体积成分为：$\varphi_{CO_2}=14\%$，$\varphi_{H_2O}=8\%$，$\varphi_{N_2}=74\%$，$\varphi_{O_2}=4\%$。烟气量为80 000 m³/h（标准状态下），求每小时烟气的放热量。

解　由于烟气是在定压下放热冷却，需用容积定压热容计算热量。

根据 $C_{p,V}=\sum_{i=1}^{n}\varphi_i C_{p,V}$ 先计算烟气在 0～200℃的平均热容。

$$\overline{C}_{p,V}\Big|_0^{200}=\varphi_{CO_2}\cdot\overline{C}_{p,V_{CO_2}}\Big|_0^{200}+\varphi_{H_2O}\cdot\overline{C}_{p,V_{H_2O}}\Big|_0^{200}+\varphi_{N_2}\cdot\overline{C}_{p,V_{N_2}}\Big|_0^{200}+\varphi_{O_2}\cdot\overline{C}_{p,V_{O_2}}\Big|_0^{200}$$
$$=0.14\times1.787+0.08\times1.522+0.74\times1.304+0.04\times1.335$$
$$=1.3903\ [kJ/(m^3\cdot K)]$$

再计算烟气在 0～1200℃的平均热容。

$$\overline{C}_{p,V}\Big|_0^{1200}=\varphi_{CO_2}\cdot\overline{C}_{p,V_{CO_2}}\Big|_0^{1200}+\varphi_{H_2O}\cdot\overline{C}_{p,V_{H_2O}}\Big|_0^{1200}+\varphi_{N_2}\cdot\overline{C}_{p,V_{N_2}}\Big|_0^{1200}+\varphi_{O_2}\cdot\overline{C}_{p,V_{O_2}}\Big|_0^{1200}$$
$$=0.14\times2.264+0.08\times1.777+0.74\times1.420+0.04\times1.50$$
$$=1.5700\ [kJ/(m^3\cdot K)]$$

80 000m^3/h（标准状态下）的烟气放热量为

$$Q=V_0\left(\overline{C}_{p,V}\Big|_0^{1200}\times1200-\overline{C}_{p,V}\Big|_0^{200}\times200\right)$$
$$=80000\times(1.5700\times1200-1.3903\times200)$$
$$=1.28475\times10^8\ (kJ/h)$$

故每小时烟气冷却后的放热量为1.284 75×10^8kJ。

课堂练习题

1-7　4kg 的 CO_2 气体由 t_1＝20℃定容加热到 t_2＝200℃，试分别用定值热容和平均热容计算该过程加入的热量。

1-8　锅炉空气预热器中将 V_0＝15 标准 m^3，体积分数为：$\varphi_{CO_2}=13\%$，$\varphi_{N_2}=70\%$，$\varphi_{H_2O}=17\%$的烟气，在定压下从 500℃冷却到 200℃。试计算冷却过程中该烟气的放热量(用平均热容计算)。

小　　结

本单元介绍了热力学中的基本概念。掌握这些概念和定义是学好这门课程的前提，在学习过程中尤其要掌握以下几方面内容：

(1) 热力系是热力学的研究对象，根据热力系与外界有无质量交换和能量交换可分为闭口系、开口系、绝热系和孤立系。正确选择热力系是分析能量转换规律的前提。

(2) 平衡状态必须保持工质内部的力平衡和热平衡。只有平衡状态才能表示在状态参数坐标图上。可逆过程是一种理想的过程，过程进行中完成能量转换而无能量损耗，从理论上指明了实际过程须达到的目标。

(3) 状态参数只取决于工质的状态。基本状态参数有温度、压力、比体积。只有绝对压力才能表示工质的状态。

当 $p>p_{amb}$时，$p=p_{amb}+p_g$

当 $p<p_{amb}$时，$p=p_{amb}-p_v$

(4) 理想气体状态方程有下列几种形式：

1kg 式　　$pv=RT$

$m$kg 式　　$pV=mRT$

联合式 $$\frac{p_1 v_1}{T_1}=\frac{p_2 v_2}{T_2} \text{或} \frac{p_1 V_1}{T_1}=\frac{p_2 V_2}{T_2}$$

式中气体常数 R 用下式确定：

$$R=\frac{8.314}{M}$$

M 为气体的摩尔质量。

（5）理想气体混合物具有理想气体的性质和特点，混合物的性质取决于各组成气体的性质及分量。

（6）做功和传热是系统与外界能量交换的两种形式。容积功和热量不是状态参数，而是与过程有关的过程量。p-v 图上过程线下的面积可表示该过程与外界交换容积功的多少，T-s 图上过程线下的面积可表示该过程与外界交换热量的多少。

（7）热容可以用来计算热量。根据采用的计量单位和加热过程的不同，热容可分为三类六种：

1）质量热容 c：

a. 质量定压热容 c_p　kJ/(kg・K)

b. 质量定容热容 c_V　kJ/(kg・K)

2）容积热容 C_V

a. 容积定压热容 $C_{p,V}$　kJ/(m³・K)

b. 容积定容热容 $C_{V,V}$　kJ/(m³・K)

3）摩尔热容 C_m

a. 摩尔定压热容　$C_{p,m}$　J/(mol・K)

b. 摩尔定容热容　$C_{V,m}$　J/(mol・K)

三者之间的关系为

$$c=\frac{C_m}{M}\quad, C_V=\frac{C_m}{22.4\times 10^{-3}}$$

利用热容计算热量的方法有：

用定值热容计算热量　$$Q=mc(t_2-t_1)$$

或　$$Q=V_0 C_V(t_2-t_1)$$

用平均热容计算热量

$$Q=m(\bar{c}\,|_0^{t_2}\,t_2-\bar{c}\,|_0^{t_1}\,t_1)$$

或　$$Q=V_0(\bar{C}_V\,|_0^{t_2}\,t_2-\bar{C}_V\,|_0^{t_1}\,t_1)$$

在使用热容计算热量时，必须注意采用的计量单位和加热过程，不能混淆。

复 习 思 考 题

1-1　何谓热力系？闭口系与开口系的区别在什么地方？绝热系与孤立系在概念上有何区别？

1-2　何谓工质？火电厂为什么采用水蒸气作为工质？

1-3　热力学温标是如何定义的？热力学温度与摄氏温度之间如何换算？

1-4 表压力、真空与绝对压力有何区别和联系？为什么表压力和真空不能作为状态参数？

1-5 何谓平衡状态？准平衡过程与可逆过程有何区别和联系？研究可逆过程有何意义？

1-6 工质经过一个不可逆过程后，则不能再回到原来状态，这句话对吗？为什么？

1-7 何谓理想气体？实际气体在什么情况下可当作理想气体处理？

1-8 理想气体状态方程式有哪些应用？

1-9 氧气瓶内盛有一定状态的氧气，如将气体放出一部分后重新又达到新的平衡状态，放气前后两个平衡状态间可否表示为下列形式：

(1) $\frac{p_1 v_1}{T_1}=\frac{p_2 v_2}{T_2}$；

(2) $\frac{p_1 V_1}{T_1}=\frac{p_2 V_2}{T_2}$。

1-10 何谓热能？何谓热量？“物体温度越高，则其热量就越多”，此说法对吗？

1-11 何谓分压力和分容积？混合气体的成分有哪几种表示方法？

1-12 何谓质量热容、容积热容和摩尔热容？三者之间有何关系？

1-13 影响热容的因素有哪些？为什么 $c_p > c_V$？

1-14 为什么在热工计算中有时应用定值热容，有时应用平均热容计算热量？

习　　题

1-1 如果气压计的读数为 45mmHg，试计算：

(1) 绝对压力为 0.25MPa 时的表压力 (Pa)；

(2) 绝对压力为 5×10^3Pa 时的真空 (Pa)；

(3) 真空为 500mmH_2O 时的绝对压力 (Pa)。

1-2 汽轮机中凝汽器真空计的读数为 3×10^3Pa，气压计读数为 750mmHg，求凝汽器内的绝对压力为多少帕？

1-3 某锅炉出口过热蒸汽的压力为 13.9MPa，当地大气压为 0.1MPa，求过热蒸汽的绝对压力为多少兆帕？

1-4 某汽轮机功率为 300MW，求一天该机组的发电量为多少千瓦·时？

1-5 某台产汽量为 670t/h 的锅炉，送风机出口压力表上读数为 5.4×10^3Pa，风温为 30℃，风量为 2.5×10^3m^3/h，当地大气压力为 0.1MPa，求送风机出口每小时送风量为多少标准立方米？

1-6 烟气在炉膛内的平均温度为 1200℃，绝对压力为 0.092MPa，烟囱出口烟气温度为 170℃，当地大气压为 0.1MPa，试求烟囱出口烟气的体积变化为原来的多少倍？是增加还是减少？

1-7 某氧气瓶的容积为 0.05m^3，充满氧气后，瓶上压力表读数为 10MPa。用去部分氧气后，瓶上压力表读数为 1MPa。如大气压力为 745mmHg，室温为 27℃，问氧气被用去多少千克？

1-8 空气由氧气和氮气组成，已知它们的体积分数为 $\varphi_{O_2}=21\%$，$\varphi_{N_2}=79\%$。其总容积为 $4m^3$，压力为 0.8MPa，温度为 27℃。问：

(1) 氧气和氮气的质量各是多少?

(2) 氧气和氮气的分压力各是多少?

(3) 空气的平均摩尔质量和平均气体常数各是多少?

1-9 求 10kg 氧气在定压下温度由 100℃加热到 300℃所需要的热量。

(1) 按定值热容计算；

(2) 按平均热容计算。

1-10 锅炉送风量为20 000标准 m^3/h，这台锅炉的空气预热器要把空气由 20℃定压加热到 200℃，问空气预热器中每小时的传热量是多少（按平均热容计算）?

1-11 在 $V_0=50m^3$（标准状态下）烟气中，$V_{CO_2}=6.5m^3$，$V_{N_2}=35m^3$，$V_{H_2O}=4.5m^3$，$V_{O_2}=4m^3$。求在定压下温度从 $t_1=500$℃下降到 $t_2=200$℃时放出多少热量（用定值热容计算）?

单 元 二

热力学基本定律

——内容提要——

热力学第一定律和热力学第二定律是热力学的理论基础。热力学第一定律从量的方面揭示能量转换规律，而热力学第二定律则描述了能量转换的方向、条件和限度。本单元以热力学第一定律为基础，建立了闭口系统和开口系统能量方程式，阐明了热能与机械能的转换方式，并讨论了该转换规律在理想气体基本热力过程中的应用。本单元还介绍了卡诺循环和卡诺定理，阐明了热力学第二定律的实质及其应用。通过本单元学习，主要解决热能转换为机械能的两大问题：一是怎样实现这种转换，即实现转换的条件和方法；二是如何提高能量转换的效率，即能量转换的程度和数量。

课题一　热力学第一定律

教学目的

热力学第一定律是能量转换与守恒定律在热力学中的应用。它确定了热能与机械能之间相互转换时的数量关系。通过本课题的学习，应理解热力学第一定律的实质，掌握闭口系、开口系能量方程式及其应用，掌握焓的概念及物理意义，理解理想气体热力学能变化和焓变化的计算特点，了解稳定流动的概念。

教学内容

一、热力学能

工质内部所具有的各种微观能量的总和，称为热力学能。热力学能是热力系内部储存的能量。它主要包括下列各项：

（1）内动能。它是由于分子热运动形成的能量，包括分子的移动动能、转动动能以及分子中原子的振动动能。由分子热运动理论知道，内动能取决于工质的温度，温度越高，工质的内动能越大，所以，内动能是温度的函数。

（2）内位能。它是由分子间的相互作用力形成的能量。内位能的大小取决于分子间的距离，因而它是比体积的函数。

除此之外，分子内部的能量还有：与分子结构有关的化学能、原子核内的原子能等。但是，在我们所讨论的热力过程中，不涉及化学反应和原子反应，这两部分能量被认为是不发生变化的。因而，我们所讨论的热力学能指的是内动能和内位能的总和，即工质的热力学能是温度和比体积的函数。

在热力学中，用符号 U 表示热力学能，单位为 J 或 kJ。单位质量工质的热力学能称为

比热力学能，用 u 表示，单位为 J/kg 或 kJ/kg。它们之间的关系为

$$u = U/m \qquad 或 \qquad U = mu$$

对于理想气体，因为分子间没有相互作用力，所以没有内位能，其热力学能只包含内动能。因而理想气体的热力学能仅为温度的函数。

由于工质的比热力学能决定于工质的温度和比体积，即决定于工质所处的状态，因此，比热力学能是状态参数。当工质的状态一经确定，其热力学能也就有确定的数值。在研究能量转换的过程中，我们所关心的是工质内部能量的变化量，并不关心其热力学能的绝对数值。当工质状态发生变化时，其热力学能的变化量 Δu 等于其初、终两态下热力学能的差值，即

$$\Delta u = u_2 - u_1$$

热力学能具有状态参数的一切特性，其变化量与过程的途径无关。如图 2 - 1 所示，工质由初状态 1 经历 1a2 和 1b2 两个过程到达终状态 2，其热力学能的变化量完全相同，即

$$\Delta u_{1a2} = \Delta u_{1b2} = u_2 - u_1$$

p
1
a
b
2
o
v

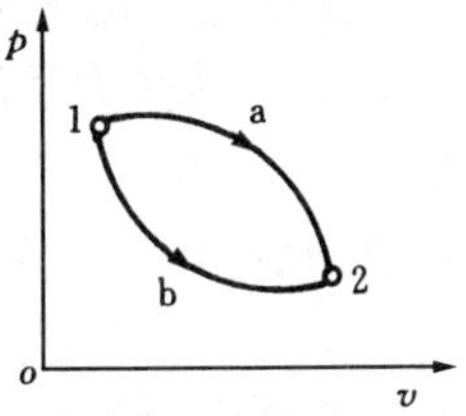

图 2 - 1　热力学能与路径无关

如果工质经过一系列过程后又回到初始状态，其热力学能变化量等于零。即图 2 - 1 中，$\Delta u_{1a2b1} = 0$。

二、热力学第一定律及其实质

能量转换和守恒定律是人们在长期的生产实践中总结出来的客观规律，而不是通过任何理论或数学推导得出来的，它是自然界中最普遍的、最基本的规律，适用于自然界的一切现象和一切过程。

自然界是由物质组成的，运动是物质存在的形式，没有不运动的物质，也没有无物质的运动。物质和运动是不可分割的。能量是物质运动的量度，物质运动的形式不同，度量物质运动的能量的形态也不同。物质可以从一种运动形式转换成另一种运动形式，能量也就可以从一种形态转换成另一种形态，在转换的过程中遵守能量转换和守恒定律。这个定律可以概述为："在自然界中，一切物质都具有能量，能量既不能被消灭，也不能被创造；但它能够从一种形态转换为另一种形态。在转换过程中，能量的总量保持不变。"

热力学第一定律是能量转换和守恒定律在热力学中的具体应用。热力学第一定律可表述为："热可以变为功，功也可以变为热。一定量的热消失时，必产生数量相当的功；消耗一定量的功时，也必然出现相当数量的热。"

热力学第一定律是热力学的基本理论之一，在能量的数量方面确立了热能和机械能的相互转换关系，是热工分析和计算的主要理论依据。

热力学第一定律的建立，对企图制造不消耗能量而获得动力的所谓第一类永动机给予了否定。因此，热力学第一定律也可表述为："第一类永动机是不可能制造成功的。"

三、热力学第一定律的解析式

热力学第一定律是能量转换与守恒定律在热力学中的应用。它适用于一切热力过程。当用于分析实际问题时，必须依据能量守恒的原则建立能量平衡关系式。

对于任何系统，其能量平衡的关系可表示成

进入系统的能量－离开系统的能量＝系统内储存能量的增加

上式反映了一切热力过程的共同特性，但对于不同的系统，其表达形式可以不一样。下

面先就闭口系统进行讨论。

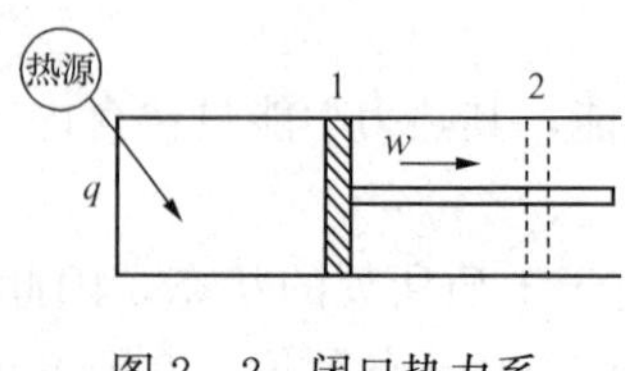

图 2 - 2　闭口热力系

如图 2 - 2 所示，设有 1kg 的工质封闭在气缸与活塞之间，在研究过程中，假定系统与外界仅有能量交换而无质量交换，这就是一个闭口系统。开始时，工质处于状态 1，相应的状态参数为 p_1、v_1、T_1 及 u_1。当外界向工质加入热量 q 后，工质状态发生变化，到达状态 2，相应的状态参数为 p_2、v_2、T_2 及 u_2，并且对外做膨胀功 w。

根据能量平衡关系式，进入系统的能量为吸热量 q，离开系统的能量为系统对外所做容积功 w，系统热力学能的增加量为 $\Delta u=u_2-u_1$，则

$$q-w=u_2-u_1$$

移项整理后得

$$q=\Delta u+w \tag{2-1}$$

当系统内工质为 $m$kg 时，其关系式为

$$Q=\Delta U+W \tag{2-2}$$

式（2 - 1）和式（2 - 2）称为热力学第一定律的解析式，是热力学第一定律用于闭口系统的能量方程式，也称为闭口系热力学第一定律解析式。它说明：在热力过程中，系统从外界吸收的热量，一部分用于工质热力学能的增加，其余用来对外做出容积功。

需要强调指出的是，上述公式中 q、Δu 和 w 均为代数值，可以为正、为负或者为零。其符号依据过程的方向而定。系统吸收热量，q 为正值；系统放出热量，q 为负值。系统热力学能增加，Δu 为正值；系统热力学能减小，Δu 为负值。系统对外界做功，w 为正值；外界对系统做功，w 为负值。但无论是什么情况，都应该符合能量平衡关系式。

热力学第一定律解析式是依据能量转换与守恒定律推导出来的，除要求工质的初态和终态为平衡状态外，没有任何限制。所以它适用于一切工质（理想气体或实际气体）和一切热力过程（可逆过程或不可逆过程），是一个普遍适用的关系式。从式（2 - 1）知道，工质在状态变化过程中，热能转变为机械能的部分为 $q-\Delta u$。因此，热力学第一定律解析式是热力学第一定律的基本表达式。它在分析热力过程中的能量转换时的应用，将在后续内容中介绍。

四、稳定流动及焓

在实际热力设备中，工质的吸热与做功通常是伴随工质的流动过程而进行的。例如在火电厂中，给水在流经锅炉各受热面时完成吸热过程，蒸汽流经汽轮机的各级时完成做功过程。显然，这种系统与外界不仅有能量交换，而且还有质量交换。这样的开口系统在实际热力设备中应用非常广泛。

（一）稳定流动的概念

热力设备正常运行时，常常处于稳定条件下工作。如汽轮机经常保持稳定的输出功率，蒸汽流经汽轮机时的状态参数、流速和流量均不随时间变化。所以，我们把热力系统内部及其边界上各点工质的热力参数及运动参数不随时间改变的流动称为稳定流动。根据稳定流动的定义可知，要使流动过程达到稳定，必须满足以下条件：

（1）单位时间内流入系统的工质质量与流出系统的工质质量保持不变，且二者相等。这样就保证了系统内工质的质量流量维持恒定。

（2）单位时间内加入系统的净热及系统对外做出的净功不随时间而改变。这样就可以保证系统内储存的能量维持不变。

（3）工质流过系统内各点时的状态参数及流速不随时间而改变。

热力设备在正常运行时，工质的流动基本上都是稳定流动，因而稳定流动的分析具有很大的实用意义。

从上述分析中，可以看出，工质在稳定流动时，各个状态参数均不随时间而改变，仅与其所处的空间位置有关。在不同的空间点上，其参数值可能不一样。为了进一步简化问题，我们假定工质的状态参数只沿流动方向才发生变化，在与流动方向垂直的同一截面上，工质的同一状态参数具有相同的数值。这种工质的状态参数只沿流动方向做连续变化的流动称为一元流动。

（二）焓

工质进入有一定压力的开口系统，须由外界对工质做功。若工质的压力为 p，进入系统时截面积为 A，流动距离为 s，则外界对工质做功为 $pAs=pV$。

pV 是工质流动时要克服其前面工质的阻碍所做的功，称为推动功。单位为 J 或 kJ。

1kg 工质的推动功为 pv，称为比推动功，单位为 J/kg 或 kJ/kg。

工质在流动过程中，在将推动功带入或带出系统的同时，也将其热力学能带入或带出了系统。这两者通常是同时出现的。为了分析和计算的方便，常把热力学能 U 和推动功 pV 合在一起，定义一个新的物理量为“焓”，符号为 H，即

$$H = U + pV \tag{2-3}$$

单位质量工质的焓称为比焓，用符号 h 来表示，即

$$h = u + pv \tag{2-4}$$

焓的单位为 J 或 kJ，比焓单位为 J/kg 或 kJ/kg。

从比焓的定义式可以看出，比焓是由状态参数 u、p、v 组成的综合量。工质处于某一确定的状态时，u、p、v 均具有确定的数值，因而，$(u+pv)$ 也具有确定的值，故比焓也是只取决于工质状态的一个状态参数，具有状态参数的一切特性。

焓的物理意义可以从它的定义式看出。工质在流动过程中，携带着热力学能、推动功、宏观动能和重力位能四部分能量。其中只有热力学能和推动功取决于工质的热力状态。如果工质的宏观动能和重力位能可以忽略不计时，则焓就表示随工质流动而转移的总能量。

同热力学能一样，焓的数值无法用仪表测定。但由于它是状态参数，同样可以表示为其他两个独立状态参数的函数。

对于理想气体，热力学能 u 仅是温度的函数，而 $pv=RT$，所以理想气体的焓也仅是温度的函数，即

$$h = u + pv = u + RT = f(T)$$

焓是热力学中一个重要的状态参数，它的引用简化了很多公式的形式，也简化了某些热力过程的计算。特别在研究有工质流动的问题时，焓的应用非常广泛。在后续课题中，我们将更多的应用到焓。

五、稳定流动能量方程式及其应用

（一）稳定流动的能量方程式

如图 2-3 所示为一开口系统，假想截面 1—1 和截面 2—2 之间的空间为研究对象，工

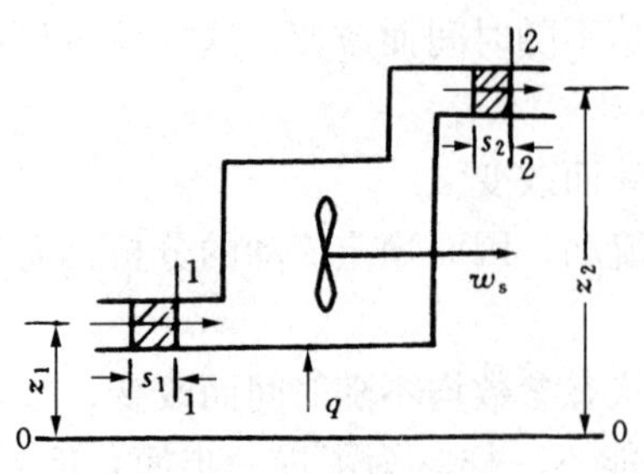

图 2-3 开口系统能量的转换

质不断地从截面 1—1 流进系统，从截面 2—2 流出系统。外界不断地供给系统热量，系统同时对外输出轴功。

假定单位时间内有 1kg 工质从截面 1—1 进入系统，其参数为压力 p_1、比体积 v_1、温度 T_1、热力学能 u_1、速度 c_1，进口截面 1—1 的中心距基准面的高度为 z_1，根据稳定流动的概念，在同样的时间内也有 1kg 工质从截面 2—2 流出系统，其参数为压力 p_2、比体积 v_2、温度 T_2、热力学能 u_2、速度 c_2，出口截面中心距基准面的高度为 z_2。

在单位时间内经过截面 1—1 的工质带入系统的能量有

(1) 工质的热力学能 u_1，J/kg；

(2) 工质的宏观动能 $\frac{1}{2}c_1^2$，J/kg；

(3) 工质的重力位能 gz_1，J/kg；

(4) 外界对系统做的推动功 p_1v_1，J/kg。

同理，1kg 工质流出系统时，带走的能量有

(1) 工质的热力学能 u_2，J/kg；

(2) 工质的宏观动能 $\frac{1}{2}c_2^2$，J/kg；

(3) 工质的重力位能 gz_2，J/kg；

(4) 系统对外界做的推动功 p_2v_2，J/kg。

此外，在单位时间内，外界向系统加入了热量 q，系统向外界输出轴功 w_s。

根据稳定流动的条件，可以列出能量平衡方程式：

$$u_1+\frac{1}{2}c_1^2+gz_1+p_1v_1+q=u_2+\frac{1}{2}c_2^2+gz_2+p_2v_2+w_s$$

整理后，得

$$q=(u_2-u_1)+(p_2v_2-p_1v_1)+\frac{1}{2}(c_2^2-c_1^2)+g(z_2-z_1)+w_s \tag{2-5}$$

由 $h_1=u_1+p_1v_1$；$h_2=u_2+p_2v_2$。故上式又可写为

$$q=(h_2-h_1)+\frac{1}{2}(c_2^2-c_1^2)+g(z_2-z_1)+w_s \tag{2-6}$$

对于 $m$kg 工质，式 (2-6) 可表示为

$$Q=(H_2-H_1)+\frac{1}{2}m(c_2^2-c_1^2)+mg(z_2-z_1)+W_s \tag{2-7}$$

式 (2-6)、式 (2-7) 是热力学第一定律应用于工质在稳定流动时的数学表达式，称为稳定流动能量方程式。从式 (2-5) 看出，热力系从外界吸收的热量，一部分用来增加工质本身的能量 (热力学能、动能、位能)，一部分供给工质克服阻力做出流动功，还有一部分用来对外输出轴功。

稳定流动能量方程式是依据能量平衡关系式推导出来的，除稳定流动条件外，没有其他的限制。因而它适用于任何工质、任何稳定流动过程。在使用时要注意方程式中各项的单位必须

一致。

（二）稳定流动能量方程式的分析

将稳定流动能量方程式（2-6）还原到式（2-5），并改写为

$$q-\Delta u=(p_2v_2-p_1v_1)+\frac{1}{2}(c_2^2-c_1^2)+g(z_2-z_1)+w_s$$

上式与热力学第一定律解析式 $q-\Delta u=w$ 比较，得流动系统中工质的容积变化功可以描述为

$$w=(p_2v_2-p_1v_1)+\frac{1}{2}(c_2^2-c_1^2)+g(z_2-z_1)+w_s \tag{2-8}$$

式（2-8）说明，开口系统中，工质的容积变化功表现为：维持工质流动所必须支付的流动功；工质本身动能和位能的增加；对外输出的轴功。可见，在开口系统中，轴输出的功不等于工质的容积变化功。而在闭口系统中工质的容积变化功直接表现为对外做功。但无论是闭口系统还是开口系统，其热变功的实质是一样的，都是通过工质的体积膨胀来实现热能转换为机械能，只不过它们的对外表现形式不同。

分析式（2-8）可以看出，容积功中除了第一项是用来维持工质流动所必须支付的功外，其余三项均是工程技术上可以直接利用的。例如汽轮机中的喷管利用 $\frac{1}{2}(c_2^2-c_1^2)$ 来获得高速汽流；在水泵中利用 $g(z_2-z_1)$ 来提高水流的水位；在汽轮机中利用 w_s 对外做功。因此，在热力学中，将工程上可以直接利用的动能增量、位能增量和轴功的总和称为技术功，用 w_t 表示，即

$$w_t=\frac{1}{2}(c_2^2-c_1^2)+g(z_2-z_1)+w_s \tag{2-9}$$

由式（2-8），技术功也可表示为

$$w_t=w-(p_2v_2-p_1v_1) \tag{2-10}$$

上式说明：工质所做的技术功等于容积功减去进出口推动功差值。

在许多热力设备中，动能增量和位能增量占技术功的比例很小，忽略不计时，式（2-9）中技术功就表现为输出的轴功，即 $w_t=w_s$。

如图 2-4 所示，可以证明，1kg 工质完成可逆过程 1-2 后，所做的技术功的数值可以用 p-v 图中过程线与纵坐标轴构成的面积来表示，即面积 12341。技术功的正负与压力的变化方向相反。

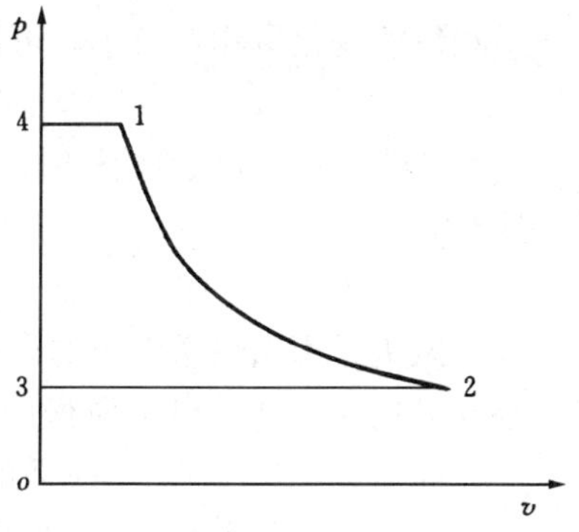

图 2-4 技术功

引入技术功后，稳定流动能量方程式的形式又可变化。将式（2-9）代入式（2-6）可得

1kg 工质稳定流动能量方程式 $$q=\Delta h+w_t \tag{2-11}$$

$m$kg 工质稳定流动能量方程式 $$Q=\Delta H+W_t \tag{2-12}$$

式（2-11）和式（2-12）称为用焓表示的热力学第一定律解析式，又称为开口系热力学第一定律解析式。显然，热力学第一定律解析式与稳定流动能量方程式的实质是一致的，由一个方程能推导出另一个方程。

（三）稳定流动能量方程式的应用

火电厂热力设备正常运行时，工质的流动通常都可以看作是稳定流动，因而可以应用稳定流动能量方程式来分析过程中的能量转换。但在应用时，要根据实际过程的具体情况，忽略某些影响不大的次要因素，对能量方程式进行简化。现以火电厂中的几种典型热力设备为例来说明稳定流动能量方程式的具体应用。

1. 锅炉及换热器

火电厂中的各个受热面均是一热交换器，例如锅炉、过热器、省煤器等均是换热器。如图 2 - 5 所示，工质流经换热器时，与外界只有热量交换而不对外做功，故输出的轴功等于零，即 $w_s=0$；工质在流经这些热力设备时，动能的变化和位能的变化量相对较小，可以忽略不计，即 $(c_2^2-c_1^2)\approx 0$，$z_2-z_1\approx 0$。因此，根据式（2 - 6）则有

$$q=h_2-h_1 \tag{2 - 13}$$

由此可见，工质在锅炉及换热器中流动时，吸收的热量等于其焓值的增加（也称为焓差）。

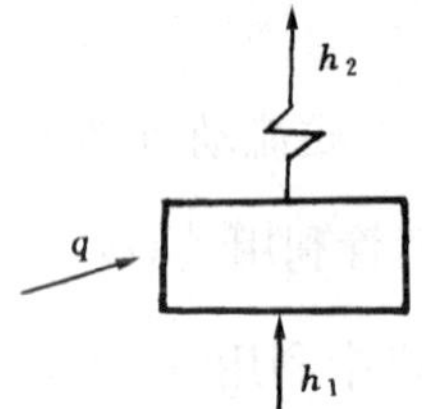

图 2 - 5 工质在锅炉及换热器中的能量转换

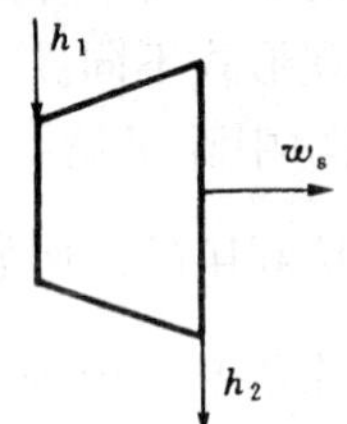

图 2 - 6 工质在汽轮机中的能量转换

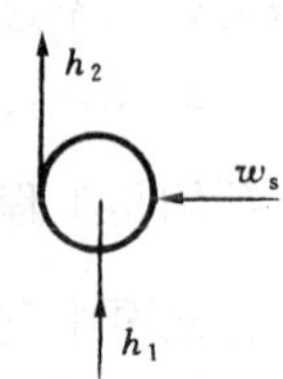

图 2 - 7 工质在泵与风机中的能量转换

2. 汽轮机

汽轮机是把热能转变为机械能的设备。工质流经汽轮机时，压力降低，对外输出轴功 w_s，如图 2 - 6 所示。蒸汽在汽轮机内流动时间很短，不考虑其对外的散热量，$q=0$；动能变化量和位能变化量相对较小，可以忽略不计。因此根据式（2 - 6），则有

$$w_s=h_1-h_2 \tag{2 - 14}$$

由此可见，工质流经汽轮机时，所做的轴功等于其焓值的减小（也称为焓降）。此时的轴功就是技术功。

3. 泵与风机

泵与风机是用来输送工质的设备，并消耗轴功提高工质的压力。如图 2 - 7 所示，工质流经泵与风机时，外界对工质做的轴功为 w_s。通常情况下，在泵与风机的进口和出口处，工质的动能变化和位能变化可忽略不计，则此时稳定流动能量方程式可以简化为

$$-w_s=h_2-h_1 \tag{2 - 15}$$

由此可见，工质流经泵与风机时，消耗的轴功等于工质焓的增加。

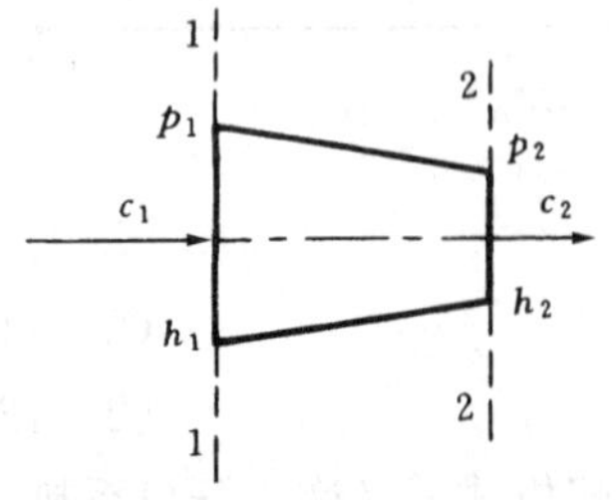

图 2 - 8 工质在喷管中的能量转换

4. 喷管

喷管是使工质加速的设备，工质流经喷管后降压增速获得高速气流。如图 2 - 8 所示，工质流经喷管时流速大，时间短，散热很小，可以忽略不计，$q\approx 0$；工质在管内流动，不可能有

轴功输入或输出，$w_s=0$；同时，工质的位能变化亦可以忽略，故稳定流动能量方程式用于喷管时可以简化为

$$\frac{1}{2}(c_2^2-c_1^2)=h_1-h_2 \tag{2-16}$$

由此可见，工质流经喷管时，动能的增加等于其焓的减少。

通过上述实例的分析可以看出，在不同的情况下，稳定流动能量方程式可以简化成不同的形式。因此，如何根据实际过程的特点正确提出相应的简化条件，是正确运用稳定流动能量方程式的前提。

例　题

【2-1】 某电厂汽轮发电机组功率为600MW，锅炉的燃料消耗量为260t/h，其燃料发热量为23000kJ/kg，试求汽轮发电机组将热能转换为电能的效率η。

解　每小时燃料发出热量为

$$260\times10^3\times23000=5.98\times10^9(\text{kJ/h})$$

每小时由热能转变为电能的数量为

$$600\times10^3\times3600=2.16\times10^9(\text{kJ/h})$$

汽轮发电机组效率为

η=每小时生产的电能/每小时消耗的热能=$2.16\times10^9/(5.98\times10^9)=0.3612$

故该机组热能转换为电能的效率为36.12%。

【2-2】 对定量的某种气体加热100kJ，使之由状态1沿路径1a2变化至状态2，同时对外做功60kJ。若外界对气体做功40kJ，迫使它从状态2沿路径2b1返回状态1，如图2-9所示。问返回过程中工质与外界交换的热量是多少？是放热还是吸热？

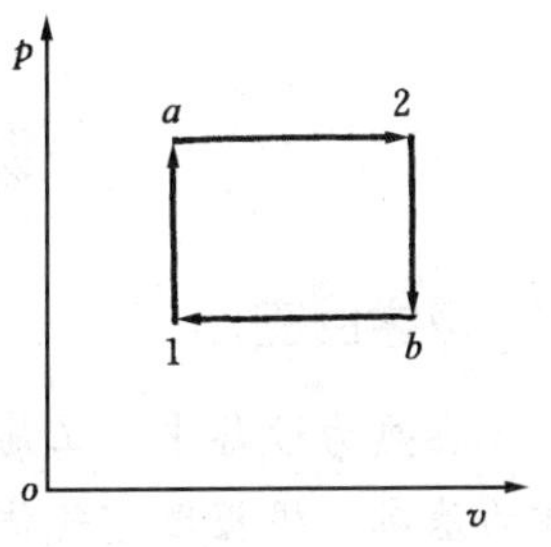

图2-9　例题2-2图

解　根据$Q=\Delta U+W$

在1a2过程中，$Q_{1a2}=100\text{kJ}$，$W_{1a2}=60\text{kJ}$

则
$$\Delta U_{1a2}=Q_{1a2}-W_{1a2}=100-60=40(\text{kJ})$$

在2b1过程中，$W_{2b1}=-40\text{kJ}$

$$\Delta U_{2b1}=U_1-U_2=-\Delta U_{1a2}=-40(\text{kJ})$$

所以
$$Q_{2b1}=\Delta U_{2b1}+W_{2b1}=-40+(-40)=-80(\text{kJ})$$

由于Q_{2b1}为负值，说明在2b1过程中工质放热。

【2-3】 已知新蒸汽进入汽轮机时的焓$h_1=3230\text{kJ/kg}$，流速$c_1=50\text{m/s}$，离开汽轮机的排汽焓$h_2=2300\text{kJ/kg}$，流速$c_2=120\text{m/s}$。散热损失和进、出口位置高度差可以忽略不计，蒸汽流量为600t/h，求该汽轮机发出的功率为多少？

解　(1) 蒸汽在汽轮机中所做的轴功

蒸汽在汽轮中的流动为稳定流动。根据式（2-6）及$q=0$、$\Delta z=0$的条件，可得1kg蒸汽做的功为

$$w_s=(h_1-h_2)-\frac{1}{2}(c_2^2-c_1^2)$$

$$=(3230-2300)-\frac{1}{2}\times(120^2-50^2)\times10^{-3}=924.05(\text{kJ/kg})$$

因 $W_s = mw_s$，且 $q_m = 600 \times 10^3$ kg/h，所以蒸汽在汽轮中所做的轴功为

$$W_s = q_m w_s = 600 \times 10^3 \times 924.05 = 5.54 \times 10^8 (\text{kJ/h})$$

(2) 汽轮机的功率

因 1kW=1kJ/s，所以汽轮机的功率为

$$P = \frac{5.54 \times 10^8}{3600} = 1.54 \times 10^5 (\text{kW})$$

课堂练习题

2-1 某电厂汽轮发电机组的功率为 300MW，若发电厂效率为 32%，试求：

(1) 该电厂每昼夜需消耗标准煤多少吨（标准煤的发热量为 29 300kJ/kg)？

(2) 若发电厂效率提高 1%，该电厂每昼夜可节约标准煤多少吨？

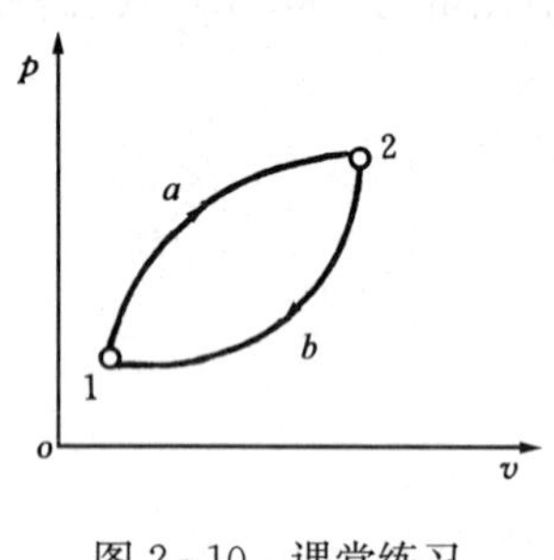

图 2-10 课堂练习题 2-2 图示

2-2 在有活塞的气缸中储有一定量的气体，若对气体加热 100kJ，使之由状态 1 沿路径 a 变化到状态 2，如图 2-10 所示，同时对外做功 50kJ，试求气体的热力学能变化量。如果外界对气体做功 60kJ，迫使气体从状态 2 沿路径 b 返回到状态 1，试求气体与外界交换的热量。

2-3 某锅炉的进水焓值为 1197.3kJ/kg，出口过热蒸汽焓值为 3394.3kJ/kg，蒸发量为 1025t/h。假定煤的发热量 22 000kJ/kg，锅炉效率为 91%。试确定该锅炉每小时的燃煤量。

课题二 理想气体的基本热力过程

教学目的

在热力设备中，工质通过不同的热力过程来实现各种能量转换。本课题以热力学第一定律为基础，根据理想气体状态方程式，讨论理想气体的基本热力过程。通过本课题的学习，应理解理想气体各基本热力过程的特性，掌握其状态参数的变化规律及能量转换规律。

教学内容

一、分析热力过程的目的及一般方法

工质在热能动力装置中，将热能转换为机械能，都是通过工质状态变化的热力过程来实现的。因而，对热力过程的分析，就是要通过分析工质状态参数的变化规律，揭示过程中能量转换的规律，从而选择合适的热力过程的组合来实现热能与机械能的转换。

实际的热力过程通常是比较复杂的。工程上采用的工质都是实际气体，而进行的过程也常常是不可逆的。在热力学中，为了分析问题方便，常对实际问题进行简化，忽略某些不可逆因素，突出过程中状态参数变化的主要特征，把工程上常见的实际过程近似地概括为几种具有某些简单特点的典型可逆过程，如定容过程、定压过程、定温过程、绝热过程，称之为理想气体的基本热力过程。在此，我们只讨论理想气体的可逆过程。

在热力学中，对理想气体热力过程分析的理论依据是理想气体状态方程式和热力学第一

定律。对过程的分析一般按如下步骤进行：

(1) 根据过程特点，列出过程方程式；

(2) 根据过程方程式和理想气体状态方程式确定初、终状态参数之间的关系；

(3) 在 $p-v$ 图和 $T-s$ 图中，画出过程曲线；

(4) 计算过程中工质热力学能的变化、焓的变化及工质与外界交换的功量和热量，分析过程中的能量转换规律。

二、定容过程

(一) 过程特性

定量工质在状态变化时，容积始终保持不变的过程，称为定容过程。工程上，某些热力设备是在近似定容的情况下进行的。例如，内燃机在工作时，气缸内汽油与空气混合迅速燃烧，而内燃机的活塞还来不及移动时，气缸内的气体温度和压力突然升高，这一过程就可以近似地看作是定容过程。

定容过程的过程方程为

$$v=\text{常数}$$

(二) 状态参数的变化规律

根据理想气体状态方程式 $pv=RT$，而 v 为常数，则

$$\frac{p}{T}=\text{常数}$$

即

$$\frac{p_1}{T_1}=\frac{p_2}{T_2}=\frac{p}{T}$$

或

$$\frac{p_1}{p_2}=\frac{T_1}{T_2} \tag{2-17}$$

可见，在定容过程中，工质的压力与热力学温度成正比。

(三) $p-v$ 图和 $T-s$ 图

因为 $v=$常数，定容过程在 $p-v$ 图上是一条垂直于横坐标轴的直线，如图 2-11 (a) 所示。1-2 为定容加热过程，工质吸热，温度升高；1-2′为定容放热过程，工质放热，温度降低。由于过程线与横坐标构成的面积为零，说明在定容过程中工质对外做的容积功为零。

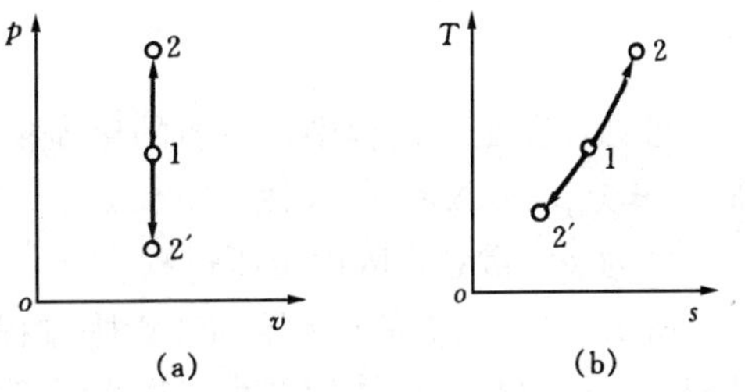

图 2-11　定容过程 $p-v$ 图和 $T-s$ 图

(a) $p-v$ 图；(b) $T-s$ 图

在 $T-s$ 图中，定容过程为一条对数曲线，如图 2-11 (b) 所示。1-2 为定容加热过程，工质吸热，熵增大，温度升高；1-2′为定容放热过程，工质放热，熵减小，温度降低。过程线与横坐标构成的面积为单位质量工质在定容过程中与外界交换的热量。

(四) 能量转换规律分析

根据热力学第一定律，有

$$q_V=\Delta u+w_V$$

而在定容过程中，容积功 $w_V=0$，则

$$q_V=\Delta u \tag{2-18}$$

根据质量定容热容的概念，在定容过程中加入的热量可以用 $q_V=c_V(T_2-T_1)$ 来计

算，则

$$\Delta u = q_V = c_V(T_2 - T_1) \tag{2-19}$$

上式说明，在定容过程中，外界加给工质的热量全部用来增加工质的热力学能。

由于理想气体的热力学能仅与温度有关，而热力学能又是状态参数，与过程无关，所以式（2-19）适用于理想气体的任何过程。

对于流动系统，定容过程中，1kg 工质的技术功可用图 2-11（a）中过程线与纵坐标轴之间的面积表示，即

$$w_{t,V} = -v(p_2 - p_1) \tag{2-20}$$

由此可知，在定容加热过程中工质虽然没有对外做容积功，但工质的温度和压力升高后，其做功能力得到提高。因而定容过程实质是个热变功的准备过程。

三、定压过程

（一）过程特性

工质在状态变化时压力始终保持不变的过程称为定压过程。在热力设备中，有许多的过程可以近似为定压过程，例如水在锅炉中的汽化过程，蒸汽在凝汽器中的凝结过程等。

定压过程的过程方程为

$$p = 常数$$

（二）状态参数的变化规律

根据 $pv=RT$，$p=$常数，则

$$\frac{v}{T} = 常数$$

即

$$\frac{v_1}{T_1} = \frac{v_2}{T_2}$$

或

$$\frac{v_1}{v_2} = \frac{T_1}{T_2} \tag{2-21}$$

可见，在定压过程中，工质的比体积与热力学温度成正比。

（三）p-v 图和 T-s 图

因为 $p=$常数，因而定压过程在 p-v 图上是一条平行于横坐标轴的直线，如图 2-12（a）所示。1-2 过程为定压加热膨胀过程，工质吸热，比体积增大；1-2′为定压放热压缩过程，工质放热，比体积减小。过程线下的面积为单位质量工质对外所做的容积功。

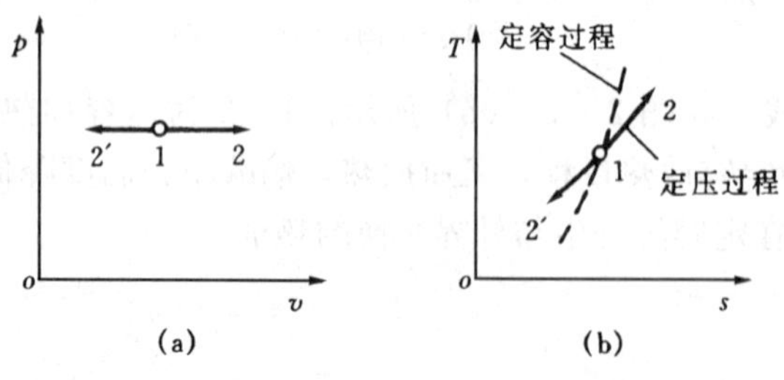

图 2-12　定压过程的 p-v 图和 T-s 图

(a) p-v 图；(b) T-s 图

在 T-s 图中，定压过程为一条对数曲线，如图 2-12（b）所示。1-2 为定压加热膨胀过程，工质吸热，熵增大，温度升高；1-2′为定压放热压缩过程，工质放热，熵减小，温度降低。过程线下的面积为单位质量工质与外界交换的热量。

应当指出，在 T-s 图中，定容过程与定压过程虽然都是对数曲线，但二者是有区别的。如果 1kg 气体从同一初态加热到相同的温度，由于定压比热容大于定容比热容，因而定压过程吸热量大，熵值较大；定容

过程吸热量小，熵值较小；所以定容过程线较定压过程线陡。也可从过程线下面的面积来分析而得出上述结论。

（四）能量转换规律

在定压过程中，工质从状态1到状态2对外所做的容积功为 p-v 图上过程线与横坐标轴构成的面积，即

$$w_p = p(v_2 - v_1) \tag{2-22}$$

根据
$$pv = RT$$

则有
$$w_p = RT_2 - RT_1 = R(T_2 - T_1)$$

故
$$R = \frac{w_p}{T_2 - T_1} \tag{2-23}$$

从上式可以看出，理想气体的气体常数在数值上等于1kg气体在定压加热过程中温度升高1K所做的容积功。

根据质量定压热容的概念，在定压过程中加给1kg工质的热量为

$$q_p = c_p(T_2 - T_1) \tag{2-24}$$

工质比热力学能变化为

$$\Delta u = c_V(T_2 - T_1)$$

根据热力学第一定律解析式

$$\begin{aligned} q_p &= \Delta u + w_p = c_V(T_2 - T_1) + R(T_2 - T_1) \\ &= (c_V + R)(T_2 - T_1) \end{aligned} \tag{2-25}$$

比较式（2-24）和式（2-25）得

$$c_p = c_V + R$$

则
$$c_p - c_V = R \tag{2-26}$$

式（2-26）称为迈耶公式。它描述了理想气体的 c_p 和 c_V 之间的关系。

根据热力学第一定律有

$$\begin{aligned} q_p &= \Delta u + w_p \\ &= (u_2 - u_1) + (pv_2 - pv_1) \\ &= (u_2 + pv_2) - (u_1 + pv_1) \\ &= h_2 - h_1 \end{aligned} \tag{2-27}$$

上式表示，在定压过程中加给工质的热量等于工质焓的增量。该式由热力学第一定律直接导出，因而适用于任何工质。

对理想气体，焓仅是温度的函数，根据

$$q_p = c_p(T_2 - T_1)$$

则有
$$h_2 - h_1 = c_p(T_2 - T_1) \tag{2-28}$$

由于焓是状态参数，与过程无关，因而式（2-28）适用于理想气体的任何过程。

对于开口系统的定压过程，由于过程线与 p-v 图上纵坐标轴之间的面积等于零，故工质在定压过程中可资利用的技术功等于零。工质所做的容积功没对外输出，而是克服流动阻力做出了流动功（$pv_2 - pv_1$）。

四、定温过程

（一）过程特性

工质在状态变化时，温度始终保持不变的过程称为定温过程。

定温过程的过程方程为

$$T=\text{常数}$$

（二）状态参数变化规律

根据 $pv=RT$，$T=$常数，则

$$pv=RT=\text{常数}$$

即

$$p_1v_1=p_2v_2$$

或

$$\frac{p_1}{p_2}=\frac{v_2}{v_1} \tag{2-29}$$

可见，在定温过程中，理想气体的压力与比体积成反比。

（三）p-v 图和 T-s 图

在 p-v 图中，根据 $pv=RT=$常数，过程线表示为一条等边双曲线，如图 2-13（a）所示。1-2 为定温加热膨胀过程，工质吸热，比体积增大，压力降低；1-2′为定温放热压缩过程，工质放热，比体积减小，压力增大。过程线下的面积为单位质量工质在过程中与外界交换的容积功。

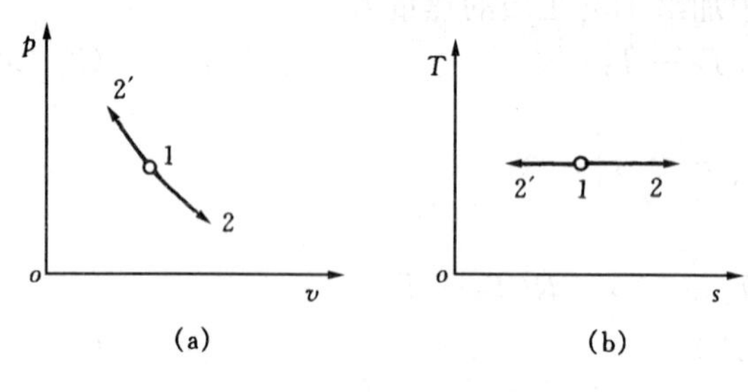

图 2-13 定温过程的 p-v 图和 T-s 图
(a) p-v 图；(b) T-s 图

定温过程在 T-s 图上表示为一条平行于横坐标轴的直线，如图 2-13（b）所示。1-2 为定温加热膨胀过程，工质吸热，熵增大；1-2′为定温放热压缩过程，工质放热，熵减小。过程线下面的面积为过程中单位质量工质与外界交换的热量。

（四）能量转换规律

在定温过程中，1kg 工质所做的容积功可以由下式进行计算：

$$w_T=RT\ln\frac{v_2}{v_1}=RT\ln\frac{p_1}{p_2} \tag{2-30}$$

在定温过程中，理想气体的热力学能不变，即

$$\Delta u=0$$

工质与外界交换的热量为

$$q_T=w_T=RT\ln\frac{v_2}{v_1} \tag{2-31}$$

上式说明，工质在定温过程中吸收的热量全部用来对外做功，而热力学能保持不变。

对开口热力系，由于 p-v 图中过程线是等边双曲线，则过程线与横坐标轴构成的面积和过程线与纵坐标轴构成的面积相等，所以工质的技术功等于工质对外所做的容积功，即

$$w_{t,T}=w_T=RT\ln\frac{v_2}{v_1} \tag{2-32}$$

五、绝热过程

（一）过程特性

工质在状态变化时，与外界没有热量交换的过程，称为绝热过程。实际热力设备中，如果过程进行得很快，工质与外界交换的热量相对很少，可以忽略不计时，则这种过程可近似为绝热过程。例如蒸汽在汽轮机中的膨胀过程、气体流过喷管的膨胀加速过程等。

对可逆的绝热过程，根据过程特性和理想气体状态方程式，可以导出可逆绝热过程方程式为

$$pv^{\kappa} = 常数 \tag{2-33}$$

式中κ称为定熵指数。对于理想气体，定熵指数κ等于质量热容比γ，即$\kappa=\gamma=\frac{c_p}{c_V}$。当工质的质量热容取定值时，单原子气体，$\gamma=1.66$；双原子气体$\gamma=1.4$；多原子气体$\gamma=1.29$。

（二）状态参数的变化规律

根据$pv=RT$和过程方程$pv^{\kappa}=$常数，绝热过程初、终态间的状态参数关系为

$$\frac{p_1}{p_2}=\left(\frac{v_2}{v_1}\right)^{\gamma} \tag{2-34}$$

$$\frac{T_1}{T_2}=\left(\frac{v_2}{v_1}\right)^{\gamma-1} \tag{2-35}$$

$$\frac{T_2}{T_1}=\left(\frac{p_2}{p_1}\right)^{\frac{\gamma-1}{\gamma}} \tag{2-36}$$

可见，工质在绝热膨胀时，比体积增大，压力降低，温度降低。

（三）p-v 图和 T-s 图

绝热过程在p-v图中为一条不等边双曲线，如图 2-14（a）所示。1-2 为绝热膨胀过程，工质对外做功，比体积增大，压力降低；1-2′为绝热压缩过程，外界对工质做功，比体积减小，压力升高。如果从同一初态出发，分别经历绝热过程和定温过程膨胀到相同比体积，绝热膨胀时，外界不给气体加热，气体全靠消耗热力学能对外做功，温度降低；而定温膨胀时，外界给气体加入热量，气体温度不变，对外膨胀做功。因而绝热膨胀比定温膨胀时压力下降较快，即绝热线在定温线下方，说明绝热线比定温线陡。

在T-s图中，因为是可逆绝热过程，$q=0$，所以$\Delta s=0$，即熵值不变。因此，可逆绝热过程又称为定熵过程。过程线为一条垂直于横坐标的直线，如图 2-14（b）所示。1-2 为绝热膨胀过程，温度降低；1-2′为绝热压缩过程，温度升高。

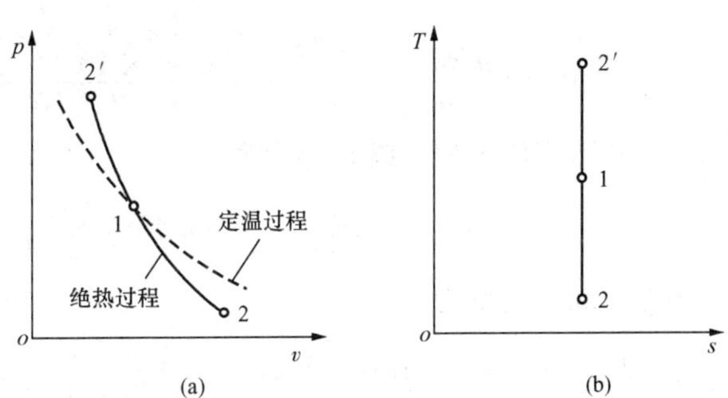

图 2-14　绝热过程的p-v图和T-s图

（a）p-v图；（b）T-s图

应该指出，只有可逆的绝热过程才是定熵过程。对于存在能量损耗的不可逆绝热过程，尽管与外界没有热量交换，但由于摩擦、涡流、扰动等不可逆因素的存在，必然造成能量损耗，这部分能量将转换为热能重新被工质吸收，从而引起工质熵的增大。不可逆程度越大，能量损耗越多，则熵增越大。因而，可以利用熵增的大小来衡量过程的不可逆程度。

（四）能量转换规律

根据绝热过程的特性，$q_s=0$。

由热力学第一定律，得

$$q_s = \Delta u + w_s = 0$$

$$w_s = -\Delta u = u_1 - u_2 \tag{2-37}$$

上式说明，在绝热过程中，工质膨胀对外做的容积功等于工质热力学能的减少。

对于理想气体，质量热容取定值时，由式（2-19）得

$$w_s = c_V(T_1 - T_2) \tag{2-38}$$

容积功也可以用其他参数来计算，根据 $\gamma=\dfrac{c_p}{c_V}$，$c_p - c_V = R$

则

$$w_s = \frac{R}{\gamma-1}(T_1 - T_2) = \frac{1}{\gamma-1}(p_1 v_1 - p_2 v_2) \tag{2-39}$$

根据稳定流动能量方程式（2-11）有

$$w_{t,s} = -\Delta h = h_1 - h_2 \tag{2-40}$$

由上式可知，在绝热膨胀过程中，工质对外所做的技术功等于其焓的减少量（也称为焓降）。单元四中，讨论蒸汽在汽轮机中的做功就是利用蒸汽进出口的焓降来计算的。

对于理想气体，焓值的变化由式（2-28）

得

$$w_{t,s} = c_p(T_1 - T_2) = \gamma c_V(T_1 - T_2) = \gamma w_s \tag{2-41}$$

上式说明，绝热过程中工质的技术功等于容积功的 γ 倍。该结论仅适用于理想气体。

例　题

【2-4】 某 200MW 机组锅炉的空气预热器，将压力为 0.12MPa、温度为 27℃的 2000kg 空气在定压下加热到 227℃。试求初、终状态容积、热力学能变化量及所加入的热量。设质量热容为定值，空气的摩尔质量为 28.96×10^{-3}kg/mol。

解　空气的初态容积为

$$V_1 = \frac{mRT_1}{p} = \frac{2000\times\dfrac{8.314}{28.96\times10^{-3}}\times(27+273)}{0.12\times10^6} = 1435.43(\text{m}^3)$$

空气经历定压过程，终态容积为

$$V_2 = V_1\frac{T_2}{T_1} = 1435.43\times\frac{227+273}{27+273} = 2392.38(\text{m}^3)$$

热力学能变化量为

$$\Delta U = mc_V(t_2 - t_1) = 2000\times\frac{5\times4.1868}{28.96\times10^{-3}}\times(227-27) = 289\,143.65(\text{kJ})$$

空气的吸热量

$$Q_p = mc_p(t_2 - t_1) = 2000\times\frac{7\times4.1868}{28.96\times10^{-3}}\times(227-27) = 404\,801.11(\text{kJ})$$

【2-5】 1kg 氮气，从初态 p_1=10MPa，t_1=1000℃，绝热膨胀到 t_2=0℃。求终态压力、容积功和技术功。取 c_p=1.038kJ/（kg·K），R=296J/（kg·K），γ=1.4。

解　根据绝热过程参数关系 $\dfrac{p_2}{p_1} = \left(\dfrac{T_2}{T_1}\right)^{\frac{\gamma}{\gamma-1}}$

得

$$p_2 = p_1\left(\frac{T_2}{T_1}\right)^{\frac{\gamma}{\gamma-1}} = 10\times\left(\frac{273}{1273}\right)^{\frac{1.4}{1.4-1}} = 0.0456\ (\text{MPa})$$

由迈耶公式
$$c_p - c_V = R$$
得
$$c_V = c_p - R = 1.038 - 0.296 = 0.742\ [\mathrm{kJ/(kg \cdot K)}]$$
容积功为
$$w = c_V(t_1 - t_2) = 0.742 \times (1000 - 0) = 742(\mathrm{kJ/kg})$$
技术功为
$$w_t = \gamma w = 1.4 \times 742 = 1038.8(\mathrm{kJ/kg})$$
故膨胀终了压力为 0.045 6MPa，容积功为 742kJ，技术功为 1038.8kJ。

课堂练习题

2-4 在一容积为 0.45m^3 的容器内储有 1kg 氮气，绝对压力为 0.2MPa，求在定容下使氮气增至 0.4MPa 所需加入的热量。设 c_V=0.742kJ/（kg·K），R=296J/（kg·K）。

2-5 1kg 的空气从初态 $p_1=0.98\times10^6$Pa、t_1=300℃定温膨胀到 $v_2=5v_1$，试求该过程中工质与外界交换的热量和容积变化功。

2-6 流经压气机的 1kg 空气，从 $p_1=0.1\times10^6$Pa、t_1=20℃，绝热压缩到 $v_2=0.5v_1$。试求该过程中热力学能的变化量及压气机消耗的技术功。

课题三 热力学第二定律

教学目的

将热能连续不断地转换为机械能须依靠热力循环，要求理解热力循环的概念、热功转换的规律及评价循环经济性的指标。卡诺循环是一种理想的热力循环，它为热力学第二定律的建立奠定了基础。应掌握卡诺循环和卡诺定理的内容及对工程实际的指导意义。热力学第一定律解决了能量转换过程中的数量问题，而热力学第二定律解决的是能量传递与转换过程中的方向、条件和限度问题。通过本课题学习应掌握热力学第二定律的实质，明确它对实际热力工程的指导意义。

教学内容

一、热力循环

（一）热力循环的概念

在热能转换为机械能的热力过程中，是通过工质在高温热源吸热后在热机中膨胀对外做功实现能量转换的。而工质在热力设备中的膨胀做功过程最终会因设备尺寸有限而终止，即单纯的膨胀过程不能将热能连续不断地转变为机械能。为了实现热机的连续做功，必须在工质膨胀做功之后，再经过某些压缩过程，使之回复到初始状态，以便重复膨胀做功过程，使之周而复始地工作下去。这种工质从某一热力状态出发，经历一系列状态变化过程后，又回复到原来状态的全部过程，称为热力循环，简称循环。

（二）循环的类型及其经济指标

1. 正向循环

将热能转变为机械能的热力循环，称为正向循环，也称为热机循环，火力发电厂就是采用此循环。正向循环如图 2 - 15 (a) 所示，循环沿 $1a2b1$ 顺时针方向进行。此循环中，膨胀过程 $1a2$ 在压缩过程 $2b1$ 之上，则循环中膨胀功 w_{1a2}（过程线 $1a2$ 下的面积）的绝对值大于压缩功 w_{2b1}（过程线 $2b1$ 下的面积）的绝对值，才有循环净功量向外界输出。本课程重点研究热能转变为机械能的正向循环。

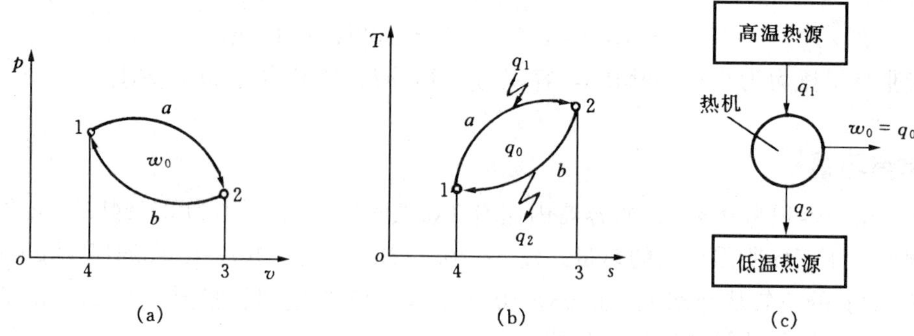

图 2 - 15　正向循环

(a) p-v 图；(b) T-s 图；(c) 能量转换图

如图 2 - 15 (a) 所示的正向循环，膨胀功大于压缩功，工质向外界输出的循环净功为膨胀功与压缩功的代数和。由于循环净功是被外界利用的，所以又称为“有用功”。用符号 w_0 表示。在 p-v 图上，w_0 的大小可以表示成循环曲线所包围的面积 $1a2b1$。

正向循环在 T-s 图的表示见图 2 - 15 (b)，q_1 为循环中工质从外界吸收的热量，可用 $1a2$ 过程线下的面积表示。q_2 为工质向外界放出的热量，可用 $2b1$ 过程线下的面积表示，循环吸热量与放热量的代数和为循环净热量，也称“有用热”，用 q_0 表示，$q_0=q_1-q_2$。

因为工质经过循环后回复到原来的状态，工质的热力学能不变，即循环中 $\Delta u=0$。根据热力学第一定律的解析式，循环的能量转换规律为

$$q_0=\Delta u+w_0=w_0$$

$$w_0=q_0=q_1-q_2 \tag{2-42}$$

上式表明：工质经过正向循环后，从热源吸热 q_1，向冷源放热 q_2，并将 $q_0=q_1-q_2$ 这部分热能转变为机械能而对外输出有用功 w_0。这种能量的转换规律用图 2 - 15 (c) 表示。

从能量转换的角度来看，我们希望在吸收同样热量的情况下所做的功越多越好。正向循环的经济性可用循环热效率 η_t 这个指标来表示。

$$\eta_t=\frac{\text{循环得到的收获}}{\text{循环花费的代价}}\times 100\%$$

即

$$\eta_t=\frac{w_0}{q_1}\times 100\%=\frac{q_1-q_2}{q_1}\times 100\%=\left(1-\frac{q_2}{q_1}\right)\times 100\% \tag{2-43}$$

循环热效率 η_t 等于循环的有用功 w_0 与循环吸热量 q_1 之比。它表明在正向循环中热能转变为机械能的有效程度。η_t 越大，循环的热经济性越好。从式 (2 - 43) 可知，正向循环的热效率总是小于 1 的，说明每完成一次正向循环，工质从高温热源获得的热量 q_1 中，只有 (q_1-q_2) 的热量转换为净功 w_0，同时，必然有一部分热量 q_2 排至低温热源。这就是热能转换为机械能的必要条件。合理地安排循环过程，最大限度地将热能转变为机械能，提高循环的经济性，是热力学研究的主要问题。

2. 逆向循环

消耗外界机械能，使热量从低温热源传向高温热源的循环称为逆向循环。它包括制冷循环和供暖循环。制冷机、热泵、空调等设备就是按逆向循环工作的。

如图 2 - 16 (a) 所示，循环沿 $1b2a1$ 逆时针方向进行，膨胀过程线 $1b2$ 在压缩过程线 $2a1$ 之下，膨胀功 w_{1b2} 的绝对值小于压缩功 w_{2a1} 的绝对值，所以循环净功 $w_0<0$，即循环消耗外界机械能。

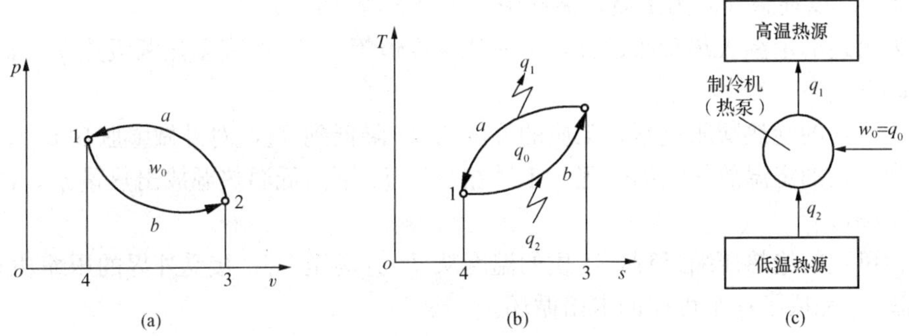

图 2 - 16 逆向循环

(a) p-v 图；(b) T-s 图；(c) 能量转换图

逆向循环的 T-s 图见图 2 - 16 (b)，q_2 表示工质在 $1b2$ 过程中从低温热源吸收的热量，q_1 表示工质在 $2a1$ 过程中向高温热源放出的热量。循环净热量 $q_0=q_1-q_2$ 由消耗外界压缩功 w_0 转换而来。

即
$$q_0 = w_0$$

显然
$$q_1 = q_2 + w_0 \tag{2-44}$$

上式说明：逆向循环中，排向高温热源的热量 q_1 来自于从低温热源的吸热量 q_2 和消耗循环净功 w_0 转换来的热量 q_0。如图 2 - 16 (c) 所示。

按逆向循环工作的制冷机，目的是从温度较低物体（冷藏库或冰箱）中取出热量，排向温度较高的大气，达到制冷目的。按逆向循环工作的热泵，目的是从温度较低的大气中吸收热量，向温度较高的室内放热，达到供暖目的。所以逆向循环可以达到两种目的：一种是制冷，即从冷源提取冷量 q_2；另一种是供热，即向热源供给热量 q_1。

衡量逆向制冷循环工作经济性的指标是制冷系数，其定义为

$$\varepsilon_1 = \frac{q_2}{w_0} = \frac{q_2}{q_1 - q_2} \tag{2-45}$$

衡量逆向供暖循环经济性的指标是供暖系数，其定义为

$$\varepsilon_2 = \frac{q_1}{w_0} = \frac{q_1}{q_1 - q_2} \tag{2-46}$$

制冷系数 ε_1 和供暖系数 ε_2 是评价制冷循环和热泵循环经济性的重要指标。ε_1 和 ε_2 愈高，表明在耗费同样数量的功量 w_0 时，从低温热源取出的热量 q_2 或向高温热源提供的热量 q_1 愈多，制冷和供暖循环的经济性愈好。分析讨论各种制冷循环和热泵循环的目的就是要提高制冷系数 ε_1 和供暖系数 ε_2。

二、卡诺循环及卡诺定理

根据前面的分析可知，热力循环的热效率都是小于 1 的。那么热机的热效率最高能达到

多少?提高热效率可以从哪些方面着手呢?1824 年,法国工程师卡诺提出了一个工作于两个热源之间的理想可逆循环,找到了在给定的两个热源温度下,热机效率的理论极限值。卡诺提出的这个循环,称为卡诺循环。按卡诺循环工作的热机,称为卡诺热机。

(一)卡诺循环

1. 卡诺循环的组成

卡诺循环由两个可逆的定温过程和两个可逆的绝热过程所组成。其 p-v 图和 T-s 图如图 2-17 所示。以理想气体为工质,循环中的各个过程为:

1-2 为可逆的定温吸热膨胀过程,工质从温度恒等于 T_1 的高温热源吸热 q_1,同时对外做膨胀功 w_{12};

2-3 为可逆的绝热膨胀过程,工质的温度从 T_1 降低到 T_2,对外做膨胀功 w_{23}。

3-4 为可逆的定温放热压缩过程,工质在恒温 T_2 下向低温热源放出热量 q_2,同时接受外界压缩功 w_{34};

4-1 为可逆的绝热压缩过程,工质的温度从 T_2 升高至 T_1,接受外界的压缩功 w_{41},并回复到状态 1,完成了一个可逆的卡诺循环。

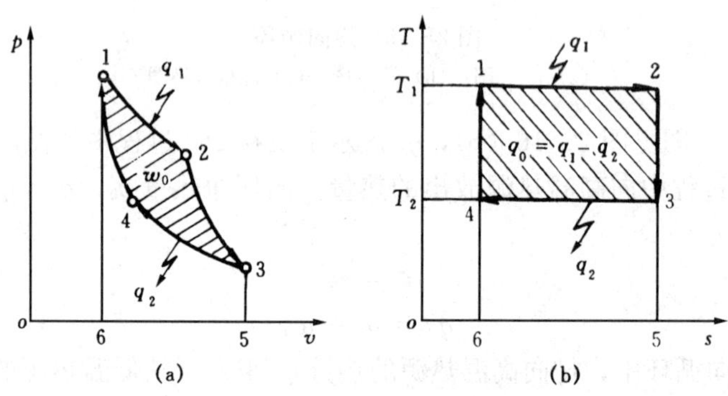

图 2-17 卡诺循环 p-v 图和 T-s 图

(a) p-v 图;(b) T-s 图

2. 卡诺循环的热效率及其分析

在卡诺循环中,工质向外界吸收的热量只有定温过程 1-2 中的 q_1,其大小可用 T-s 图中的面积 12561 来表示,也可写成

$$q_1 = \text{面积 } 12561 = T_1(s_2 - s_1) \tag{2-47}$$

在卡诺循环中,工质向外界放出的热量只有定温过程 3—4 中的 q_2,其大小可用 T-s 图中的面积 43564 来表示,也可写成

$$q_2 = \text{面积 } 43564 = T_2(s_3 - s_4) \tag{2-48}$$

在另外两个过程中,工质与外界没有热量交换。根据循环热效率计算公式,卡诺循环的热效率 $\eta_{t,C}$ 可以表示成

$$\eta_{t,C} = 1 - \frac{q_2}{q_1} = 1 - \frac{T_2(s_3 - s_4)}{T_1(s_2 - s_1)}$$

从 T-s 图中可以看出,$s_3 - s_4 = s_2 - s_1$

则
$$\eta_{t,C} = 1 - \frac{T_2}{T_1} \tag{2-49}$$

分析卡诺循环热效率的公式，可以得出如下结论：

(1) 卡诺循环的热效率只决定于高温热源的温度 T_1 和低温热源的温度 T_2，与工质的性质无关。因此，提高 T_1 或降低 T_2 可以提高卡诺循环的热效率。

(2) 卡诺循环的热效率恒小于 1。只有 $T_1 \to \infty$ 或 $T_2 = 0$ 时，其热效率才可能等于 1。事实上，这两种情况都是不可能实现的。所以，卡诺循环热效率不可能等于 1。即说明工质在循环中由热源得到的热能不可能全部转变成机械能。

(3) 两个热源温度相等（$T_1 = T_2$）时，$\eta_{t,C} = 0$。即循环中没有温差时，利用单一热源的热机是无法实现热变功的。

卡诺循环是一种理想循环。在实际中，等温下的热量交换过程难以实现，没有摩擦的可逆过程也是不存在的。故实际热机不可能完全按照卡诺循环来工作。但是卡诺循环在热机理论的研究中起着重要的作用，它指明了在给定温度范围内热效率的最高极限值和提高循环热效率的根本途径，并为热力学第二定律奠定了基础。

（二）逆卡诺循环

1. 逆卡诺循环的组成

逆向进行的卡诺循环称为逆卡诺循环。将其表示在 $p-v$ 图和 $T-s$ 图上，它由四个过程组成，如图 2-18 所示。

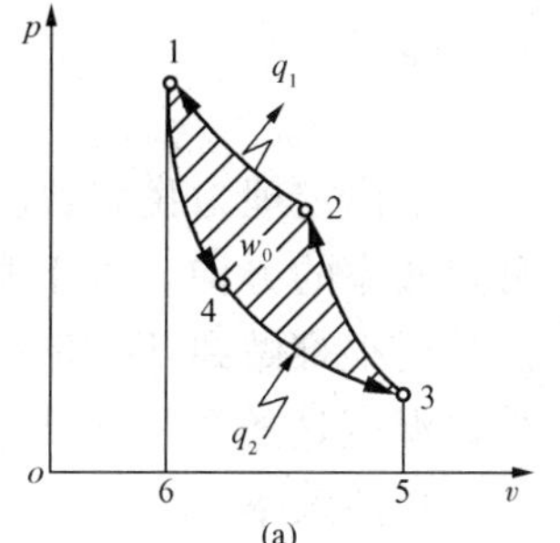

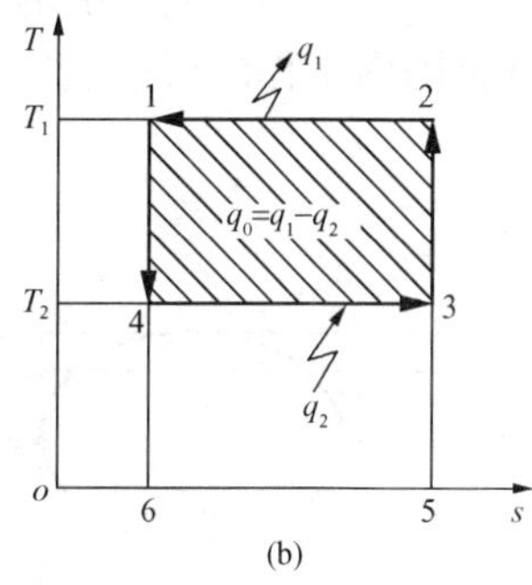

图 2-18　逆卡诺循环 $p-v$ 图和 $T-s$ 图

(a) $p-v$ 图；(b) $T-s$ 图

4-3 为可逆的定温吸热膨胀过程。工质从冷源 T_2 吸收热量 q_2，比体积增大，熵增大。

3-2 为可逆的绝热压缩过程。工质的熵不变，$s_3 = s_2$，温度由 T_2 升高到 T_1。

2-1 为可逆的定温放热压缩过程。工质向热源 T_1 放出热量 q_1，比体积减小，熵减小。

1-4 为可逆的绝热膨胀过程。工质的熵不变，$s_1 = s_4$，温度由 T_1 降到 T_2。

由 $T-s$ 图，工质从冷源吸热 $q_2 = T_2(s_3 - s_4) = T-s$ 图面积 43564；向热源放热 $q_1 = T_1(s_2 - s_1) = T-s$ 图面积 21652；循环中工质所消耗的压缩功 $w_0 = q_1 - q_2 =$ 面积 14321。

2. 逆卡诺循环的经济指标及其分析

逆卡诺循环的制冷系数为

$$\varepsilon_{1,C} = \frac{q_2}{w_0} = \frac{T_2(s_3 - s_4)}{T_1(s_2 - s_1) - T_2(s_3 - s_4)} = \frac{T_2}{T_1 - T_2} \tag{2-50}$$

逆卡诺循环的供暖系数为

$$\varepsilon_{2,C} = \frac{q_1}{w_0} = \frac{T_1(s_2 - s_1)}{T_1(s_2 - s_1) - T_2(s_3 - s_4)} = \frac{T_1}{T_1 - T_2} \tag{2-51}$$

由式（2-50）和式（2-51）可得如下结论：

(1) 逆卡诺循环的制冷系数和供暖系数只取决于热源温度 T_1 和冷源温度 T_2。且随 T_1 的降低和 T_2 的升高而增大。

(2) 逆卡诺循环的供暖系数 $\varepsilon_{2,C}$ 总是大于 1，而制冷系数 $\varepsilon_{1,C}$ 可以大于 1、等于 1 或小于

1。一般情况下，由于 $T_2 > (T_1 - T_2)$，所以制冷系数也是大于 1 的。

（三）卡诺定理

在相同的温度范围内，卡诺循环的热效率与工质的性质无关。且在两恒温热源间工作的热机（可逆的或不可逆的），其热效率将遵循卡诺定理。

卡诺定理指出：在温度各为 T_1 与 T_2 的给定热源之间工作的一切热机的热效率都不可能大于可逆热机的热效率，即

$$\eta_{t,不可逆} \leqslant \eta_{t,可逆} \tag{2-52}$$

该定理说明了以下问题：

(1) 在两个不同温度的恒温热源间工作的所有可逆热机具有相同的热效率，且与工质性质无关，即

$$\eta_{t,可逆} = \eta_{t,C} = 1 - \frac{T_2}{T_1}$$

(2) 在两个不同温度的恒温热源之间工作的任何不可逆热机，其热效率必定小于在同样温度范围内工作的可逆热机热效率，即

$$\eta_{t,不可逆} < \eta_{t,可逆}$$

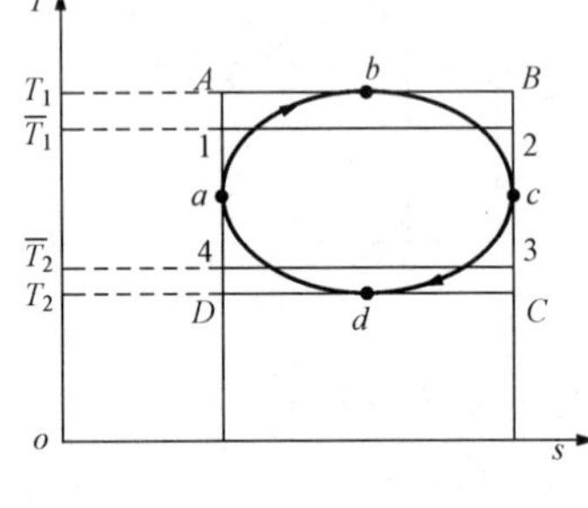

图 2-19 任意可逆循环的 T-s 图

卡诺定理为我们解决了热效率的极限值问题和提高循环热效率的方向。对于实际热力循环，由于工质在吸热和放热时很难做到 T_1 和 T_2 保持不变，即工质的吸热温度和放热温度是随过程而变化的。此时，常采用平均温度法分析循环热效率。

如图 2-19 所示，在一可逆循环 $abcda$ 中，吸热温度和放热温度是不断变化的。若假定用定温吸热过程 1-2 代替实际吸热过程 abc，并使其吸热量相等，即

$$\overline{T}_1 \Delta s_{12} = q_{abc} = q_1$$

则称 $\overline{T}_1$ 为吸热过程 abc 的平均吸热温度。

同理，可以假定 $\overline{T}_2$ 为放热过程 cda 的平均放热温度，则

$$\overline{T}_2 \Delta s_{34} = q_{cda} = q_2$$

显然，任意可逆循环 $abcda$ 就等效为卡诺循环 12341，二者具有相同的热效率，即

$$\eta_{t,可逆} = 1 - \frac{\overline{T}_2}{\overline{T}_1} \tag{2-53}$$

称循环 12341 为任意可逆循环 $abcda$ 的等效卡诺循环。

由图 2-19 知：变温热源可逆循环 $abcda$ 的循环热效率小于同温限间卡诺循环 $ABCDA$ 的热效率的原因是：工质的吸热平均温度 $\overline{T}_1$ 低于热源温度 T_1，工质的放热平均温度 $\overline{T}_2$ 高于冷源温度 T_2。

从上述分析过程可以看出，利用平均温度可以很方便地将任意可逆循环变成等效卡诺循环，从而进行循环热效率的分析。平均温度法是一种常用的、重要的循环分析法，在单元四分析实际热力循环中将会用到。

（四）卡诺循环和卡诺定理的应用

实际热力循环中，虽然不存在按卡诺循环工作的热机，但对卡诺循环和卡诺定理的研究

为热力学理论的发展奠定了基础。它对实际热力工程在理论上具有重要的指导意义，体现在以下两方面：

（1）指明了循环热效率的最高值。卡诺循环和卡诺定理告诉我们，在同样的温度范围内，如图 2－19 中的 T_1 与 T_2 间，按卡诺循环 $ABCDA$ 工作热效率最高，即 $\eta_{t,C}=1-\frac{T_2}{T_1}$，任何其他循环 $abcda$ 的热效率均低于此值。它告诉了我们一个实际循环的热机其热效率的最高值，给出了理论上的极限标准。

（2）指出了提高实际热力循环热效率的基本途径。由图 2－19 可知，任意可逆循环可以用一个等效卡诺循环代替，其热效率为 $\eta_{t,可逆}=1-\frac{\overline{T}_2}{\overline{T}_1}$。由此可知，提高实际循环热效率的基本途径有：

1）尽可能提高工质吸热平均温度 $\overline{T}_1$，使之接近热源温度 T_1；

2）尽可能降低工质放热平均温度 $\overline{T}_2$，使之接近冷源温度 T_2；

3）尽可能减少实际循环中的各种能量损失。

实际热力循环中，由于低温热源温度受环境限制，所以，提高循环热效率的主要途径是提高工质吸热平均温度。这就是当前火电设备向高温高压发展的基本原因。

三、热力学第二定律

在能量的传递与转换过程中，热力学第一定律从数量上确定了能量的守恒性，即热力系能量的变化总是等于进入热力系的能量与离开热力系的能量之差。如高温物体的热能可以传递给低温物体，低温物体的热能也可以传递给高温物体，但某一物体减少的热能必等于另一物体增加的热能，能量的总数量不变（守恒）。又如机械能可以转换为热能，热能也可以转换为机械能，一种能量形态消失必然产生相当数量的另一种能量形态，其能量总量不变（守恒）。但热力学第一定律仅阐述了能量的数量关系，它并没有指出自然现象进行的方向、条件和限度。如温度不同的两个物体相接触后，热力学第一定律并没有说明热量传递的方向，即热量是由高温物体传向低温物体，还是由低温物体传向高温物体。有关过程进行的方向、条件和限度问题，是热力学第二定律要解决的问题。

热力学第一定律与第二定律是全面研究能量转换时，说明各种能量的数量和质量关系的两个独立的、又是相辅相成的定律，是热力学的理论基础。

（一）热力过程的方向性

经验告诉我们，涉及热现象的一切自然过程，都具有一定的方向性。过程只能自发地朝一个方向进行。如热可自发地由高温物体传向低温物体，当两物体温度达到平衡时，热不再传递；但反过来，热却不能自发地由低温物体传向高温物体；机械能通过摩擦可以无条件地全部转换为热能，但这些摩擦热不会自动地再变成机械能。自由膨胀、混合、燃烧等过程也是如此。我们把这种不需要任何条件而可单独地、自动地进行的过程称为自发过程。

自发过程都是不可逆的。即自发过程的反过程不能自动进行。如果要使自发过程逆向进行，就必须付出代价，例如利用水泵可以将水流由低处送到高处，利用空调机可以将热量从低温物体转移到高温物体，利用热机可以将热能转换为机械能等。即这些过程必须满足一定的条件才能进行。这种实际上不能单独进行的过程称为非自发过程。非自发过程进行的条件实际上也是一个过程，例如热机将热能转换为机械能的过程中就伴随着热量由高温热源传向低温热源的过程，空调机械将热量从低温热源转移到高温热源的过程中就伴随着消耗压缩功并转变为热能的过程。这种伴随非自发过程同时进行的过程是一个自发过程，称为补偿过程。即非自发过程的进行必须以一个自发的补偿过程同时进行作为条件，否则，自然界的一切过程只能朝着自发的方向进行，这就是自然过程的方向性。

自发过程的方向性同时也决定了过程中能量转换的限度。我们知道，衡量能量的指标除了数量外，更重要的是能的质量。能的质量有高、低之分（从电能、机械能到热能，能级由高到低，且高温下的热能品质较高）。能量品质的高低，体现在它的转换能力上。一般说来，自发过程是将高级能转换为低级能的过程，能量转换可以百分之百地进行，如机械能或电能可以无代价地全部转换为热能。而非自发过程是将低级能转换为高级能的过程，能量转换就不能百分之百地进行，如热机中就不能将热能全部转换为机械能。即自发过程和非自发过程的能量转换程度是不同的。高品质的能转换为低品质的能时，能量数量上虽不发生变化，但能量质量下降，使能量的做功能力降低，称为能量贬值。

（二）热力学第二定律的表述与实质

热力学第二定律是人们在长期的实践中总结出来的，它是针对各种热现象说明过程进行的方向、条件和限度问题的定律。由于它来自于实践，人们从不同角度、针对不同过程，总结出了不同的表述形式。尽管各种表述方式不同，但所阐明的是同一个客观规律，因此，它们彼此是等效的。下面介绍有关热传递和热变功的两种典型表述。

1. 克劳修斯说法

“热量不可能自发地、不付代价地从低温物体传到高温物体”。

克劳修斯说法从热量传递方向性的角度表述了热力学第二定律。它说明热量从低温物体传到高温物体是一个非自发的过程，要使之实现，必须付出一定的代价。在制冷装置中，此代价就是消耗外功，即以功变热这一自发过程，作为实现热量从低温物体传至高温物体这一非自发过程的补偿过程。否则，热量从低温物体传至高温物体是不可能实现的。进而说明非自发过程的进行需要附加一定条件。

2. 开尔文—普朗克说法

“不可能制造出从单一热源吸热，使之全部转变为功，而不留下其他任何变化的循环热力发动机”。

开尔文—普朗克说法从热能转换为机械能的角度表述了热力学第二定律。它指出了热功转换的方向和所需要的条件。对此说法应着重理解以下几点：

（1）热转换为功是一个非自发过程，它的实现要有一定的补偿条件。既然在热机中，工质从高温热源吸取的热量不能全部转变为功，必有另一部分热量向外放出。所以，热机工作时不仅要有供工质吸热用的高温热源，还必须有供放热用的低温热源。说明热转变为功这一非自发过程的实现，是以热量从高温传至低温这一自发过程为补偿条件进行的。

（2）只有一个热源的热力发动机（即第二类永动机），它不同于第一类永动机，并不违反热力学第一定律。第二类永动机如果能够制造成功，由于它只需要一个热源，因而可以从大气、海洋等无穷无尽的热源吸热而做功。开尔文—普朗克说法明确指出了这类热机是不可能制造成的。即第二类永动机是不存在的。

（3）对开尔文—普朗克说法不能简单地理解为“功可以全部转换为热，而热不可能全部转换为功”。事实上热是可以全部转变为功的，例如理想气体在定温过程中从热源吸入的热量可以全部转变为功，但此时理想气体的状态发生了变化（压力下降、比体积增大），这就留下了其他变化。气体状态的这种变化是使热全部转变为功的补偿条件。

热力学第二定律的各种说法虽然表述的角度各不相同，但它们是等效的，都是说明能量传递和转换过程是有方向性的。非自发过程必须在一定条件下才能进行。

（三）热力学第二定律的指导意义

任何事物都是数量和质量的统一，自然界中的能量同样存在着量与质的问题。热力学第一定律描述了能量传递与转换过程中的数量问题，而热力学第二定律则说明能量传递与转换过程中能量的品质变化对过程的方向、条件及限度等问题的决定作用。正如水流从高位流向低位一样，在自发过程中，能量的流向是从高品位能流向低品位能。为了合理、有效地利用能源，对于高级能，应用在恰当处，以免造成能量浪费；对于工业用热和取暖用热等，应使用品位较低的热能，如可选用在汽轮机中做了部分功的蒸汽，采用热电联合生产、集中供热等方式，使热能得到全面应用。

热力学第二定律与热力学第一定律一样，是建立在长期实践积累的基础上的，真实地反映了客观存在的规律，为热机的研究和完善提供了理论依据，对火力发电厂热力循环的设计和生产实践具有很重要的指导意义。

火力发电厂中凝汽器吸收大量的汽轮机排汽余热，有人曾设想去掉凝汽器会提高火电厂的效率。热力第二定律清楚地告诉我们此想法是错误的，单一热源的热机是不存在的，蒸汽在凝汽器中放热是火电厂完成热力循环连续不断地发电的必备条件，是热变功的补偿过程。虽然凝汽器排放的热量从数量上看相当大，但是它的热能品位很低，已不具备转变为机械能的能力，几乎没有什么利用价值。从热力学第二定律的角度分析，火力发电厂热效率不高的根本原因不在冷源损失，而在于高温热源的传热温差，由于工质吸热温度低于锅炉烟气平均温度很多，在传热过程中其热能的品位降低很多，使相同数量的热能做功能力降低，因而热机的效率受到限制。所以现代火力发电厂采用提高蒸汽初参数、回热和再热循环等方法来提高工质的吸热平均温度，以达到提高循环热效率的目的。但由于受金属材料耐热能力的限制，火力发电厂的循环热效率较低，通常在40%左右。因此，我们在能源的利用中就应该注意节约能量。

在卡诺循环的分析中，我们知道，不可逆热机的热效率必定小于同温度范围内可逆热机的热效率。因而在实际的热机设计和运行中，应尽量避免和减少各种损失，如摩擦、扰动、节流等，避免造成能量品质的降低，以减少过程的不可逆性，达到有效利用能源、提高循环热效率的目的。

热力学第二定律告诉我们：单一热源的热机是不存在的。所以，全世界的火力发电厂都不约而同地设置了锅炉、汽轮机和凝汽器。这也是应用热力学第二定律的结果。

例 题

【2-6】 在某热力循环中，工质自高温热源可逆吸热1200kJ，对外输出功为500kJ。试求循环热效率和工质向低温热源放出的热量。

解 循环热效率为

$$\eta_t = \frac{W_0}{Q_1} = \frac{500}{1200} = 41.67\%$$

由 $W_0 = Q_1 - Q_2$，得工质向低温热源放出的热量为

$$Q_2 = Q_1 - W_0 = 1200 - 500 = 700(\text{kJ})$$

【2-7】 有一循环热机，以温度为 280K 的大气作为冷源，以温度为 1800K 的烟气作为热源，若每一循环工质向烟气吸热 200kJ，试计算：

(1) 此热量中最多可以转换成多少功?

(2) 如果工质在吸热时，与热源的温差为 400K。放热时与冷源的温差为 20K，则该热量最多可以转换成多少功? 热效率是多少?

解 (1) 热机的最高热效率为同温限间卡诺循环热效率，即

$$\eta_{t,\max} = \eta_{t,C} = 1 - \frac{T_2}{T_1} = 1 - \frac{280}{1800} = 84.44\%$$

在 200kJ 的热量中，可以转换为功的最大值为

$$W_{\max} = Q_1 \eta_{t,\max} = 200 \times 84.44\% = 168.89(\text{kJ})$$

(2) 根据题意，实际循环的最高和最低温度分别为

$$T'_1 = T_1 - 400 = 1800 - 400 = 1400(\text{K})$$

$$T'_2 = T_2 + 20 = 280 + 20 = 300(\text{K})$$

此实际循环最高热效率值相当于工作在 T'_1 与 T'_2 温限间的卡诺循环热效率，故其值为

$$\eta_t = 1 - \frac{T'_2}{T'_1} = 1 - \frac{300}{1400} = 78.57\%$$

Q_1 中可以转换为功的最大值为

$$W'_0 = Q_1 \eta_t = 200 \times 78.57\% = 157.14(\text{kJ})$$

显然，由于温差传热的不可逆性，使循环热效率降低了。

【2-8】 某热机在循环中自温度为 827℃的恒温热源中可逆吸热 1300kJ，向温度为 27℃的恒温冷源可逆放热 800kJ。试求：

(1) 循环的热效率；

(2) 循环净功；

(3) 循环是否为卡诺循环?

解 (1) 循环的热效率为

$$\eta_t = \left(1 - \frac{Q_2}{Q_1}\right) \times 100\% = \left(1 - \frac{800}{1300}\right) \times 100\% = 38.46\%$$

(2) 循环净功为

$$W_0 = Q_1 - Q_2 = 1300 - 800 = 500(\text{kJ})$$

(3) 按卡诺循环工作时，循环热效率为

$$\eta_{t,C} = 1 - \frac{T_2}{T_1} = 1 - \frac{27 + 273}{827 + 273} = 72.73\%$$

因循环热效率 $\eta_t = 38.46\% < \eta_{t,C} = 72.73\%$，所以该循环不是卡诺循环。

从上述分析中可以看出，由于存在温差传热和各种不可逆损失，使实际循环热效率低于相同温限的卡诺循环热效率。因此，我们对实际热力循环，除了尽可能采用高参数工质外，还应注意减少各种不可逆损失。

课堂练习题

2-7 某热机功率为 600MW，若其热效率为 35%，问此热机每小时吸热为多少？排出的热量又为多少？

2-8 某热机工作于 2000K 和 300K 的两热源间，试确定下列情况是可逆的、不可逆的、还是不可能的？

（1）$Q_1=1000\text{kJ}$，$W_0=900\text{kJ}$；

（2）$Q_1=2000\text{kJ}$，$Q_2=300\text{kJ}$；

（3）$W_0=1500\text{kJ}$，$Q_2=500\text{kJ}$。

小　　结

（1）工质内部所具有的各种微观能量的总和称为工质的热力学能。它主要包括内动能和内位能。

理想气体的热力学能仅是温度的单值函数，其变化量只取决于初、终态温度，可由下式确定：

$$\Delta u = c_V(t_2 - t_1)$$

（2）热力学能和推动功之和，定义为状态参数焓。焓的物理意义是：随工质流动而转移的与状态有关的能量。热工计算中，焓是一个重要的状态参数，常以通过对工质焓值变化量的计算来确定系统与外界的能量交换。理想气体的焓值仅与温度有关，其变化量由 $\Delta h = c_p(t_2 - t_1)$ 来确定。

（3）热力学第一定律的实质是能量转换与守恒定律在热现象中的应用。对 1kg 工质，闭口系表达式为 $q=\Delta u+w$，开口系表达式为 $q=\Delta h+w_t$。应用于闭口系和开口系时，虽然表达式不同，但其实质是一致的，即热变功的量均为 $q-\Delta u=w$。

（4）推动功、技术功、轴功同容积功一样都是系统与外界能量交换的量度。容积功是通过工质容积变化与外界交换的功量，用 w 表示。在闭口系统中，容积功表现为外界直接获得的功。推动功是工质发生宏观位移时所传递的功，用 pv 表示。工质与外界通过机器设备的轴传递的功称为轴功，用 w_s 表示。开口系统中轴功就是外界直接获得的功。动能的增量、位能的增量和轴功的总和称为技术功，用 w_t 表示。在工程上，技术功是可以直接利用的功。当不计动能和位能的增量时，技术功就等于轴功。上述几个功的关系可表示为

$$w_s = w_t - \frac{1}{2}\Delta c^2 - g\Delta z = w - (p_2v_2 - p_1v_1) - \frac{1}{2}\Delta c^2 - g\Delta z$$

（5）热力学第一定律的表达式为

对于闭口系统
$$q = \Delta u + w$$
$$Q = \Delta U + W$$

对于开口系统稳定流动
$$q = \Delta h + \frac{1}{2}\Delta c^2 + g\Delta z + w_s$$
$$Q = \Delta H + \frac{1}{2}m\Delta c^2 + mg\Delta z + W_s$$

或
$$q = \Delta h + w_t$$

$$Q = \Delta H + W_t$$

(6) 对于理想气体基本热力过程分析的理论依据是理想气体状态方程式和热力学第一定律。

定容、定压、定温、绝热四种基本热力过程的各种关系列于表 2 - 1 中，便于比较和掌握。

表 2 - 1　　　理想气体四种基本热力过程的各种关系汇总表

过程	过程方程式	p、v、T 之间的关系	比热力学能变化 Δu	容积功 w	技术功 w_t	过程热量 q	能量转换图示
定容过程	v=常数	$\frac{p_1}{p_2}=\frac{T_1}{T_2}$	$c_V(T_2-T_1)$	0	$v(p_1-p_2)$	$c_V(T_2-T_1)$	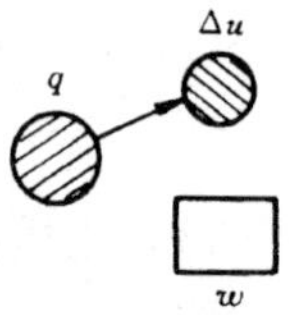 q Δu w
定压过程	p=常数	$\frac{v_1}{v_2}=\frac{T_1}{T_2}$	$c_V(T_2-T_1)$	$p(v_2-v_1)$	0	$c_p(T_2-T_1)$ h_2-h_1	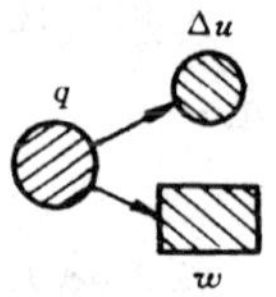 q Δu w
定温过程	pv=常数	$\frac{p_1}{p_2}=\frac{v_2}{v_1}$	0	$RT\ln\frac{v_2}{v_1}$ $RT\ln\frac{p_1}{p_2}$	$RT\ln\frac{v_2}{v_1}$ $RT\ln\frac{p_1}{p_2}$	$q=w$	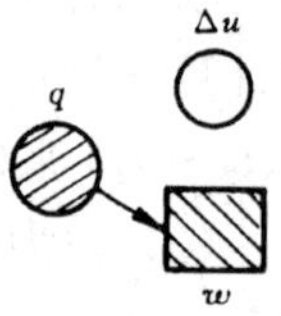 q Δu w
绝热过程	$pv^\gamma=$常数	$\frac{p_1}{p_2}=\left(\frac{v_2}{v_1}\right)^\gamma$ $\frac{T_1}{T_2}=\left(\frac{v_2}{v_1}\right)^{\gamma-1}$ $\frac{T_2}{T_1}=\left(\frac{p_2}{p_1}\right)^{\frac{\gamma-1}{\gamma}}$	$c_V(T_2-T_1)$	$c_V(T_1-T_2)$ $\frac{R}{\gamma-1}(T_1-T_2)$ $\frac{1}{\gamma-1}(p_1v_1-p_2v_2)$	h_1-h_2 $c_p(T_1-T_2)$ $\frac{\gamma R}{\gamma-1}(T_1-T_2)$	0	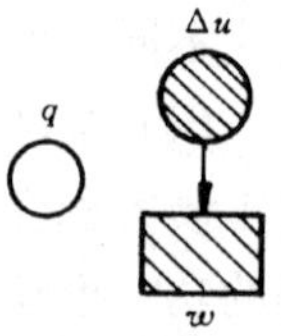 q Δu w

(7) 热能转换为机械能的循环称为正向循环，热机采用的都是正向循环，其循环的经济性用热效率 $\eta_t=\frac{w_0}{q_1}\times100\%$ 来表示。消耗外界机械能，使热量从低温热源传向高温热源的循环称为逆向循环，制冷机、热泵等设备都是按逆向循环工作的。

卡诺循环是一种理想的循环。在相同温度范围内的所有正向循环，以卡诺循环的热效率为最高，$\eta_{t,C}=1-\frac{T_2}{T_1}$。卡诺循环虽然难以实现，但它从理论上确定了在一定温度范围内热能转变为机械能的最大限度，指出了提高循环热效率的方向和途径，即提高工质的平均吸热温度，降低工质的平均放热温度和减少过程的不可逆性。而逆卡诺循环是逆向循环中热经济性最高的循环方式。它指出了提高逆向循环经济性的方向。

(8) 热力学第二定律揭示了能量传递与转换的方向、条件和限度。为实际热力循环的设计和实践提供了理论依据。热力学第一定律和热力学第二定律共同构成了热力学的理论基础。

复 习 思 考 题

2-1　何谓热力学能？理想气体的热力学能有什么特点？如何计算理想气体热力学能的变化量？

2-2　热力学能、热量和功量之间有何区别和联系？

2-3　热力学第一定律的实质是什么？解析式 $q=\Delta u+w$ 中 q、Δu、w 的正负是如何确定的？

2-4　何谓焓？焓的物理意义是什么？如何计算理想气体焓的变化量？

2-5　容积功、推动功、技术功和轴功之间有何联系与区别？

2-6　何谓稳定流动？它应具备什么条件？

2-7　热力学第一定律解析式与稳定流动能量方程式有何区别与联系？

2-8　工质在锅炉、汽轮机、喷管和水泵中流动时，其能量转换关系是怎样的？

2-9　如图 2-20 所示，绝热容器被隔板分为两部分。A 中存有高压空气，B 中保持高度真空。如果将隔板抽出，容器中空气的热力学能如何变化？温度如何变化？

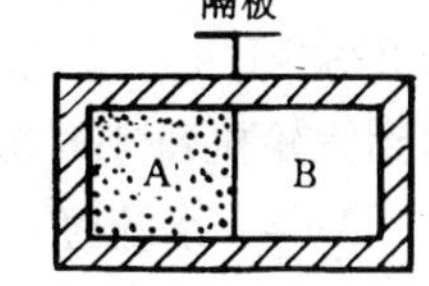

图 2-20　复习思考题 2-9 图

2-10　判断下列说法是否正确：

（1）气体的温度愈高，其热力学能愈大；

（2）气体吸热时热力学能一定增加；

（3）气体膨胀时一定对外做功；

（4）气体被压缩时一定消耗外功；

（5）气体一定要吸收热量才能对外做功。

2-11　在 p-v 图和 T-s 图上，试画出过同一点的定容过程线、定压过程线、定温过程线和绝热过程线。

2-12　简述理想气体四种基本热力过程中能量的相互转换规律。

2-13　何谓热力循环？正向循环至少应该由哪几个过程组成？

2-14　正向循环的热效率是如何计算的？制冷循环和供暖循环的经济性又是如何计算的？

2-15　循环有用功越大，则循环热效率越高。对吗？为什么？

2-16　卡诺循环由哪几个过程构成？在 p-v 图和 T-s 图中是怎样描述的？

2-17　循环热效率公式

$$\eta_t=1-\frac{q_2}{q_1} \text{ 和 } \eta_{t,C}=1-\frac{T_2}{T_1}$$

是否完全相同？各适用于什么场合？

2-18　卡诺循环和卡诺定理有何意义？

2-19　逆向卡诺循环由哪些过程组成？其制冷系数和供暖系数如何计算？

2-20　试说明提高循环热效率的基本途径。

2-21 怎样理解热力学第二定律？在实际中有什么指导意义？

习　　题

2-1 某电厂汽轮发电机组功率为200MW，若发电厂效率为30%，燃用发热量为29 000kJ/kg的煤。试求：

(1) 该电厂每天要消耗多少吨煤？

(2) 每发1kW·h电能要耗煤多少克？

(3) 若发电厂效率提高1%，每天可节约煤多少吨？

2-2 气体在某一热力过程中吸热50kJ，同时热力学能增加90kJ。问在此过程中气体是膨胀还是压缩？其功量是多少？

2-3 已知汽轮机中蒸汽流量为40t/h，汽轮机进口蒸汽焓为3263kJ/kg，出口蒸汽焓为2232kJ/kg。试求汽轮机的功率（不计汽轮机的散热、进出口动能差和位能差）。如果考虑到汽轮机每小时散热4×10^5kJ，汽轮机的功率为多少？

2-4 水流经一表面式加热器后，焓值从335kJ/kg增加到500kJ/kg。试求1t水在该加热器内的吸热量。

2-5 某台锅炉每小时生产水蒸气30t，已知供给锅炉的水的焓值为417kJ/kg，而锅炉产生的水蒸气的焓为2874kJ/kg。煤的发热量为30 000kJ/kg，当锅炉效率为0.85时，求锅炉每小时的耗煤量。

2-6 某密闭容器内盛有10kg空气，温度为25℃，在定容下加热，压力由2MPa增大至2.5MPa，试求加热终了时空气的温度、比体积，并计算加热过程空气吸收的热量。设质量热容为定值。

2-7 1kg压力为1MPa、温度为27℃的氮气，在定压下加热至127℃。试求加热终了时氮气的比体积及该加热过程中的热量和容积功。设质量热容为定值。

2-8 5kg空气，从初态$p_1=4$MPa，$t_1=227$℃，可逆绝热膨胀至$p_2=2$MPa，试求终点温度、空气的热力学能和焓值的变化量及功量。设质量热容为定值。

2-9 有一卡诺热机工作于1000K和300K的两热源之间，设每秒钟从高温热源吸热1000kJ，求：

(1) 卡诺热机的热效率。

(2) 该热机的功率。

2-10 某可逆热机工作于1400K和300K两热源之间，如果该热机功率为200MW。试求：

(1) 每小时热源提供的热量。

(2) 每小时向冷源的放热量。

2-11 某热力发电厂，锅炉温度为1300K，水蒸气的平均吸热温度为500K，循环冷却水温度为300K，蒸汽凝结放热温度为320K，试求发电厂的实际循环热效率和理论最高热效率。

2-12 某房间，当室内温度为18℃，室外温度为−7℃时，供热负荷为6000W。如果用逆卡诺循环热泵供热，试计算热泵的供暖系数、热泵循环耗功和每小时从室外吸入的热量。

水蒸气的热力性质

—内容提要—

本单元主要介绍作为实际气体的水蒸气的形成过程、状态参数的确定方法、水蒸气在基本热力过程中的能量转换规律、蒸汽的流动规律。水蒸气状态参数的确定及其在火力发电厂常见热力过程中的能量转换规律是本单元学习的重点。对这部分内容的掌握也将为学习本课程中蒸汽动力循环的内容以及专业课中汽轮机工作原理的内容奠定基础。

课题一　水　蒸　气

教学目的

由于作为工质的水蒸气不再具有理想气体的性质，所以对水蒸气这种实际气体，必须重新研究其状态参数的确定方法以及它在热力过程中的能量转换规律。本课题要求在理解饱和状态概念的基础上，熟悉水蒸气的形成过程及其特性，掌握使用水蒸气热力性质图、表确定其状态参数的方法，熟悉水蒸气定压、绝热过程中能量转换规律，了解蒸汽参数对火力发电厂热力设备的影响。

教学内容

一、基本概念

在研究水蒸气时，常遇到以下一些概念，应首先加以说明。

（一）汽化

物质从液态转变成气态的过程，称为汽化。在火力发电厂中，给水进入锅炉后变成饱和蒸汽的过程就是汽化过程。汽化的方式有两种：一种是蒸发，一种是沸腾。

1. 蒸发

在液体表面进行的汽化过程，称为蒸发。蒸发是液面上某些动能大的分子克服周围液体分子的引力而逸出液面的现象。

蒸发有一个非常显著的特点就是它能够在任何温度下进行。只是在不对液体加热而蒸发时，因液体表面的分子要克服它周围分子的引力而做功，消耗了液体本身的热力学能，这时，液体的温度会因蒸发而下降。

液体的蒸发速度取决于液体的性质、液体的温度、蒸发表面积和液面上气流的流速。显然，对同种液体，液体温度越高，蒸发表面积越大，液面上气流的流动速度越快时，蒸发越快。火力发电厂的机力通风冷水塔，就是通过增加蒸发表面积并利用风机的强迫通风提高蒸发气流的流速，来提高蒸发速度，以提高冷水塔的工作效率的。

2. 沸腾

在液体内部和表面同时进行的汽化过程，称为沸腾。

由于靠蒸发产生蒸汽的速度比较缓慢，工业上一般都是靠液体的沸腾来产生蒸汽。工业上的沸腾多在密闭的容器内进行。

沸腾的特点是：在一定的压力下，液体沸腾时的温度是一定的。在某一压力下，液体沸腾时的温度叫做沸点。沸点与液体的性质有关；对同种液体，沸点还随压力的升高而增大。例如，在1标准大气压下，水的沸点是100℃，酒精的沸点为78℃；而在1MPa时，水的沸点为179.88℃。

(二) 凝结

物质从汽态转变成液态的过程，称为凝结（或液化）。从微观上讲，当汽空间的汽分子由于热运动而相互碰撞，使其动能减小到不足以克服液面分子对它的引力时，汽分子就会重新返回液面而成为液体分子，这个过程就是凝结。

显然，凝结和汽化互为反过程。实际上，在密闭容器内进行的汽化过程，总是伴随着凝结过程同时进行。在火力发电厂中，汽轮机做完功的乏汽进入凝汽器后变成凝结水的过程，就是凝结过程。

凝结有下述特点：在一定压力下，蒸汽的温度等于或小于沸点时，才可能出现凝结，即蒸汽的凝结温度等于同压力下水的沸点。处于凝结温度下的蒸汽，不断放出热量，就会不断凝结。如乏汽在凝汽器中就是不断将热量放给冷却水而凝结的。

(三) 饱和状态

为说明饱和状态的特性，我们对密闭容器内的汽化过程进行分析，如图3-1所示。

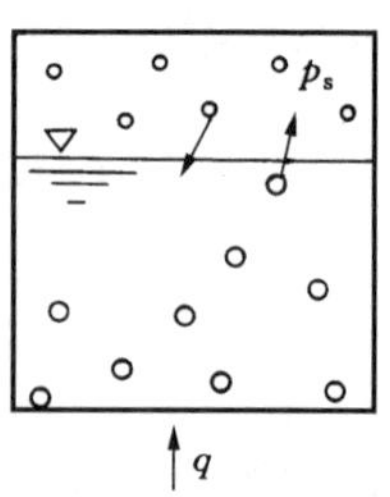

图3-1 饱和状态

如果我们对密闭容器内的液体加热，就会发现，随着汽化过程的进行，汽空间的分子数不断增加，且液体温度越高，汽化速度越快。而在汽化过程进行时，液化过程也在同时进行，且液化速度取决于蒸汽的压力。总有这样一个时刻，当汽化速度等于液化速度时，从水中飞出的分子数等于返回水中的分子数。若汽、液均不吸热或放热而保持一定的温度，则汽液两相的分子数将保持一定的数量而处于动态平衡。这种汽、液两相动态平衡的状态称为饱和状态。饱和状态下的水称为饱和水。饱和状态下的蒸汽称为饱和蒸汽。饱和状态时，蒸汽和液体的压力相同，温度相等，其压力称为饱和压力，用符号 p_s 表示。温度称为饱和温度，用符号 t_s 表示。一定的饱和温度，总是对应着确定的饱和压力。饱和温度越高，对应的饱和压力也越高，即

$$p_s = f(t_s) \text{ 或 } t_s = f(p_s)$$

这样，饱和状态的特点为：①汽水共存；②汽水同温（t_s）；③饱和压力随饱和温度的升高而增大，成一一对应关系。

据饱和压力与饱和温度的一一对应关系可知，汽泡的形成及沸腾是在锅炉中水的温度达到给定压力下的饱和温度，即在该压力下水的沸点时发生的。当然，如果对一定温度的热水减压，也可以使水达到沸腾状态。其条件是压力必须降到热水温度所对应的饱和压力或此饱和压力以下。例如，电厂中的给水泵输送的是具有一定温度的热水，当水泵入口处的压力因某种原因降低到此热水温度对应的饱和压力或以下时，水泵入口处的热水就会发生沸腾，即

汽化。这会使水泵功率下降，水泵损坏，严重时会造成供水中断等事故，应设法防止。

二、定压下水蒸气的形成过程

（一）定压下水蒸气形成过程的五个状态和三个阶段

工程上所用的水蒸气是在锅炉内定压加热产生的。我们用图 3－2 所示的实验装置来观察定压下水蒸气的形成过程及水蒸气的一般热力性质。

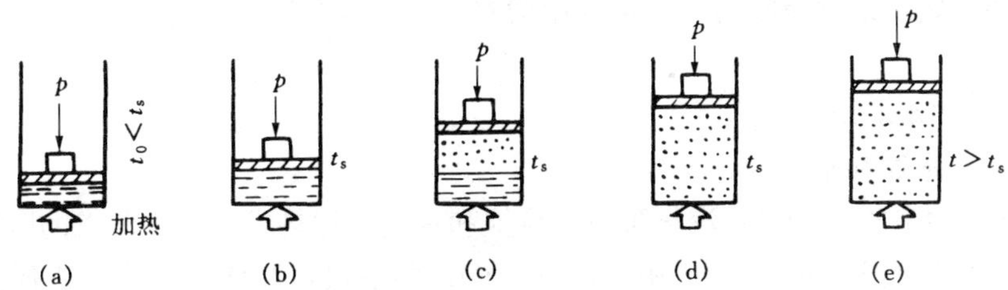

图 3－2　水蒸气定压形成过程示意图

(a) 未饱和水；(b) 饱和水；(c) 湿饱和蒸汽；(d) 干饱和蒸汽；(e) 过热蒸汽

1. 水蒸气定压形成时的五个状态

(1) 未饱和水（过冷水）状态。设有 1kg 0℃的水，装在带有活塞的气缸中，并在活塞上施加一个不变的重物，使水承受一个不变的压力 p。这时，水的温度 t_0 低于相应压力下的饱和温度 t_s ($t_0<t_s$)，该状态下的水称为未饱和水或过冷水，如图 3－2 (a) 所示。我们用角标“0”表示未饱和水的状态参数，如比体积为 v_0，温度为 t_0 等。未饱和水的状态表示为 p_0、v_0、t_0。

(2) 饱和水状态。对未饱和水加热，水温升高，比体积增大，因水的膨胀性很小，故比体积增加不明显。当水温升高至压力 p 对应的饱和温度 t_s 时，水开始沸腾，该状态下的水即为饱和水。如图 3－2 (b) 所示。我们用右上角加“′”表示饱和水的状态参数，如 v'、h'、s'等。饱和水的状态表示为 p_s、v'、t_s。

(3) 湿饱和蒸汽状态。对饱和水加热，水开始汽化，并保持饱和温度不变，而比体积增大。由于汽缸中水量逐渐减少，汽量逐渐增加，汽缸中为饱和水与饱和蒸汽的混合物。把这种含有水分的饱和蒸汽称为湿饱和蒸汽，简称湿蒸汽，如图 3－2 (c) 所示。我们用角标“x”表示湿蒸汽的状态参数，如 v_x、h_x、s_x 等。湿饱和蒸汽的状态表示为 p_s、v_x、t_s。

(4) 干饱和蒸汽状态。对湿饱和蒸汽继续加热，温度不变，比体积增大，当汽缸中的最后一滴水变成蒸汽时，温度仍为压力 p 对应的饱和温度。这时的饱和蒸汽不含水分，称为干饱和蒸汽。简称干蒸汽。如图 3－2 (d) 所示。我们用右上角加“″”表示干饱和蒸汽的状态参数，如 v''、h''、s''等。干饱和蒸汽的状态表示为 p_s、v''、t_s。

(5) 过热蒸汽状态。对干饱和蒸汽加热，其比体积继续增大，温度升高 ($t>t_s$)。由于蒸汽温度 t 高于相应压力下的饱和温度 t_s，称该蒸汽为过热蒸汽。过热蒸汽的状态可用 p、v、t 描述。由于在过热蒸汽状态下，汽空间还可以容纳更多的汽分子，因此过热蒸汽又称为未饱和蒸汽。

在火力发电厂中，从给水进入锅炉，直到产生出具有一定压力和一定温度的过热蒸汽，经历的就是上述五种状态。

2. 水蒸气定压形成时的三个阶段

我们可以把上述水蒸气的定压形成过程分成三个阶段。

(1) 未饱和水的定压预热阶段。将0℃未饱和水定压加热成饱和水的阶段称为未饱和水的定压预热阶段，如图3-2中的（a）～（b）阶段。该阶段中工质的温度升高（由 t_0 升高到 t_s），比体积增加（由 v_0 增加到 v'）。在火力发电厂自然循环汽包锅炉的省煤器中进行的就是定压预热过程。

我们把1kg 0℃的未饱和水定压加热成饱和水所需要的热量称为预热热或液体热。用符号 q_l 表示。由于定压过程吸收的热量可以用焓差表示，故有

$$q_l = h' - h_0 \tag{3-1}$$

式中 h'——饱和水的焓，kJ/kg；

h_0——0℃未饱和水的焓，kJ/kg。

(2) 饱和水的定压（定温）汽化阶段。将饱和水定压加热成干饱和蒸汽的阶段称为饱和水的定压定温汽化阶段，如图3-2中（b）～（d）的阶段，在该阶段中，工质的比体积增加（由 v' 增加到 v''），但温度始终保持压力 p 对应的饱和温度不变。该阶段主要在自然循环汽包锅炉的水冷壁中进行。

把1kg饱和水定压（定温）加热成干饱和蒸汽所需要的热量，称为比汽化潜热，简称汽化热，用符号 l 表示。根据定压过程热量 $q_p=h_2-h_1$，有

$$l = (h'' - h') \tag{3-2}$$

式中 h''——干饱和蒸汽的焓，kJ/kg。

汽化过程中对工质加入热量而其温度保持不变，这是因为汽化热消耗在以下两个方面：一方面汽化热克服分子间的引力而使其内位能增大，称为内汽化热，用符号 l_1 表示；另一方面它用来克服外力使工质体积膨胀而做出膨胀功，称为外汽化热，用符号 l_2 表示。因此

$$l = l_1 + l_2 = (u'' - u') + p(v'' - v')$$

由实验知道，内汽化热远大于外汽化热，汽化热基本上用来增加分子的内位能。由于加入的热量没有用来增加工质的内动能，故汽化过程中工质的温度保持不变。

在汽化阶段，工质由饱和水状态经过一系列湿饱和蒸汽状态最终达到干饱和蒸汽状态。为了能够唯一地确定湿蒸汽的状态，我们引入湿蒸汽的状态参数——干度。

干度是指湿蒸汽中所含干饱和蒸汽的质量与湿蒸汽总质量之比，用符号 x 表示。

$$x = \frac{m_{\mathrm{vap}}}{m_{\mathrm{vap}} + m_{\mathrm{wat}}} \tag{3-3}$$

与干度相对应，湿蒸汽中所含饱和水的质量与湿蒸汽总质量之比，称为湿度，用符号 $(1-x)$ 表示。

$$1 - x = \frac{m_{\mathrm{wat}}}{m_{\mathrm{vap}} + m_{\mathrm{wat}}} \tag{3-4}$$

式中 m_{vap}——湿蒸汽中干饱和蒸汽的质量，kg；

m_{wat}——湿蒸汽中饱和水的质量，kg；

$m_{\mathrm{vap}}+m_{\mathrm{wat}}$——湿蒸汽的总质量，kg。

干度 x 表示了湿蒸汽的干燥程度。x 值越大，湿蒸汽越干燥。显然，对于饱和水，$x=0$，$1-x=1$；对干饱和蒸汽，$x=1$，$1-x=0$。干度越大时，湿度越小。

在汽轮机运行中，为防止汽轮机尾部的湿蒸汽含水分过多而损坏汽轮机，故对其干度值有一定的规定。一般地，汽轮机的排汽干度 $x_2=0.86\sim0.88$。

(3) 干饱和蒸汽的定压过热阶段。将干饱和蒸汽定压加热至一定温度的过热蒸汽的阶段，称为干饱和蒸汽的定压过热阶段，如图 3-2 (d) ～ (e) 所示的阶段。该阶段中工质的温度升高（由 t_s 升高到 t），比体积增加（由 v''增加到 v）。这个阶段主要在自然循环汽包锅炉的过热器中进行。

把 1kg 干饱和蒸汽定压加热成过热蒸汽所需要的热量，称为过热热。用符号 q_{su}表示。因 $q_p=h_2-h_1$，故有

$$q_{su}=h-h'' \tag{3-5}$$

式中　h——过热蒸汽的焓，kJ/kg。

与汽化阶段中的湿饱和蒸汽状态相类似，在过热阶段中，过热蒸汽的状态有无数多个。为了能够唯一地确定过热蒸汽的状态，我们引入过热度的概念。过热蒸汽的温度超出该蒸汽压力下饱和温度的数值，称为过热度，用符号 D 表示。过热度越高，过热蒸汽离饱和状态越远。

把 1kg 0℃的水定压加热成 t℃的过热蒸汽所需要的热量，称为过热蒸汽的总热量，用符号 q 表示。显然

$$q=q_l+l+q_{su}=(h'-h_0)+(h''-h')+(h-h'')=h-h_0 \tag{3-6}$$

对电厂而言，给水的焓记为 h_g，则有 $q=h-h_g$。由此推知：只要知道过热蒸汽的焓值 h 和给水的焓值 h_g，就能很容易地求出 1kg 工质在锅炉吸收的总热量 q。

(二) 水蒸气形成过程的 p-v 图及 T-s 图

1. 水蒸气定压形成过程的 p-v 图及 T-s 图

为了直观地了解水蒸气定压形成过程中状态、相态的变化以及吸收热量的情况，我们把某一压力 p 下水蒸气的形成过程表示在图 3-3 所示的 p-v 图和 T-s 图上。

在这两个图上，我们分别用 a、b、f、d、e 五个状态点依次表示压力 p 下 0℃的未饱和水状态、饱和水状态、湿饱和蒸汽状态、干饱和蒸汽状态和过热蒸汽状态。则水蒸气定压形成时的定压预热、定压定温汽化、定压过热三个阶段分别与 a-b 线、b-d 线和 d-e 线相对应。

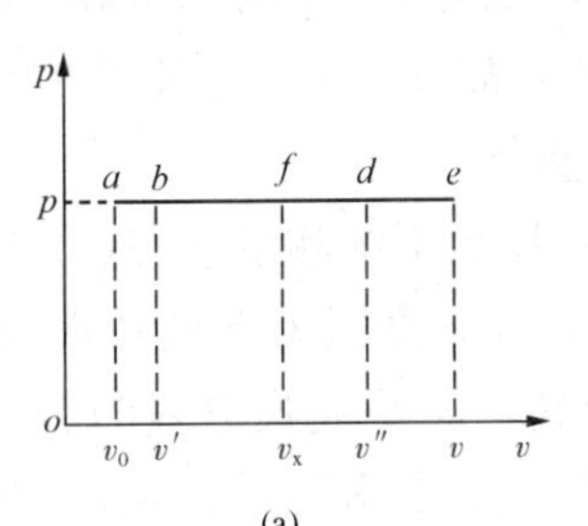

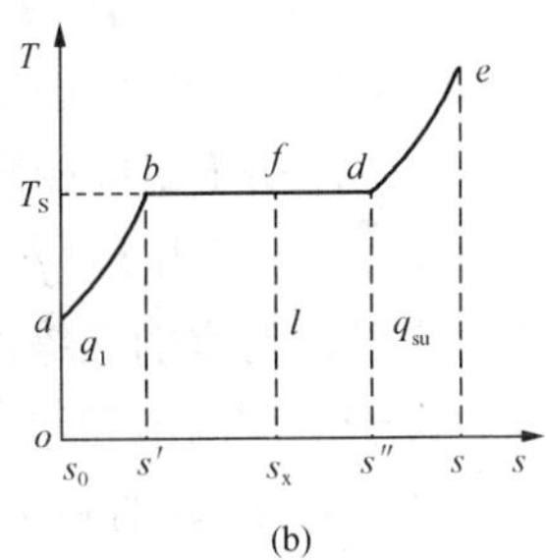

图 3-3　水蒸气定压形成过程的 p-v 图及 T-s 图
(a) p-v 图；(b) T-s 图

在 p-v 图上，由于水蒸气在整个汽化过程中压力 p 保持不变，而比体积逐渐增大（$v_0<v'<v_x<v''<v$），所以水蒸气定压形成的三个阶段是一条连续的、平行于 v 轴的水平线。由于 0℃水的比体积 v_0 不为零，所以 a 点不在 p 轴上。

在 T-s 图上水蒸气定压形成的三个阶段是一条不连续的线。对定压预热阶段 a-b，工质的温度由 $t_0=0$℃升高到压力 p 下的饱和温度 t_s，熵由 s_0 增加到 s'，a-b 线为由 a 点向右上方延伸的一条对数曲线。由于规定 0℃水的熵为零，所以 a 点在 T 轴上。而在定压定温汽化阶段 b-d 中，工质的温度 t_s 保持不变，熵由 s'增加到 s''，所以 b-d 线为平行于 s 轴的直线。因为饱和压力与饱和温度成一一对应关系，所以 b-d 线既是定温线也是定压线。在定

压过热阶段 d-e 中，工质的温度由 t_s 升高到过热蒸汽温度 t，熵由 s''增加到 s，d-e 线为由 d 点向右上方延伸的一条对数曲线。T-s 图上，过程线 a-b、b-d、d-e 以下的面积，分别表示液体热 q_l、汽化热 l 和过热热 q_{su}，而这三块面积的总和，即为过热蒸汽总热量 q。

2. 水蒸气的 p-v 图及 T-s 图

实验表明，水蒸气的定压形成过程在不同压力下进行，同样都要经历五个状态、三个阶段。只是由于不同压力下的饱和温度不同，使不同压力下的三个阶段存在差异。下面将不同压力下的水蒸气形成过程表示在 p-v 图及 T-s 图上，如图 3-4 所示。

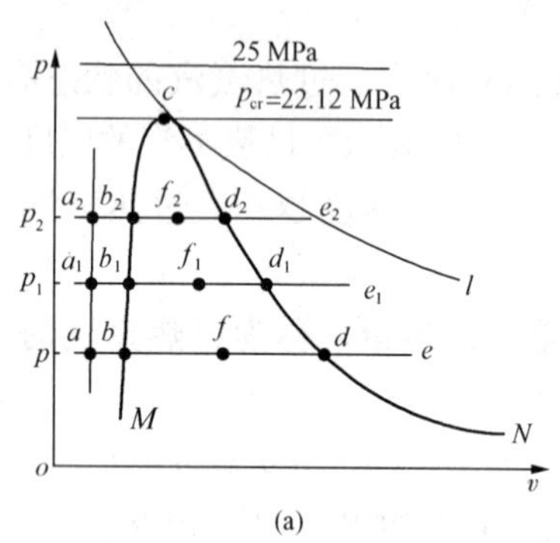

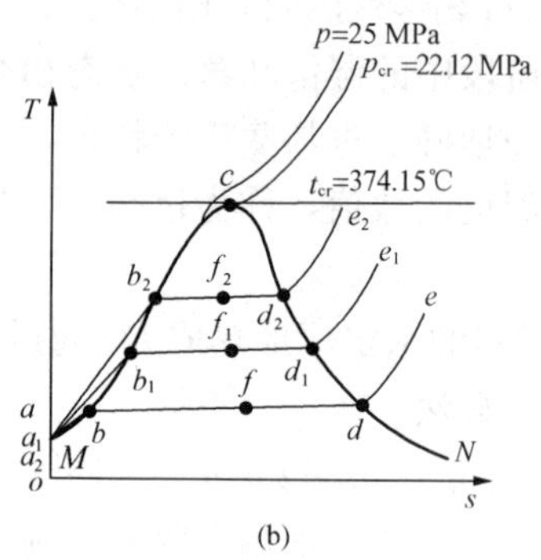

图 3-4 水蒸气的 p-v 图及 T-s 图

(a) p-v 图；(b) T-s 图

(1) 几个状态点的变化规律。在 p-v 图及 T-s 图上，观察不同压力下水蒸气的形成过程，可以找到当压力升高后，0℃未饱和水、饱和水及干饱和蒸汽等几个状态点的变化规律。

点 a、a_1、a_2 为 p、p_1、p_2 压力下 0℃时未饱和水状态点。在 p-v 图上，随压力升高，0℃未饱和水的比体积近似不变，故 a、a_1、a_2 几乎在同一条垂线上。而在 T-s 图上，状态点 a、a_1、a_2 由于温度相同而重合。

点 b、b_1、b_2 为 p、p_1、p_2 压力下饱和水状态点。在 p-v 图上，因水的吸热膨胀作用要大于压力升高对水的压缩作用，使较高压力下饱和水的比体积增加。在 T-s 图上，随压力升高，由于对应的饱和温度升高，需要吸收更多的热量，从而使较高压力下饱和水的熵增加。因此，在 p-v 图和 T-s 图上，饱和水状态点 b、b_1、b_2 随压力升高向右移动。

点 d、d_1、d_2 为 p、p_1、p_2 压力下干饱和蒸汽状态点，在 p-v 图上，因干蒸汽的受热膨胀作用小于压力升高后对蒸汽的压缩作用，使较高压力下干蒸汽的比体积减小；在 T-s 图上，由于随压力升高，由 0℃未饱和水定压加热成干蒸汽需要的干蒸汽总热量减少，从而使较高压力下干蒸汽的熵减少。因此在 p-v 图和 T-s 图上，干饱和蒸汽状态点 d、d_1、d_2 随压力升高向左移动。

这样，在 p-v 图和 T-s 图上，随着压力升高，饱和水状态点 b 向右移动，干饱和蒸汽状态点 d 向左移动，a、b 两点逐渐分开，b、d 两点逐渐靠近。饱和水与干饱和蒸汽状态间的距离将逐渐减小。当压力升高到某一数值时，汽化过程消失。b、d 两点重合于一点 c，c 点称为临界点。

临界点的各状态参数称为临界参数。不同工质的临界参数不同。对水来说，临界压力 p_{cr}=22.12MPa；临界温度 t_{cr}=374.15℃；临界比体积 v_{cr}=0.003 147m^3/kg。

在临界点上，水与汽的状态参数完全相同，水和汽的差别完全消失，汽化在瞬间完成，汽化热为零，即水在临界压力下被加热到临界温度时就全部从液相转为蒸汽，不存在两相区，水变成蒸汽是连续的，并以单相形式进行。超临界压力时的情况与临界压力时相同。在超临界压力下，水到蒸汽的变化只经历预热阶段和过热阶段，而无饱和蒸汽区。正是这一特点，决定了超临界压力锅炉只能采用直流锅炉。图 3-4（a）中，$c-l$ 线为临界等温线，在临界温度以上，不可能采用单纯的压缩方法使蒸汽液化，必须增压降温至临界温度以下。图 3-4（b）中，$p=p_{cr}$ 线为临界等压线，该线左上方的等压线为超临界压力等压线，如 $p=25\text{MPa}>p_{cr}$。

发电厂的动力设备，其新蒸汽压力低于临界压力的，叫亚临界压力机组；新蒸汽压力高于临界压力的，叫做超临界压力机组；我国电力百科全书把新蒸汽压力高于 27.0MPa 的机组叫做超超临界压力机组。世界各国、甚至各公司对超超临界机组参数的定义也有所不同，例如：日本的定义为压力大于等于 25MPa，或温度大于 566℃；丹麦定义为压力大于 27.5MPa；德国西门子公司则是从材料的等级来区分超临界和超超临界机组。上述这些说法都可称为超超临界机组。

（2）水蒸气的饱和曲线。如图 3-4 所示，在 p-v 图和 T-s 图上，连接不同压力下饱和水的状态点 b，b_1，b_2，…，可得到饱和水状态曲线 Mc。显然，Mc 线上所有的点都表示饱和水状态，都有 $x=0$，所以 Mc 线也叫下界限曲线。连接不同压力下干饱和蒸汽的状态点 d，d_1，d_2，…，可得到干饱和蒸汽状态曲线 Nc。显然，Nc 线上所有的点都表示干饱和蒸汽状态，都有 $x=1$，所以 Nc 线也叫上界限曲线。在 p-v 图上，连接不同压力下 0℃水的状态点 a，a_1，a_2，…，可得 0℃水的压容线 a-a_1-a_2，…，它近似为一条垂线。

在 T-s 图上，由于水的压缩升温极小，故在 T-s 图上水的定压线与 Mc 线很靠近，几乎重合为一条线，如图 3-5 所示。

（3）几个特性区域。如图 3-5 所示，水蒸气的两条饱和曲线（Mc 线和 Nc 线）将 p-v 图和 T-s 图分成了三大区域：Mc 线以左为未饱和水区；Mc 线与 Nc 线之间为湿饱和蒸汽区；Nc 线以右为过热蒸汽区。临界点则表明了相变的极限状态。这样，在水蒸气定压形成所经历的五种状态中，有三种状态分别分布在三个不同的区域中，而另外两种状态分别分布在两条饱和曲线上。

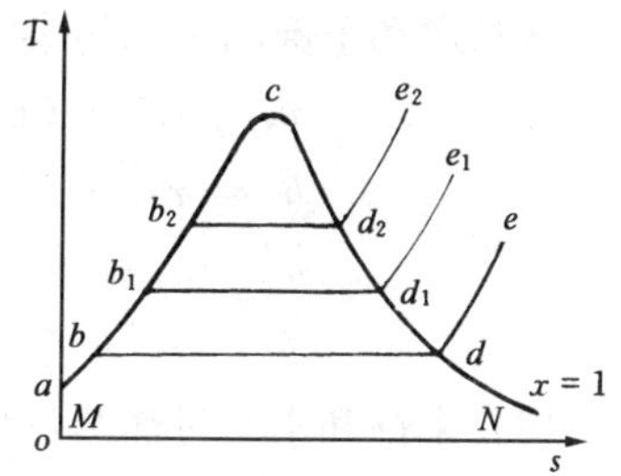

图 3-5　水蒸气的 T-s 图

综上所述，水蒸气相变图线，可以归结为一点（临界点），两线（饱和水线和干饱和蒸汽线），三区（未饱和水区、湿蒸汽区、过热蒸汽区），五态（未饱和水状态、饱和水状态、湿蒸汽状态、干蒸汽状态、过热蒸汽状态）。

三、水蒸气图表及其状态参数的确定

水蒸气的热力性质非常复杂，不能用简单的状态方程去描述。因此，人们在长期实验和分析计算的基础上制成了水蒸气热力性质图、表，作为确定水及水蒸气状态参数的工具。

（一）水蒸气表

水蒸气表是确定水蒸气状态参数的重要工具之一。它具有准确度高的优点。

1. 零点的规定

在热工计算中，对水及水蒸气的比热力学能 u、焓 h 及熵 s，往往不必求其绝对值，而仅需求其变化值。故可任意选择一个基准点，假定或规定基准点的状态参数为零。其余各点的 u、h、s 值就是它与基准点间的相对值。

根据国际规定，取水的三相点状态时液相水的 u、s 值为零，该基准点的参数为

$u_0 = 0\text{kJ/kg}, s_0 = 0\text{kJ/(kg·K)}, v_0 = 0.00\ 100\ 022\text{m}^3\text{/kg}, p = 0.0\ 006\ 112\text{MPa}$。

该基准点的焓值按 $h=u+pv$ 计算为微小正值，工程上一般取为零。

由于以水的三相点（273.16K）作为基准点，故水在0℃（273.15K）时熵和热力学能为极小的负值。但工程计算中，一般近似认为0℃时水的熵、热力学能和焓值为零。

2. 水蒸气表

水蒸气表分为两大类：一类是饱和水与干饱和蒸汽性质表；另一类是未饱和水与过热蒸汽性质表，现分别介绍如下：

（1）饱和水与干饱和蒸汽性质表。饱和水与干饱和蒸汽性质表给出了饱和水与干饱和蒸汽的状态参数。由于饱和水和干饱和蒸汽均处于饱和状态，该表又分为两种形式：一种是以温度 t 为变数，列出各温度所对应的饱和压力 p_s，饱和水的比体积 v'、密度 ρ'、焓 h'、熵 s' 和干饱和蒸汽的比体积 v''、密度 ρ''、焓 h''、熵 s'' 和汽化热 l 的数值，见附录中附表五。另一种是以压力 p 为变数，列出了相应的饱和温度 t_s 以及饱和水、干饱和蒸汽的各参数值，见附录中附表六。

饱和水与干饱和蒸汽性质表中无热力学能项，可根据 $u=h-pv$ 计算饱和水的比热力学能 u' 和干饱和蒸汽的比热力学能 u''。

使用时可采用内插法确定表上未列出的各参数值。

（2）湿饱和蒸汽状态参数的确定。饱和水与干饱和蒸汽性质表未直接列出湿蒸汽的状态参数，但湿蒸汽是由饱和水和干饱和蒸汽组成的，这两部分的比例由干度 x 或湿度（$1-x$）确定。所以，湿饱和蒸汽的状态参数是在已知干度的情况下，根据给定的压力或温度，分别查出饱和水和干饱和蒸汽的参数后，进行计算得到的。计算公式为

$$v_x = xv'' + (1-x)v' \quad (\text{压力不高且 } x > 0.7 \text{ 时}, v_x \approx xv'')$$

$$h_x = xh'' + (1-x)h' = h' + x(h'' - h') = h' + xl$$

$$u_x = h_x - pv_x$$

$$s_x = xs'' + (1-x)s' = s' + x(s'' - s')$$

（3）未饱和水与过热蒸汽性质表。未饱和水与过热蒸汽性质表给出了未饱和水和过热蒸汽在不同压力及温度下的比体积、焓及熵的值，如附录中附表七所示。

表中粗黑线上方为未饱和水的状态参数，粗黑线下方为过热蒸汽的状态参数，为了使用方便，在压力表头上还给出了某压力对应的饱和温度值及该压力下饱和水和干蒸汽的比体积、焓及熵的值。

该表也未列出热力学能值，可用公式 $u=h-pv$ 计算。查表时也要用到内插法，尤其是当压力和温度均为表中未列出的数值时，要用两次内插。可以先内插压力，也可以先内插温度。

综上所述，利用水蒸气表可以确定水蒸气五种状态下的状态参数，然而接下来的问题是：当我们已知水蒸气的一组状态参数（如已知两个独立的状态参数）而要求另外的未知参数时，应该查哪个表呢？这就需要我们在查表之前先判定水蒸气所处的状态。

（4）水蒸气状态的判定。我们可以根据不同状态下水蒸气状态参数的特点进行判断：对

于未饱和水，当其压力一定时，温度小于饱和值，其他参数值小于相应的饱和水状态参数值。对于饱和水，当其压力一定时，温度具有饱和值，其他参数值等于相应的饱和水状态参数值。对于湿饱和蒸汽，当其压力一定时，温度具有饱和值，其他参数值介于饱和水状态参数值和干饱和蒸汽状态参数值之间。对于干饱和蒸汽，当其压力一定时，温度也具有饱和值，其他参数值等于相应的干饱和蒸汽的状态参数值。对于过热蒸汽，当其压力一定时，温度高于饱和值，其他参数值均大于相应的干饱和蒸汽状态参数值。

（二）水蒸气的焓熵图

尽管水蒸气表比较准确，但由于它不能将所有数字全部列出，有时还要使用内插法，且湿蒸汽的状态参数要经过计算才能得到，以及水蒸气表在分析热力过程时不如图直观方便等原因，所以实际应用时，常常是水蒸气表与焓熵图配合使用。

水蒸气的焓熵图以其直观、方便弥补了水蒸气表的不足，在简化确定水蒸气状态参数时的计算以及分析水蒸气热力过程方面，有着水蒸气表不可替代的优越性。它是工程上广泛采用的一种重要工具。

1. 焓熵图的结构

以焓 h 为纵坐标，以熵 s 为横坐标所构成的焓熵图（h-s 图），是根据水蒸气表上所列数据绘制而成的，其结构如图 3-6 所示。图中 $x=0$ 为饱和水状态曲线，$x=1$ 为干饱和蒸汽状态曲线，c 点为临界点。由于动力工程上一般采用过热蒸汽和干度较高的湿蒸汽，所以实际应用时的 h-s 图只取 x 值较大的区域，如图 3-6 中方框线内的部分。

在 h-s 图上，共有六组曲线：

（1）定压线群。定压线在 h-s 图上为一簇由原点出发的、自左下方向右上方延伸的呈发散状的线群，从右到左压力逐渐升高，在湿蒸汽区，定压线为直线；在过热蒸汽区，定压线为一簇向上翘的曲线，两条定压线之间的距离，在熵增加的方向是散开的，随着压力的升高，定压线对 s 轴的倾角将增大。

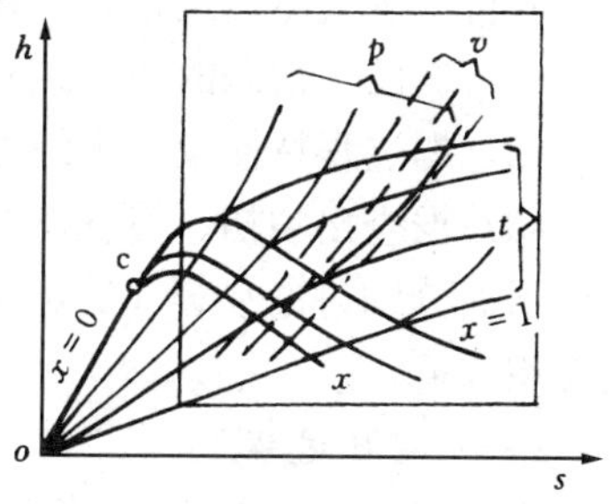

图 3-6 水蒸气焓熵图

（2）定温线群。在湿蒸汽区，一个压力对应一个饱和温度，因此，定压线就是定温线。在过热蒸汽区，定温线是一簇先弯曲而后趋于平坦的水平稍稍向右上方倾斜的红色曲线。温度高的定温线在上，温度低的定温线在下。

（3）定干度线群。定干度线分布在湿饱和蒸汽区，是一簇与 $x=1$ 线的延伸方向大致相同的一簇曲线。干度值大的定干度线在上，干度小的定干度线在下。

（4）定容线群。定容线为一簇自横轴出发的、由左下方向右上方延伸的曲线，其延伸方向与定压线相近，但定容线比定压线陡峭，为和定压线相区别，定容线为绿色线。与定压线相反，定容线群从右到左比体积逐渐减小。

（5）定焓线群。定焓线为 h-s 图底图上与 s 轴平行的直线，单位为 kJ/kg。

（6）定熵线群。定熵线为 h-s 图底图上与 h 轴平行的直线，单位为 kJ/（kg·K）。

焓熵图上无定热力学能线，其热力学能需在查图的基础上按 $u=h-pv$ 式进行计算。

2. 焓熵图的使用

焓熵图的重要用途，就是确定水蒸气的状态参数。

在 $h-s$ 图上，给出了水蒸气的三种状态：$x=1$ 线上的各点为干饱和蒸汽状态；$x=1$ 线下方为湿蒸汽区，该区内所有的点表示湿饱和蒸汽状态；$x=1$ 线上方为过热蒸汽区，该区内所有的点为过热蒸汽状态。也就是说，利用水蒸气的焓熵图，可以确定湿饱和蒸汽、干饱和蒸汽和过热蒸汽这三种状态下的状态参数。对未饱和水和饱和水，其状态参数仍需查水蒸气表确定。

应用 $h-s$ 图确定水蒸气的状态参数时，关键是确定状态点。必须有两个独立的状态参数才能确定状态点，从而确定相应的状态参数数值。值得注意的是，对湿蒸汽和干蒸汽状态，压力与温度一一对应，只能作为一个独立的状态参数，还需另一个独立的状态参数才能确定状态点并确定其他状态参数值。

水蒸气的焓熵图在分析水蒸气热力过程方面的应用，将在下面的内容中讲到。

四、水蒸气的热力过程

水蒸气的状态变化可通过各种热力过程进行，但在蒸汽动力装置循环中，最基本的热力过程是定压、定容、定温和绝热四种，而定压和绝热过程在蒸汽动力循环中应用最多。

研究水蒸气热力过程的目的主要是确定过程的终态参数及计算过程中的能量。但因工质性质不同，分析的方法与理想气体有很大差异。主要表现在两个方面：一是水蒸气使用水蒸气表或焓熵图确定其状态参数，而不是使用分析计算法；二是水蒸气的质量热容、热力学能和焓不再是温度的单值函数，使得水蒸气热力过程的能量转换规律发生了变化。因而，水蒸气热力过程的分析、计算主要利用水蒸气表和 $h-s$ 图进行。

分析水蒸气热力过程时，设过程均为可逆过程，其一般步骤如下：

(1) 据已知初态的两个独立的状态参数，在水蒸气图表上查出其他初态参数。

(2) 据过程特性及一个终态参数，确定终态，并由水蒸气图表查出其他终态参数。

(3) 据查出的初、终状态参数，计算热力学能变化量、热量及功量。

下面分别讨论水蒸气的定压、绝热过程，并着重介绍 $h-s$ 图在分析水蒸气热力过程时的应用。

(一) 定压过程

水蒸气在状态变化时，压力保持不变的过程，称为定压过程。

定压过程是火力发电厂中常见的过程。如工质在锅炉各换热器内的吸热过程，乏汽在凝汽器内的凝结过程，给水在回热加热器内的预热过程等均可近似地看作可逆的定压过程。

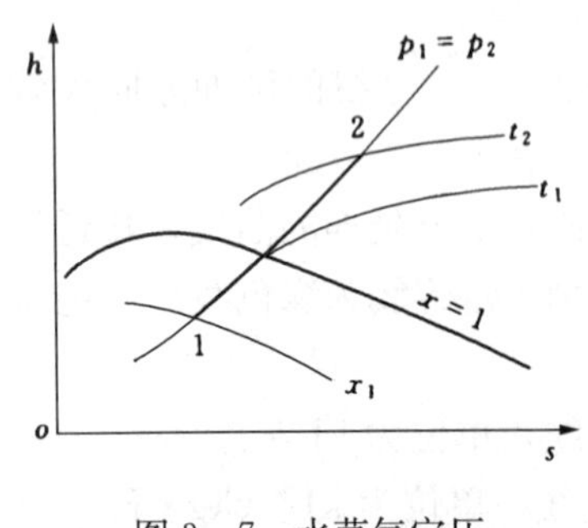

图 3-7 水蒸气定压过程的 $h-s$ 图

若已知初参数 p_1、x_1 及终参数 t_2，则根据 p_1、x_1，可在 $h-s$ 图上确定初状态点 1（见图 3-7），并查出其他初态参数 v_1、t_1、h_1 及 s_1；根据定压过程特性，过 1 点作定压线与终参数 t_2 线相交，可得终状态点 2，查出终态点的其他参数为 v_2、h_2 及 s_2。连接定压线上的 1、2 两点，可得定压过程线 1-2。初、终态的热力学能仍按 $u=h-pv$ 式计算。

由 $h-s$ 图可以直观地看出定压过程状态参数的变化规律为：定压加热时（为过程线 1-2），温度升高，比体积增加，焓及熵增大（热力学能是 T、v 的函数，也一定增加）；定压放热时（为过程线2-1），温度降低，比体积、比热力学能、焓及熵减小。当然，在湿饱和蒸汽区，定压过程温度不变。

定压过程的热力学能变化量为

$$\Delta u_p = u_2 - u_1 = (h_2 - h_1) - p(v_2 - v_1)$$

由容积功的定义式可知容积功为

$$w_p = p(v_2 - v_1)$$

由技术功 $w_t = w - (p_2v_2 - p_1v_1)$ 可知技术功为

$$w_t = 0$$

根据 $q = \Delta u + w$，可知热量为

$$q_p = (h_2 - h_1) - p(v_2 - v_1) + p(v_2 - v_1) = (h_2 - h_1)$$

定压过程中，外界加给水蒸气的热量全部转变成水蒸气焓的增量。或者说，定压过程的热量等于焓差。

（二）绝热过程

水蒸气在状态变化时，与外界没有热交换的过程，即 δq 和 q 均为零的过程，称为绝热过程。

对于可逆过程，由定义式 $ds = \frac{\delta q}{T}$ 可知，当 $\delta q = 0$ 时，$ds = 0$，因此，可逆的绝热过程为定熵过程。

若已知初参数 p_1、t_1 及终参数 p_2，则根据 p_1、t_1，可在 h - s 图上确定初状态点 1（见图 3 - 8），并查出其他初态参数 v_1、h_1 和 s_1；根据定熵过程特性，过 1 点作定熵线与终参数 p_2 线相交，可得终状态点 2，查出终态点的其他参数为 v_2、t_2、h_2 及 s_2。连接定熵线上的 1、2 两点，可得定熵过程线 1 - 2。初、终态的比热力学能按 $u = h - pv$ 计算。

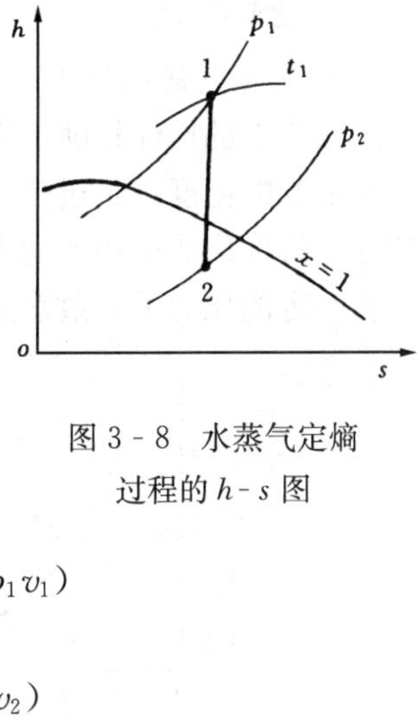

图 3 - 8　水蒸气定熵过程的 h - s 图

由水蒸气定熵过程的 h - s 图可以直观地看出定熵过程的初、终状态参数的变化为：绝热膨胀时，比体积增大，压力和温度下降，热力学能和焓减小；绝热压缩时，比体积减小，压力和温度上升，比热力学能和焓增大。

绝热过程的热量为零，即 $q = 0$，而热力学能变化量为

$$\Delta u_s = u_2 - u_1 = (h_2 - h_1) - (p_2v_2 - p_1v_1)$$

根据 $q = \Delta u + w$，可知容积功为

$$w_s = -\Delta u = (h_1 - h_2) - (p_1v_1 - p_2v_2)$$

由 $q = \Delta h + w_t$ 可知技术功为

$$w_{t,s} = -\Delta h = h_1 - h_2$$

由上述结果可知，在闭口系统的绝热过程中，水蒸气消耗自身的热力学能而对外做膨胀功；在开口系统的绝热过程中，水蒸气消耗自身的焓而对外做技术功，即绝热过程的技术功等于工质的焓降。

综上所述，在蒸汽动力循环中，工质在锅炉中定压吸收热量以增加本身的焓值，定压过程的热量等于焓差：$q_p = (h_2 - h_1)$。具有一定焓值的过热蒸汽被送入汽轮机后，又将此焓值转换为技术功而对外输出，绝热过程的技术功等于焓降：$w_{t,s} = h_1 - h_2$。这样，就将工质

的热能转换成机械能。

五、水蒸气参数对热力设备的影响

目前，火力发电厂正朝着高参数、大容量的方向发展，这是由于采用高参数蒸汽能大大提高火力发电厂的热效率。因此我们有必要了解高参数水蒸气的性质及其对热力设备的影响。

(一) 高参数水蒸气的基本性质

1. 过热蒸汽的质量热容

理想气体的质量热容仅仅是温度的函数，但对于实际气体水蒸气，压力和温度对质量热容都有影响。

过热蒸汽的质量热容随压力、温度的变化情况如图 3 - 9 所示。

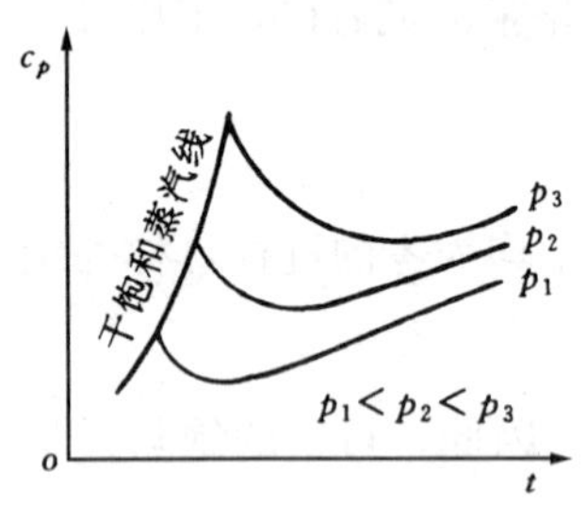

图 3 - 9 过热蒸汽质量热容与压力、温度之间的关系

当温度不变时，过热蒸汽的质量热容随压力的升高而增大，由图上可以看出，温度越高，提高压力所引起的质量热容变化越小，越趋向于理想气体的性质。

在一定压力下，温度对过热蒸汽质量热容的影响分两个阶段。过热开始阶段（过热度较小时），质量热容随温度的升高而减小。此时，高压蒸汽的质量热容减小得比较显著。当温度升高到某一值时，质量热容降低到一个最小值，且蒸汽压力越高，对应最小质量热容的温度也越高。如果再继续提高过热蒸汽的温度，则温度对质量热容的影响进入第二个阶段，这时的质量热容将随温度的升高而增大。

2. 过热蒸汽的比体积

过热蒸汽的比体积随温度、压力而变化。

在不变的温度下，过热蒸汽的压力升高时，比体积大大减小，如图 3 - 10 所示。过热蒸汽的这一特性广泛应用于动力装置中，它使蒸汽管道及蒸汽流动设备尺寸减小，重量减轻。

在一定的压力下，过热蒸汽的比体积随温度的升高而增大，如图 3 - 11 所示。

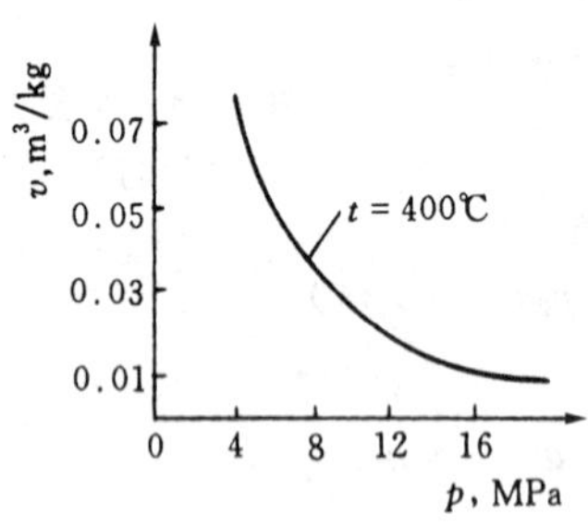

图 3 - 10 过热蒸汽的比体积与压力、温度的关系

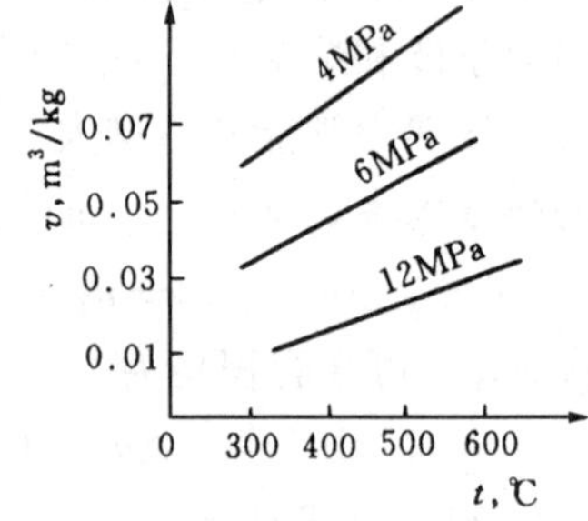

图 3 - 11 过热蒸汽的比体积与温度的关系

3. 过热蒸汽的焓

过热蒸汽的焓是由压力和温度决定的。

在一定温度下，过热蒸汽的焓随压力升高而减小，且在同一温度下，压力越高，对焓值的影响越大（参见水蒸气表或 h - s 图）。过热蒸汽的焓随压力升高而减小的原因是：过热蒸汽的焓是液体热、汽化热和过热热的总和。其中液体热随压力升高而增大；汽化热随压力升

高而减小，在临界压力时为零；过热热随压力升高而增大，且液体热和过热热的增大值小于汽化热的减小值，故过热蒸汽的焓随压力升高而减小。

在一定压力下，过热蒸汽的焓随温度升高而增大，且压力越高，在这一压力下升高温度时，蒸汽的焓值增大越快（参见水蒸气表或 $h-s$ 图）。过热蒸汽的焓随温度升高而增大的原因是：热力学能随温度的升高而增大，比体积也随温度升高而增大，而压力不变，据 $h=u+pv$ 式可知，过热蒸汽的焓增大。

（二）高参数水蒸气对锅炉设备的影响

火电厂采用高参数水蒸气后，对锅炉各受热面的设备影响很大。

1. 温度提高的影响

过热蒸汽的温度提高后，过热器的受热面积增大，且对过热器金属材料的耐热性能的要求随之提高，必须更合理地布置过热器受热面和采用耐热性能好的材料。

2. 压力提高的影响

如上所述，过热蒸汽的压力提高后，预热热（液体热）和过热热的比例增大，汽化热的比例缩小，如图 3-12 所示。这使得锅炉各个受热面的面积发生变化：锅炉炉膛水冷壁的受热面积将减小；水平烟道中过热器的受热面积将增大，所以不必把锅炉炉膛中的水冷壁都作成蒸发受热面，可把部分过热受热面由水平烟道移入炉膛，顶棚过热器、屏式过热器就是为此而设置的；尾部烟道中，省煤器的受热面积增大，这将给受热面的布置带来困难。

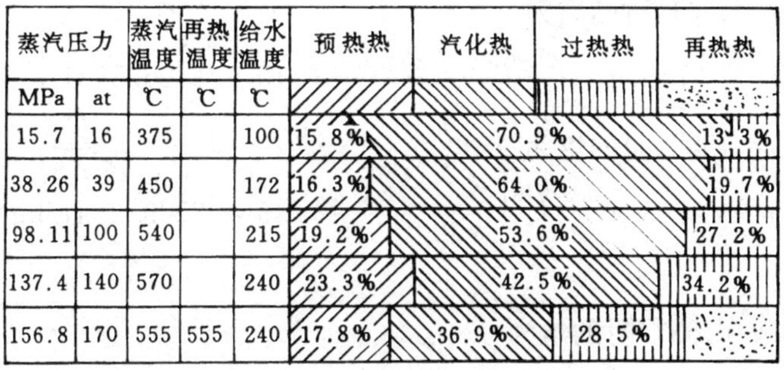

蒸汽压力		蒸汽温度	再热温度	给水温度	预热热	汽化热	过热热	再热热
MPa	at	℃	℃	℃				
15.7	16	375		100	15.8%	70.9%	13.3%	
38.26	39	450		172	16.3%	64.0%	19.7%	
98.11	100	540		215	19.2%	53.6%	27.2%	
137.4	140	570		240	23.3%	42.5%	34.2%	
156.8	170	555	555	240	17.8%	36.9%	28.5%	

图 3-12　不同参数锅炉的热量分配比例

压力提高后，汽水密度差减小，达到临界压力时，汽、水密度差消失。因此，具有汽包的自然循环锅炉会因压力的提高而增加汽、水循环的困难。同时，对汽水分离装置的要求也提高了。当压力在 17MPa 以上时，必须采用强迫循环锅炉和高质量的汽水分离设备。

压力提高后，对承压设备及元件的耐压强度要求提高了，应采用优质材料。但压力提高后，蒸汽的比体积减小，使汽、水管道及设备的尺寸减小，重量减轻，且过热蒸汽吸收的总热量减小，整个锅炉受热面积减小，既可节省钢材，又有利于安装。压力提高后，对锅炉的安全可靠性要求更高，必须有高质量的自动控制设备和人才。

例　题

【3-1】　100kg150℃的水蒸气，其中含水 20kg，求此蒸汽的状态和参数。

解　此蒸汽含水，故处于湿蒸汽状态，其干度为

$$x=\frac{100-20}{100}=0.8$$

查以温度为依据的饱和水蒸气表，得 150℃时的各饱和参数为

$p_s=0.476\text{MPa}, v'=0.0\,010\,906\text{m}^3/\text{kg}, v''=0.392\,6\text{m}^3/\text{kg}, h'=632.2\text{kJ/kg}, h''=2746\text{kJ/kg}, l=2114\text{kJ/kg}, s'=1.841\,4\text{kJ/(kg·K)}, s''=6.838\,3\text{kJ/(kg·K)}$；

按湿蒸汽状态参数计算公式进行计算：

$$v_x=xv''+(1-x)v'\approx xv''=0.8\times0.392\,6=0.3141(\text{m}^3/\text{kg})$$

$$h_x=h'+xl=632.2+0.8\times2114=2323.4(\text{kJ/kg})$$

$$s_x=s'+x(s''-s')=1.841\,4+0.8\times(6.838\,3-1.841\,4)=5.838\,9[\text{kJ/(kg·K)}]$$

$$u_x=h_x-p_sv_x=2323.4-0.476\times10^6\times0.314\,1\times10^{-3}=2173.98(\text{kJ/kg})$$

【3-2】 利用水蒸气表，求 $p=0.12\text{MPa}$，$t=155℃$时水蒸气的焓。

解 查按压力排列的饱和水蒸气表知：$p=0.12\text{MPa}$ 时，$t_s=104.81℃$，因 $t>t_s$，该蒸汽为过热蒸汽，需查未饱和水及过热蒸汽表确定水蒸气的焓。

根据给出的 p、t 值，在水蒸气表上均未直接给出，需用二次内插法查表。以先内插温度再内插压力为例介绍内插查表的方法。

在附录附表七中可以直接查出 $p=0.1\text{MPa}$，t 为 140℃、160℃ 的焓 h 分别为 2756.66kJ/kg、2796.2kJ/kg；$p=0.2\text{MPa}$，t 为 140℃、160℃的焓 h 分别为 2748.4kJ/kg、2789.5kJ/kg。

先内插温度：

$p=0.1\text{MPa}$，$t=155℃$时的焓为

$$h_1=2756.6+\frac{2796.2-2756.6}{20}\times15=2786.3(\text{kJ/kg})$$

$p=0.2\text{MPa}$，$t=155℃$时的焓为

$$h_2=2748.4+\frac{2789.5-2748.4}{20}\times15=2779.2(\text{kJ/kg})$$

再内插压力：

$p=0.12\text{MPa}$，$t=155℃$时的焓为

$$h=2786.3+\frac{2779.2-2786.3}{0.1}\times0.02=2784.9(\text{kJ/kg})$$

此题也可以先内插压力，再内插温度，所得结果与本例题结果相同。

【3-3】 某锅炉省煤器内工质的绝对压力为 10MPa，最高温度为 305℃，试利用 h-s 图确定此省煤器是否为沸腾式省煤器?

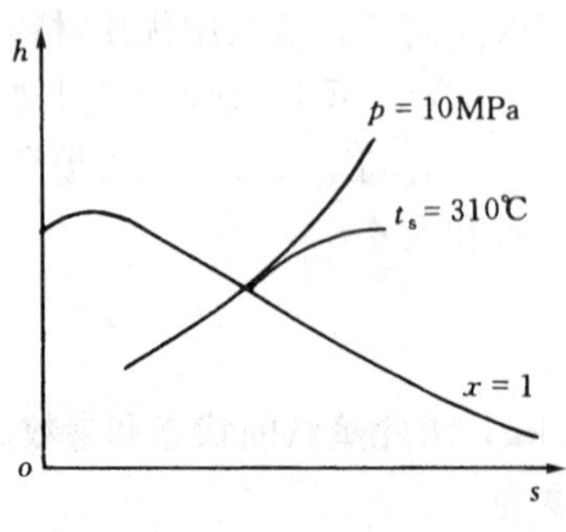

图 3-13 例题 3-3 图

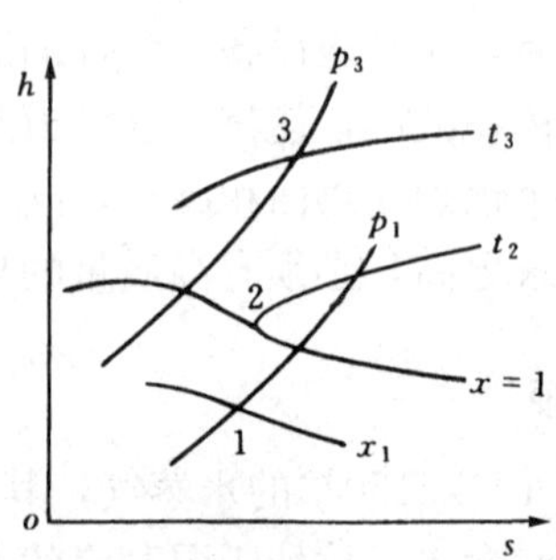

图 3-14 例题 3-4 图

解　由 $h-s$ 图查得 $p=10\text{MPa}$ 时，$t_s=311℃$。因为 $305℃<t_s$，省煤器出口水尚未沸腾，所以，此省煤器为非沸腾式省煤器。

【3-4】　用 $h-s$ 图确定下列水蒸气的 h、s 及 v：

(1) $p_1=1\text{MPa}$，$x_1=0.95$；

(2) $t_2=250℃$的干蒸汽；

(3) $p_3=13\text{MPa}$，$t_3=535℃$。

解　(1) 在 $h-s$ 图上，使 $p_1=1\text{MPa}$ 的定压线与 $x_1=0.95$ 的定干度线相交，得湿饱和蒸汽状态点 1，查得

$$h_1=2675\text{kJ/kg},\quad s_1=6.36\text{kJ/(kg·K)},\quad v_1=0.185\text{m}^3/\text{kg}$$

显然，用 $h-s$ 图确定湿蒸汽的状态参数要比水蒸气表方便得多。

(2) 在 $h-s$ 图上，使 $t_2=250℃$的定温线与 $x=1$ 的干饱和蒸汽状态曲线相交于 2 点，查得

$$h_2=2800\text{kJ/kg},\quad s_2=6.07\text{kJ/(kg·K)},\quad v_2=0.05\text{m}^3/\text{kg}$$

(3) 在 $h-s$ 图上，使 $p_3=13\text{MPa}$ 的定压线与 $t_3=535℃$的定温线相交，得过热蒸汽状态点 3，查得

$$h_3=3435\text{kJ/kg},\quad s_3=6.56\text{kJ/(kg·K)},\quad v_3=0.026\text{m}^3/\text{kg}$$

课堂练习题

3-1　10kg 水，处于 0.1MPa 下时饱和温度 $t_s=99.64℃$，当压力不变时，若其温度变为 150℃，则处于何种状态？若测得 10kg 中含蒸汽 2.5kg，含水 7.5kg，则又处于何种状态？此时的温度应为多少？

3-2　试用水蒸气表确定 $p=3\text{MPa}$，$t=435℃$时蒸汽的焓。

3-3　利用 $h-s$ 图求 $p=10\text{MPa}$，$t=550℃$时水蒸气的状态参数 h、s、v 及过热度 D。

3-4　某汽轮机排汽 $p=0.004\text{MPa}$，$x=0.92$，进入凝汽器内定压放热成为同一压力下的饱和水。试利用 $h-s$ 图求 1kg 蒸汽在凝汽器内所放出的热量。

3-5　300MW 汽轮机的进口蒸汽压力 $p_1=16.5\text{MPa}$，温度 $t_1=537℃$，蒸汽在汽轮机中绝热膨胀到 $p_2=0.005\text{MPa}$。求在理想情况下 1kg 蒸汽在汽轮机中所做的容积功和技术功。

课题二　蒸汽的流动

教学目的

前面虽然讨论了闭口系或开口系所实施的热力过程，但没有详细考察流动状况发生变化的热力过程。在很多热力设备中，能量转换是在工质流动速度及热力状态同时变化的热力过程中实现的。例如蒸汽在汽轮机喷管内的流动做功过程。该设备中工质不断流进流出，属于开口系统。其特点是：工质在流动时，既因热力状态的变化而引起热力学能变化，更因宏观运动状况的变化而发生动能变化，其能量转换比较复杂，需要专门进行研究。本课题除介绍稳定流动的基本方程式作为讨论的理论依据外，还要对蒸汽在喷管和扩压管中流动的基本特性及其流速、流量的简单计算公式，以及绝热节流过程的特性和应用等内容进行讨论。它们

是学习汽轮机专业课不可缺少的理论基础知识。

由于蒸汽流经稳定工况下运行的汽轮机时属于稳定流动，本课题只讨论蒸汽的一元稳定流动。

教学内容

一、稳定流动的基本方程式

讨论蒸汽的稳定流动时，所遵循的基本方程式有连续性方程式、能量方程式和过程方程式。

1. 连续性方程式

连续性方程式是在质量守恒定律的基础上建立起来的。它普遍适用于任何工质和任何过程的稳定而连续的流动。所谓连续流动，是指单位时间内流过设备任何截面的质量流量都相等的流动。稳定流动一定是连续的，而连续流动不一定稳定。

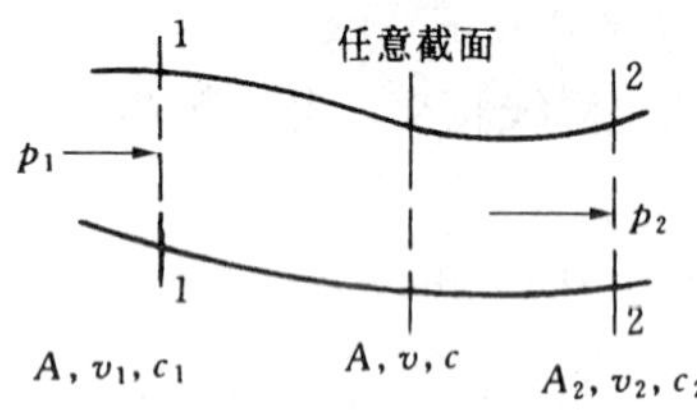

图 3-15 连续流动示意

设有一任意流道如图 3-15 所示。若流道中任意截面 1—1 的截面积为 $A_1\mathrm{m}^2$，工质的比体积为 $v_1\mathrm{m}^3/\mathrm{kg}$，流速为 $c_1\mathrm{m/s}$，则单位时间内流过 1—1 截面的质量流量 q_{m1} 应等于流过的体积（$A_1c_1\mathrm{m}^3/\mathrm{s}$）乘以密度 $\rho_1\mathrm{kg/m}^3$，即

$$q_{m1}=A_1c_1\rho_1=\frac{A_1c_1}{v_1}$$

同理，对 2—2 截面有

$$q_{m2}=A_2c_2\rho_2=\frac{A_2c_2}{v_2}$$

根据质量守恒定律，各截面的质量流量应相等，即

$$q_m=\frac{A_1c_1}{v_1}=\frac{A_2c_2}{v_2}=\frac{Ac}{v}=\text{常数} \tag{3-7}$$

上式称为一元稳定流动的连续性方程式。它说明在连续稳定流动中，工质在单位时间内流过流道任意截面的质量流量都是不变的常数，它给出了流速、截面积与比体积之间的关系。这个关系式是计算管道截面积和流量以及分析管道流动特性的基本公式。

2. 绝热稳定流动的能量方程式

在第二单元中已经根据能量转换与守恒定律得出了稳定流动能量方程式为

$$q=(h_2-h_1)+\frac{1}{2}(c_2^2-c_1^2)+g(z_2-z_1)+w_s$$

且稳定流动能量方程式应用于喷管时可简化为

$$h_1-h_2=\frac{1}{2}(c_2^2-c_1^2) \tag{3-8}$$

即工质在管道内作绝热稳定流动时，其动能的增加等于工质的绝热焓降，也可表示为

$$h_1+\frac{c_1^2}{2}=h_2+\frac{c_2^2}{2}=h+\frac{c^2}{2}=\text{常数} \tag{3-8a}$$

上式称为绝热稳定流动的能量方程式。它表明：工质作绝热稳定流动又不做功时，任一截面上的焓与动能之和等于常数。换言之，工质速度的增加是由于工质焓的减少；反之，工质速度的减少将使工质的焓增加。该式适用于任何工质的可逆或不可逆的绝热稳定流动。

气体在绝热流动过程中，因受到某种物体的阻碍使流速降低为零的过程称为绝热滞止过程。气体流速在绝热条件下变为零的那一点的状态称为绝热滞止状态。绝热滞止状态的参数称为绝热滞止参数，记为滞止压力 p^0 、滞止温度 t^0 、滞止焓 h^0 等。

据绝热稳定流动的能量方程式（3 - 8a），任一截面上气体的焓和动能的和恒为常数。当气体绝热滞止时速度为零，故滞止时气体的焓 h^0 等于任一截面上气流的焓和其动能的总和（也称为总焓）。可逆绝热流动过程中，气流在任意截面上的滞止焓值均相等，即有

$$h^0 = h_1 + \frac{c_1^2}{2} = h_2 + \frac{c_2^2}{2} = h + \frac{c^2}{2} = 常数 \tag{3 - 9}$$

绝热滞止对气体所起的作用与绝热压缩无异，若过程可逆，则过程中熵不变，可按可逆绝热过程的方法计算其他滞止参数。对于水蒸气，据式（3 - 9）计算出 h^0 后其他滞止参数可从 h - s 图上读得，如图 3 - 16 所示。若已知流道入口截面 1—1 的参数 p_1、t_1、c_1，可根据 p_1、t_1 在水蒸气 h - s 图上确定状态点 1，再由 1 点向上作定熵线，与水平的定焓线 $h^0 = h_1 + \frac{c_1^2}{2}$ 相交得滞止状态点 0，则可查出滞止参数 p^0、t^0、v^0 等。

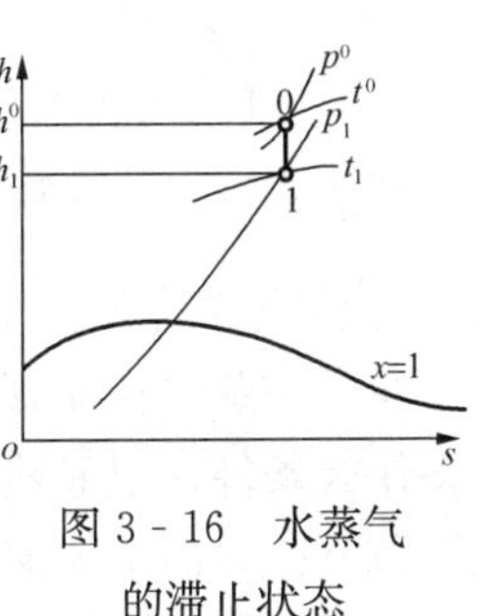

图 3 - 16 水蒸气的滞止状态

3. 过程方程式

如果将火力发电厂中蒸汽在汽轮机内的稳定流动近似地看成是可逆的绝热流动（定熵流动），则根据状态方程式并结合过程特点，可导出稳定的可逆绝热流动的过程方程式为

$$pv^{\kappa} = 常数 \tag{3 - 10}$$

它表明工质在定熵流动过程中的压力和比体积之间的变化关系，式中 κ 称为定熵指数，对理想气体，$\kappa=\gamma=c_p/c_V$，其中的 c_p 和 c_V 可为定值，也可为平均值；对于水蒸气，κ 为经验数据，且为变量，其值为

过热蒸汽 $\kappa=1.30$

干饱和蒸汽 $\kappa=1.135$

湿饱和蒸汽 $\kappa=1.035+0.1x$

上述三个基本方程式，描述了工质在稳定流动中的状态参数变化、能量变化和流道截面积变化的规律，为分析稳定流动问题提供了理论依据。

二、蒸汽在喷管内流动的基本特性

火力发电厂在稳定工况下运行时，蒸汽在汽轮机喷管内的流动可以认为是稳定的绝热流动，所以，上述方程式对喷管的分析和计算均适用。这里，我们对蒸汽在喷管内流动时的状态参数变化规律及喷管截面变化对流动的影响作简单的介绍。

（一）喷管的基本概念

1. 喷管的定义及种类

凡是用来使汽流降压增速的短管称为喷管。喷管在火力发电厂的应用非常广泛，它是汽轮机的重要部件。由锅炉产生的过热蒸汽进入汽轮机后，首先进入喷管。在喷管中降压增速，将蒸汽的热能转变为动能。喷管除应用于汽轮机的做功过程外，在锅炉气力除灰系统和测定流量时都有应用。

喷管有不同的形状。按喷管的截面积变化，可有三种不同的类型：截面积逐渐减小

的喷管称为渐缩喷管，如图 3 - 17 所示；截面积逐渐扩大的喷管称渐扩喷管，如图 3 - 18所示；截面积先收缩而后再扩大的喷管称缩放喷管，又称为拉伐尔喷管，如图 3 - 19所示。

在热动工程上，常用的喷管为渐缩喷管和缩放喷管。

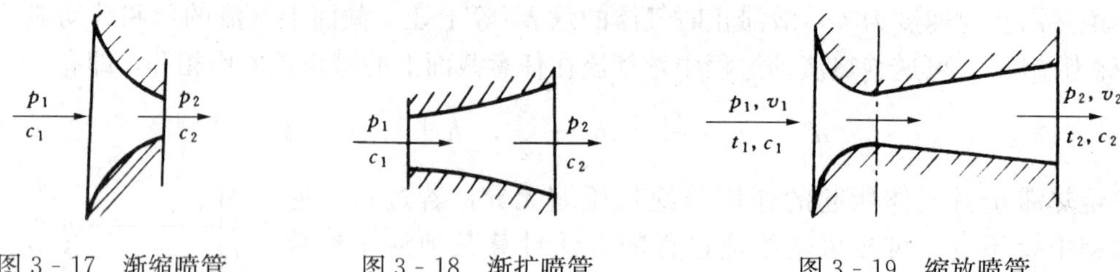

图 3 - 17　渐缩喷管　　图 3 - 18　渐扩喷管　　图 3 - 19　缩放喷管

2. 蒸汽在喷管内流动的必要条件及压力比

在讨论蒸汽在喷管内的流动特性时，我们首先应当明确的是，蒸汽在喷管内流动时必须具备什么条件。很显然，如果喷管入口和出口具有相同的压力，那么喷管中的蒸汽就会由于无压力差存在而不能流动。所以，喷管前后存在压力差是蒸汽在喷管中流动的必要条件。由喷管的定义可知，蒸汽在喷管内流动时，其压力的变化方向与流速的变化方向相反，且沿流动方向，压力降得越低，蒸汽的流速增加得就越快。

当喷管入口压力 p_1 一定时，喷管前后的压力差就取决于喷管出口截面的压力 p_2。我们通常把喷管出口截面压力 p_2 与入口截面压力 p_1 的比值叫做喷管的压力比，用符号 β 表示：

$$\beta = \frac{p_2}{p_1}$$

喷管的压力比变化时，将直接影响喷管的流速和流量。

3. 声速及马赫数

在分析喷管内工质的流动特性时，常常遇到声速及马赫数的概念，现介绍如下。

从物理学知道，声速是微弱扰动波（如声波、压力波等）在连续介质中的传播速度。用符号 a 表示。可将该传播过程看作是定熵过程。

在状态参数为 p、v 的工质中，声速的计算式为

$$a = \sqrt{\kappa p v} \tag{3 - 11}$$

对理想气体，$pv=RT$，$\kappa=\gamma$ 故有

$$a = \sqrt{\kappa p v} = \sqrt{\gamma R T} \tag{3 - 11a}$$

由声速的计算式可知，声速与流体的性质和状态有关。对理想气体，声速 a 与 $\sqrt{T}$ 成正比，且气体性质不同时（γ 不同），a 不同；对水蒸气，a 不仅与 T 有关，还和 p 有关。

由于声速与工质的性质及状态有关，所以通常所说的声速是指工质在某一状态下的声速值，称为当地声速。工质在流动中状态参数沿流动方向不断变化，故当地声速也随之变化。

在分析流体的流动时，常以声速作为流体速度的比较标准。人们把气流中任一截面上工质的流速 c 与该介质中当地声速 a 的比值称为该截面气流的马赫数，用符号 Ma 表示，即

$$Ma = \frac{c}{a}$$

根据马赫数的值，可将流动分为三类：$Ma<1$（$c<a$），为亚声速流动；$Ma=1$（$c=a$），为等声速流动；$Ma>1$（即 $c>a$），为超声速流动。

在讨论喷管内蒸汽的流动时，我们将遇到上述三种流动。

4. 临界流动状态及临界压力比

临界流动状态的概念是在分析蒸汽在喷管内的流动特性时要用到的一个非常重要的概念；临界流动状态是指工质的流速 c 与同截面的声速 a 相等时的状态，即 $c=a$、$Ma=1$ 时的状态。在临界流动状态下，工质的所有参数都称为临界参数，如临界流速 c_{cr}（$c_{cr}=a$），临界流量 $q_{m,cr}$、临界比体积 v_{cr}、临界焓 h_{cr}、临界压力 p_{cr}等。

根据临界流动状态和临界参数的概念，可以定义临界压力比的概念。我们把临界压力 p_{cr}与喷管入口压力 p_1 之比，称为临界压力比，用符号 β_{cr}表示，即

$$\beta_{cr}=\frac{p_{cr}}{p_1} \tag{3-12}$$

临界压力比 β_{cr}的数值取决于工质的性质，不同初态蒸汽的临界压力比 β_{cr}的经验数据如下：过热水蒸气，$\beta_{cr}=0.546$；干饱和蒸汽，$\beta_{cr}=0.577$；湿饱和蒸汽，$\beta_{cr}=1.035+0.1x$，β_{cr}取决于干度 x。

由上述临界压力比的数值可以看出，不管工质处于什么状态，临界压力比都大约等于0.5。这就是说当蒸汽的压力大约降到喷管入口压力的一半时，就会出现临界状态。

临界压力比是一个很重要的参数，根据它才能算出在一定的进口压力下，气体压力下降到多少时流速恰好等于当地声速，达到临界状态。即 $p_{cr}=\beta_{cr}p_1$。同时，它也是划分亚声速气流和超声速气流的标准。若

$\frac{p_2}{p_1}>\beta_{cr}$，即 $p_2>p_{cr}$，则喷管出口截面流速 $c_2<c_{cr}=a$，$Ma<1$，为亚声速流动；

$\frac{p_2}{p_1}=\beta_{cr}$，即 $p_2=p_{cr}$，则喷管出口截面流速 $c_2=c_{cr}=a$，$Ma=1$，为等声速流动；

$\frac{p_2}{p_1}<\beta_{cr}$，即 $p_2<p_{cr}$，则喷管出口截面流速 $c_2>c_{cr}=a$，$Ma>1$，为超声速流动。

（二）蒸汽在喷管内流动的基本特性

由于热力工程中常用的喷管为渐缩喷管和缩放喷管，下面我们仅就这两种喷管进行讨论。

1. 渐缩喷管内蒸汽流动的基本特性

如图 3-20 所示，对渐缩喷管，我们用 p_1、c_1 表示喷管入口截面压力、流速；用 p_2、c_2 表示喷管出口截面压力、流速；用 p_b 表示喷管后部空间的压力（也称为背压）。

当 $p_2<p_1$ 时，蒸汽在喷管中流动并增速，有 $c_2>c_1$，而且当喷管前后压差 p_1-p_2 越大时，流速增加得也越快。

如果保持喷管入口截面压力 p_1 不变，而逐步减小喷管后部空间压力 p_b，则喷管出口截面压力 p_2 将随着背压 p_b 的减小而减小，同时，喷管出口截面的流速 c_2 逐渐变大，喷管的流量也逐渐增大。

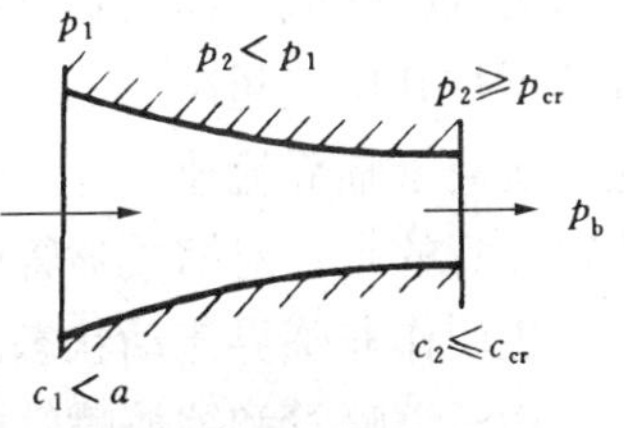

图 3-20　渐缩喷管内蒸汽流动的基本特性

但 p_2 随 p_b 的降低而降低并不是无限制的。p_2 与 p_b 相等，只是在 p_b 大于或等于临界压力 p_{cr}的情况下。而当背压

p_b 小于临界压力 p_{cr}时，p_2 将不再随 p_b 减小，而是保持临界压力 p_{cr}不变。也就是当渐缩喷管出口截面压力 p_2 降到临界压力 p_{cr}后，不管喷管后部空间的压力 p_b 再怎样减小，其出口截面的压力将始终保持临界压力不变。

这样，渐缩喷管出口截面的压力 p_2 就有两种可能：一种是当背压 $p_b>p_{cr}$时，$p_2=p_b$，$p_2>p_{cr}$，喷管出口截面压力高于临界压力，这时渐缩喷管出口截面没出现临界流动状态；第二种可能是当背压 $p_b\leqslant p_{cr}$时，$p_2=p_{cr}$，即喷管出口截面压力等于临界压力，这时渐缩喷管出口截面出现了临界流动状态。尽管 p_2 可能高于临界压力，也可能等于临界压力，但 p_2 绝不会小于临界压力（$p_2\geqslant p_{cr}$）。所以，在渐缩喷管的出口截面，压力最低只能降到临界压力。

因此，在渐缩喷管出口截面，流速的大小也有两种情况：对应于 $p_2>p_{cr}$，出口流速 $c_2<c_{cr}=a$，即工质作亚声速流动；而对应于 $p_2=p_{cr}$，出口流速 $c_2=c_{cr}=a$，工质作等声速流动。所以，蒸汽在渐缩喷管内流动加速时，在出口截面可能达到亚声速，也可能达到等声速。或者说，渐缩喷管的出口流速最大只能达到临界速度，即等于当地声速。它是一种对亚声速汽流加速，最终得到亚声速汽流或等声速汽流的喷管。

2. 缩放喷管内蒸汽流动的基本特性

在渐缩喷管中，如果出现背压低于临界压力的情况，那么，喷管中蒸汽的压力只能从 p_1 降到临界压力 p_{cr}，而低于临界压力的那部分压力差 $p_{cr}-p_b$ 只能在喷管外进行膨胀。由于这时没有喷管的约束，这部分压差不能用来增加蒸汽的流速。

因此，在实际生产中，如果我们要想获得大于临界流速的汽流，就可以在渐缩喷管的后面接上一段渐扩形的管道，把从 p_{cr}到 p_b 的这部分压力差利用起来，从而使蒸汽的流速提高到大于临界流速，即实现超声速流动，这样的喷管就是缩放喷管。

如图 3 - 21 所示，缩放喷管是由渐缩部分和渐扩部分共同组成的，在渐缩和渐扩部分的连接处，构成了缩放喷管的最小截面，称为喉部。

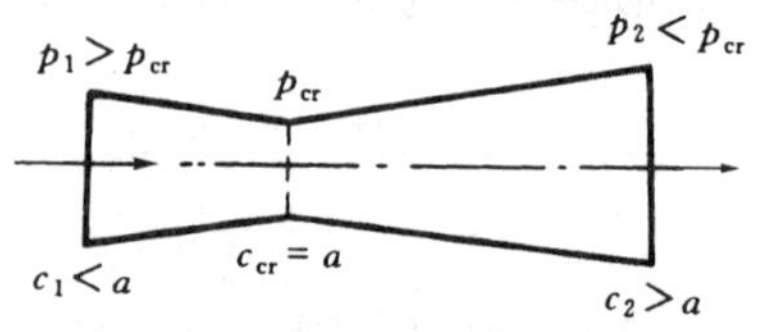

图 3 - 21 缩放喷管内蒸汽流动的基本特性

蒸汽在缩放喷管中的膨胀过程是：在渐缩部分，蒸汽的压力降低，即从初压力 p_1 膨胀到临界压力 p_{cr}；而蒸汽的流速增加，即从亚声速增加到等声速。在喉部，蒸汽压力降到临界压力 p_{cr}，流速为临界流速 c_{cr}，而流量为临界流量 $q_{m,cr}$，也叫做最大流量 $q_{m,\max}$。这是因为喉部的通流面积最小，它限制了喷管内蒸汽流量的大小，所以缩放喷管喉部的流量 $q_{m,cr}$就是喷管的最大流量 $q_{m,\max}$。又因为我们讨论的流动为稳定的连续流动，故使得缩放喷管其余各截面上的流量都与喉部流量相等。在渐扩部分，蒸汽的压力继续降低，即从临界压力 p_{cr}继续降低到出口压力 p_2，而流速继续增加，从等声速 c_{cr}继续增加到出口超声速 c_2。所以，在缩放喷管出口，压力一定低于临界压力（$p_2<p_{cr}$），流速一定高于临界流速（$c_2>c_{cr}$）。它是一种对亚声速汽流加速，最终变成超声速汽流的喷管。值得注意的是：对缩放喷管而言，其喉部一定出现临界流动状态，而其出口是超临界流动状态，也叫作非临界流动状态。

由渐缩喷管和缩放喷管内蒸汽流动的基本特性我们可以知道，喷管之所以有不同的形状和种类，是因为它们的加速范围不同。渐缩喷管可以把亚声速汽流加速到亚声速或等声速（$Ma<1\rightarrow Ma\leqslant1$）；而缩放喷管可以使亚声速汽流变成超声速（$Ma<1\rightarrow Ma>1$）。

三、喷管的选择与蒸汽的流速和流量

（一）喷管的选择

喷管流动理论在工程实际中的应用之一，是根据具体问题选择喷管的外形。在给定汽流初参数及背压的条件下，究竟应选渐缩形喷管，还是选择缩放形喷管呢？下面介绍选择喷管的原则和方法。

1. 选择喷管的原则

从合理利用能量的角度以及从工程实际需要出发，选择喷管外形时的原则为：所选喷管应能使汽流在喷管内进行完全膨胀。

2. 选择喷管的方法

将给定的背压 p_b 与汽流的临界压力 p_{cr} 进行比较（或将给定压力比 $\beta=\dfrac{p_b}{p_1}$ 与临界压力比 $\beta_{cr}=\dfrac{p_{cr}}{p_1}$ 进行比较）：

（1）当 $p_b \geqslant p_{cr}$（$\beta \geqslant \beta_{cr}$）时，选用渐缩形喷管；

（2）当 $p_b < p_{cr}$（$\beta < \beta_{cr}$）时，选用缩放形喷管。

（二）喷管内蒸汽的流速和流量

喷管内蒸汽的流速和流量的计算，是研究蒸汽流动时所要解决的主要问题。

由前面的分析可知，在渐缩喷管的出口截面，可能出现临界流动状态，也可能不出现临界流动状态，而在缩放喷管的喉部，一定出现临界流动状态。所以，在渐缩喷管和缩放喷管中，工质经常出现的状态有两种：一种是临界流动状态，工质作等声速流动；一种是非临界流动状态，工质作亚声速流动或超声速流动。而这两种状态下流速和流量的计算公式是不同的。下面根据稳定流动的基本方程式来确定这两种状态下蒸汽的流速和流量的基本计算公式。

1. 非临界流动状态下的流速和流量

渐缩喷管和缩放喷管的出口截面，常常为非临界流动状态。

（1）流速的计算。根据喷管中绝热稳定流动的能量方程式 $h_1-h_2=\dfrac{1}{2}(c_2^2-c_1^2)$，可以得到非临界流动状态下，蒸汽在喷管出口处的流速为

$$c_2=\sqrt{2(h_1-h_2)+c_1^2}$$

式中　c_1、c_2——喷管进、出口截面的流速，m/s；

h_1、h_2——喷管进、出口截面处工质的焓值，J/kg。

根据式（3-9），$h^0=h_1+\dfrac{c_1^2}{2}=h_2+\dfrac{c_2^2}{2}=h+\dfrac{c^2}{2}$，所以又有

$$c_2=\sqrt{2(h^0-h_2)} \tag{3-13}$$

式中　h^0——工质的滞止焓，J/kg。

由于 c_1 远远小于 c_2，所以在工程应用中，常常将 c_1 略去不计。这时

$$c_2=\sqrt{2(h_1-h_2)} \tag{3-13a}$$

该式由绝热稳定流动的能量方程式推出，故适用于一切工质的可逆或不可逆的绝热稳定流动过程。

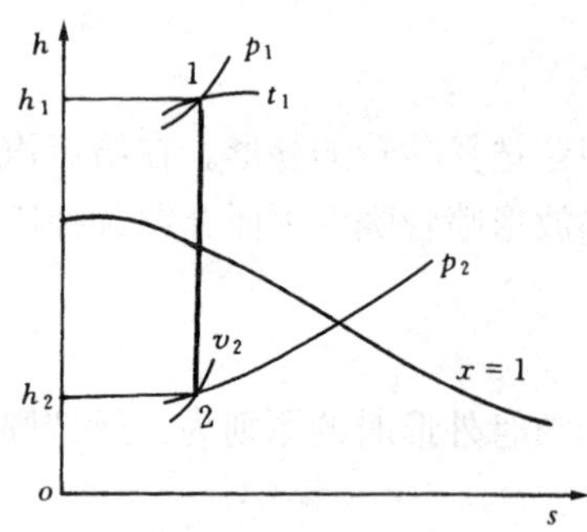

图 3-22　计算流速、流量用图

对水蒸气，计算喷管出口的流速 c_2 所需焓值 h_1、h_2，可根据喷管入口的两个已知状态参数（如 p_1、t_1）和喷管出口的一个状态参数（如 p_2）及过程定熵的特性，在 h-s 图上查出，如图 3-22 所示。

由图 3-22 可以看出，蒸汽在喷管内流动时，状态参数的变化情况是：压力降低，比体积增加，温度降低，焓降低，熵不变。

（2）流量的计算。非临界流动状态下喷管流量的计算公式是由连续性方程式得出的。由于在喷管任何截面上的流量都是相同的，所以在已知出口截面流速 c_2 的情况下，常按出口截面计算流量，即

$$q_m = \frac{Ac}{v} = \frac{A_2 c_2}{v_2}$$

对水蒸气，将式（3-13a）中的 c_2 代入上式得

$$q_m = \frac{A_2}{v_2}\sqrt{2(h_1 - h_2)} \tag{3-14}$$

式中　v_2——喷管出口蒸汽的比体积，可由图 3-22 所示的 h-s 图中查出。

喷管出口截面积 A_2 一般是给定的。

如果已知流量，也可利用式（3-7）求喷管任一截面积。

2. 临界流动状态下的流速和流量

临界流动状态只可能出现在渐缩喷管的出口截面和缩放喷管的喉部截面。

（1）临界流速的计算。临界流速的计算公式仍由喷管能量方程导出，所以公式的形式与非临界流动状态下出口流速的计算公式相同，只需将原来计算截面的状态改为临界流动状态，即

$$c_{cr} = \sqrt{2(h_1 - h_{cr})} \tag{3-15}$$

式中　h_{cr}——喷管临界流动状态下的焓，J/kg。

对水蒸气，该临界流动状态下的焓值 h_{cr} 可由 h-s 图查出（见图 3-23）。必须注意，在 h-s 图上确定临界流动状态点时，要用临界压力 p_{cr}。它可以用式（3-12）求出。

（2）临界流量的计算。临界流量是根据临界参数和流量计算公式得到的，即

$$q_{m,cr} = \frac{A_{min} c_{cr}}{v_{cr}} = \frac{A_{min}}{v_{cr}}\sqrt{2(h_1 - h_{cr})} \tag{3-16}$$

式中　A_{min}——喷管最小截面积，m^2。

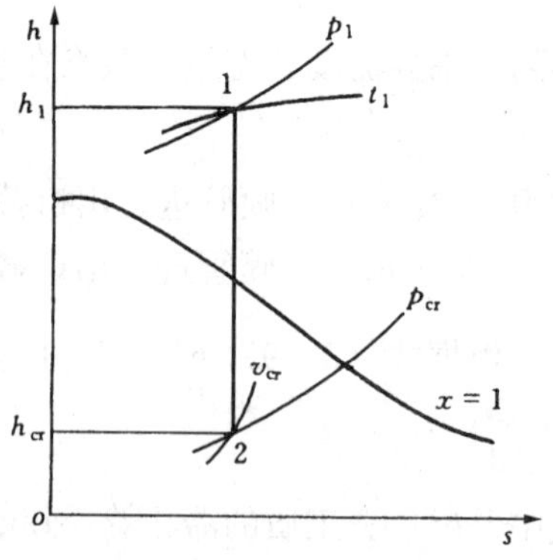

图 3-23　计算临界流速、临界流量用图

对渐缩喷管而言，A_{min} 是出口截面积；对缩放喷管而言，A_{min} 是喉部截面积；而临界状态下的比体积 v_{cr} 可以根据临界压力在 h-s 图上查出，见图 3-23。

值得注意的是，对渐缩喷管计算其流速流量时，应首先判断渐缩喷管的出口截面是否出

现了临界流动状态，然后再选用合适的公式进行计算。判断方法如下：

1）据喷管入口截面蒸汽的状态选取β_{cr}值。

2）据$p_{cr}=\beta_{cr}p_1$计算临界压力p_{cr}，或计算$\beta=\dfrac{p_b}{p_1}$值（p_1已知）。

3）将已知喷管后部空间压力p_b与p_{cr}进行比较，确定喷管出口截面压力p_2（或比较β与β_{cr}值），并进行判断：若$p_b>p_{cr}$（或$\beta>\beta_{cr}$），则$p_2=p_b$，$p_2>p_{cr}$，出口截面没出现临界流动状态；若$p_b\leqslant p_{cr}$（或$\beta\leqslant\beta_{cr}$），则$p_2=p_{cr}$，出口截面出现临界流动状态。

（三）有摩擦的绝热流动

前面对工质在喷管内绝热流动的讨论均认为是可逆的理想流动，即图3-24所示定熵过程1-2。而工质在汽轮机喷管内的实际流动过程中，由于流体存在黏性，往往不可避免地存在着汽流内部的摩擦和汽流与管壁之间的摩擦，使蒸汽的部分动能变成热能；同时由于蒸汽在喷管内流动时与外界无热量交换，使得摩擦产生的热量重新被汽流本身所吸收，使其终态的熵$s_{2'}$比没有摩擦时终态的熵s_2要大，即不可逆的绝热过程的熵是增大的。因此在有摩擦时，工质经历的实际绝热流动过程为图中虚线所示的不可逆过程1-2′。

由图3-24可知，汽流虽然经历了相同的压力降p_1-p_2，但由于有摩擦时的焓降$h_1-h_{2'}$小于可逆绝热流动的焓降h_1-h_2，使喷管出口产生的动能减小，即汽流的实际出口流速$c_{2'}$小于理想流动时的出口流速c_2（$c_{2'}<c_2$）。

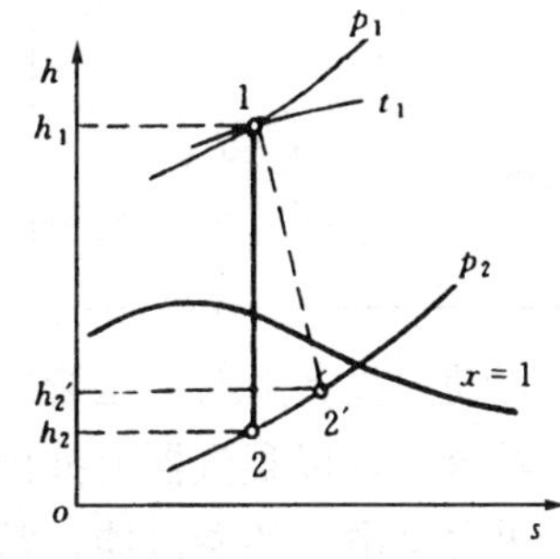

图3-24　有摩擦的流动过程

工程上常用速度系数φ来说明实际流速比理想流速减小的程度，即

$$\varphi=\frac{c_{2'}}{c_2}$$

速度系数为经验数据，随液体性质、喷管结构形式和尺寸、流道粗糙度及压力比而定，通常由实验方法测定，一般在0.92～0.98之间。工程计算时常按理想流动先求出c_2，再用φ修正，即

$$c_{2'}=\varphi c_2=\varphi\sqrt{2(h_1-h_2)} \tag{3-17}$$

焓降$h_{2'}-h_2$是由于喷管中存在摩擦而造成的能量损失，称为喷管损失，其确定方法将在专业课中详细介绍，也可以通过确定喷管损失来计算喷管出口的实际流速。

综上所述，在火力发电厂汽轮机喷管内进行的实际绝热膨胀过程是有能量损失的，其过程线在h-s图上不是定熵线而是一条熵增曲线。

四、扩压管的概念

扩压管是使汽流速度降低、压力升高的短管。汽流在扩压管中的流动过程是：高速低压汽流进入扩压管后，速度逐渐降低，压力逐步升高，汽流以较高的压力从扩压管流出。汽流在扩压管中的流动过程是绝热压缩过程。从能量转换角度而言，汽流在扩压管中的流动是动能转换为热能的过程，即

$$\frac{1}{2}(c_1^2-c_2^2)=h_2-h_1$$

很明显，由于汽流在扩压管中的能量转换过程正好与喷管中的过程相反，因此扩压管相当于倒置的喷管，前面有关汽流在喷管中流动的理论同样适用于扩压管。

扩压管有渐扩形和缩放形两种。其流动特性为：若进入扩压管的汽流速度为亚声速（$Ma<1$），那么扩压管的截面沿汽流方向应该逐渐扩大，这就是渐扩形扩压管。若进入扩压管的汽流速度为超声速（$Ma>1$），而出口速度又是亚声速（$Ma<1$），则扩压管截面积沿汽流方向先缩小，使汽流速度降低到临界速度，然后截面积逐渐扩大，使汽流速度进一步降低到亚声速，从而获得较高的汽流出口压力，这就是缩放形扩压管。现将喷管和扩压管的流动情况列于表 3 - 1，以便进行比较。

比较喷管和扩压管可知：要确定某一短管是喷管还是扩压管，主要取决于短管中工质状态的变化，而不是决定于短管的形状。

表 3 - 1　　喷管和扩压管的流动情况

种类 ＼ 流动状态		$Ma<1$（$c<a$）	$Ma<1\leftrightarrow Ma>1$
喷管	$dc>0$ $dp<0$	$dA<0$	$Ma<1$　$Ma>1$ $dA<0\rightarrow dA>0$
扩压管	$dc<0$ $dp>0$	$dA>0$	$Ma>1$　$Ma<1$ $dA<0\rightarrow dA>0$

在动力设备上对扩压管的应用较多，如叶轮式压气机、叶轮式风机、凝汽器的抽气器、射水器等。现以凝汽器上抽出空气的抽气器为例，说明抽气器的结构及工作原理。

火力发电厂的凝汽器，常常因结构不严密及蒸汽中含有不凝结空气而存有空气。这不仅影响乏汽向循环水放热，使循环经济性降低，而且还破坏凝汽器真空，影响电厂的安全运行。而凝汽器内的压力小于大气压力，凝汽器内的空气不能自动排入大气，所以在火力发电厂的凝汽器上，一般都装有用于抽出空气的抽气器。

如图 3 - 25 所示，火力发电厂中用以抽出凝汽器中空气的射汽抽气器是由喷管、混合室、扩压管三部分组成的。具有较高压力的蒸汽通过喷管产生较高的流速，同时在喷管出口及其四周形成较低的压力（较大的真空度），把凝汽器中的空气和少量蒸汽吸引出来，并混合在一起，在较高流速下进入扩压管，在扩压管中减速、升压，最后使气流以较高的压力排出抽气器。

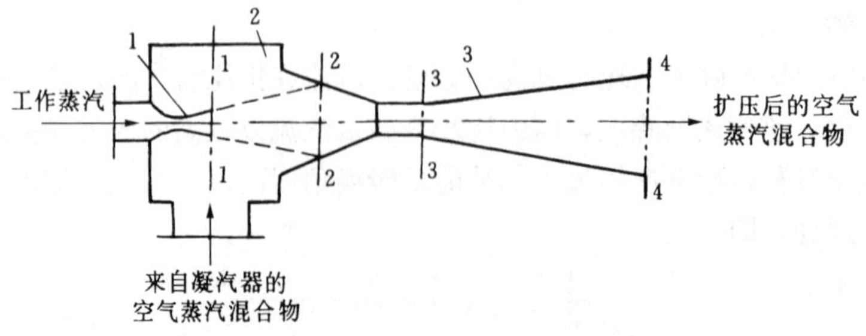

图 3 - 25　射汽抽气器工作原理

1—缩放喷管；2—混合室；3—扩压管

由此可见，抽气器就是利用了扩压管降速增压的原理，使凝汽器中低于大气压力的空气能升压后排入大气中去。

用于供热工程中的引射器，以及涡轮喷汽发动机所采用的扩张形进汽道等，都应用了扩压管提高汽流压力的原理，在此不再一一赘述。

五、绝热节流及其应用

（一）绝热节流的概念

工质在管内流动时，遇到突然缩小的狭窄通路（如阀门、孔板等），局部阻力使流体的压力下降的现象叫做节流。如果流体与外界没有热交换，则称为绝热节流。

由于电厂中的蒸汽管道都有保温层，而且蒸汽流过节流孔时流速较大，来不及与外界进行热交换，因此电厂中的节流都可看作是绝热节流。

（二）节流过程的一般分析

1. 过程的基本特性

绝热节流过程是不可逆过程。如图 3-26 所示，工质在缩孔附近的流动很不稳定，工质处于非平衡状态，没有确定的状态参数。为此，我们选取节流前后的两个稳定流动截面1—1和 2—2 进行分析，这两个截面上工质处于平衡状态，其参数分别为 p_1、h_1、c_1 和 p_2、h_2、c_2。

因为上述两截面均为稳定的绝热流动，应满足如下绝热稳定流动能量方程式：

$$h_1+\frac{c_1^2}{2}=h_2+\frac{c_2^2}{2}$$

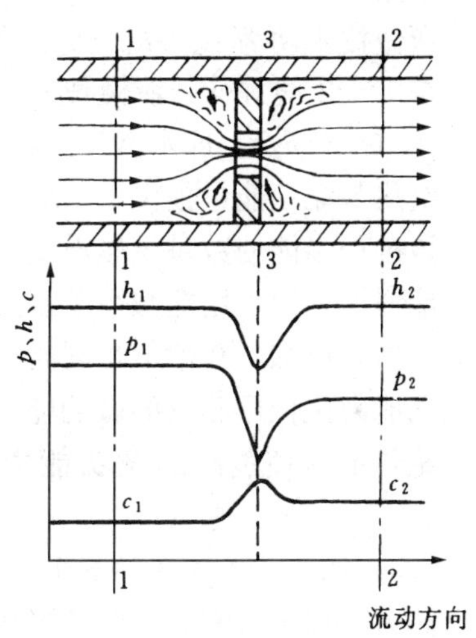

图 3-26 绝热节流过程分析

实验表明：节流后气体的压力降低了，但节流前后气体的流速基本不变（严格地说，由于节流后压力降低，比体积增加，流速稍有增加），且工质的动能与焓值相比很小，可以忽略不计，则绝热节流过程的能量方程式就变为

$$h_1=h_2 \tag{3-18}$$

上式说明，绝热节流前后蒸汽的焓值相等。但应注意，节流过程不是等焓过程。因为在节流孔板处，焓值是降低的，此焓降用来增加蒸汽的动能，并使它变成涡流与扰动，而涡流与扰动的动能又转化为热能，重新被蒸汽吸收，使焓值又恢复到节流前的数值。

2. 水蒸气的绝热节流

对水蒸气的绝热节流过程，如已知节流前的状态（p_1，t_1）及节流后的压力 p_2，根据绝热节流前后蒸汽的焓值相等的特点，可以很方便地在 h-s 图上确定节流后状态参数的变化情况。由图 3-27 中绝热节流过程 1-2 可以明显看出，水蒸气绝热节流后，状态参数的变化规律为：$\Delta p<0$，$\Delta v>0$，$\Delta h=0$，$\Delta s>0$，一般情况下 $\Delta t<0$。从图中还可以看出，过热蒸汽经节流后温度虽然降低了，但过热度却增加了（如过程 1-2）；湿蒸汽绝热节流后，除靠近临界点的上界线下面一小块区域内的干度减小外，大多数情况下的干度均增加，可以变为干蒸汽（如过程 3-4），进一步节流后甚至会变为过热蒸汽（如过程

4-5)。

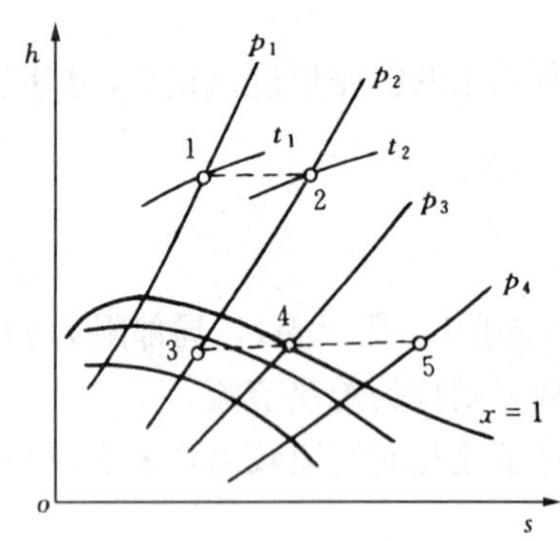

图 3-27 水蒸气绝热节流前后的参数变化

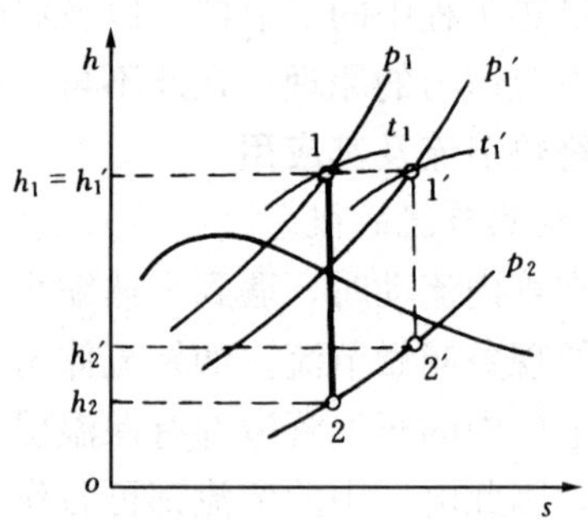

图 3-28 绝热节流后的做功能力

3. 绝热节流后蒸汽能量的变化

蒸汽经绝热节流后，虽然焓值没变，即 1kg 蒸汽所具有的总能量的数量没变，但其质量却发生了变化，表现为蒸汽的做功能力降低了。

如图 3-28 所示，蒸汽不经绝热节流而进入汽轮机绝热膨胀做功时，过程按 1—2 线进行，所做技术功为 $w_t = h_1 - h_2$。若蒸汽经绝热节流过程 1-1′后进入汽轮机绝热膨胀做功，过程按 1′—2′线进行，所做技术功为 $w'_t = h_{1'} - h_{2'}$。虽然 $h_1 = h_{1'}$，但 $h_{2'} > h_2$，所以 $(h_{1'} - h_{2'}) < (h_1 - h_2)$，即水蒸气经绝热节流后做功能力降低了。

绝热节流使能量损失了 $(h_{2'} - h_2)$，称为节流损失，其产生的原因是绝热节流是熵增过程，该过程中能的数量虽然没变，但蒸汽经绝热节流后能量质量降低，能量贬值，其中的不可用能增加，而可用能减小了。因此可以得出结论：焓值相同时，熵值较大的蒸汽做功能力较差。据此可知，在焓值相同时，由于高压蒸汽的熵值比低压蒸汽的熵值小，所以高压蒸汽的做功能力比低压蒸汽的做功能力大。

绝热节流使蒸汽的做功能力下降，这是不经济的。应尽量避免对主蒸汽不必要的节流。

（三）绝热节流的实际应用

热力工程上常常利用节流降压的特性为生产服务，现介绍如下。

1. 利用节流降低工质的压力

气焊时使用的氧气瓶内的压力很高，常在瓶口处装一个调节阀，改变调节阀门的开度，就可得到所需要的低压氧气。

2. 利用节流减少汽轮机汽封系统的蒸汽泄漏量

汽轮机高压端动、静结合处为避免摩擦留有缝隙，高压蒸汽容易由此向外泄漏。为此，常常采用梳齿形汽封以减少蒸汽泄漏量。如图 3-29 所示，压力为 p_1 的蒸汽通过每个汽封齿时都经历一次节流，使蒸汽的压力逐渐下降至汽封后压力 p_2，由于漏汽量的大小取决于每一汽封齿前后的压差，所以当汽封齿数增加时，在总压力差 $(p_1 - p_2)$ 不变的条件下，每一汽封齿前后的压力差减小，因此增加汽封齿数就能减少蒸汽泄漏量。

3. 利用节流测定蒸汽流量

蒸汽流过节流孔板时，在其前后产生压力差，当节流孔板的结构形式和截面尺寸一定时，蒸汽的容积流量与该压力差成正比。所以，只要测量孔板前后的压力差，就可间接测出流量。

4. 利用节流调节汽轮机的功率

目前，一些小容量机组和特大容量机组多采用节流来调节汽轮机的功率。当主蒸汽参数不变时，通过改变调节汽门的开度来控制进入汽轮机的蒸汽参数和蒸汽量，以调节汽轮机功率。当电网用户电负荷减小时，通过汽轮机调速器关小调节汽门，使进入汽轮机的蒸汽压力降低，做功能力降低；同时蒸汽的流量减小，做功量也减少，从而达到降低电负荷的目的。反之，当电负荷增大时，可开大调节汽门，蒸汽压力增大（最大可至主蒸汽压力），流量增大，达到增加电负荷的目的。

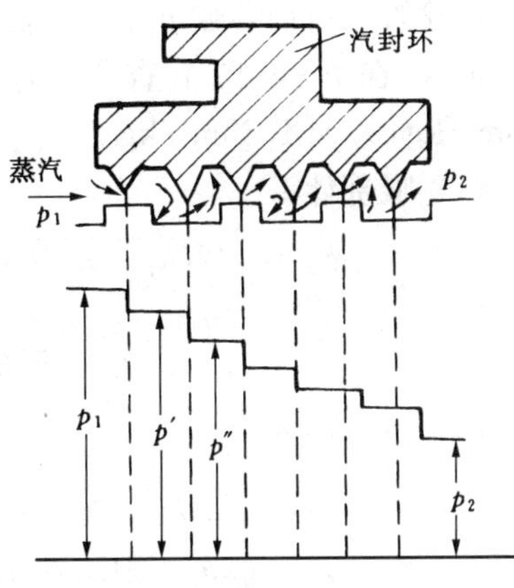

图 3-29　蒸汽通过汽封的节流过程

例　题

【3-5】　已知压力 $p_1=0.4$MPa 的干饱和蒸汽经渐缩喷管绝热膨胀到 $p_b=0.3$MPa 的空间，蒸汽流量为 4kg/s，求出口流速 c_2 及截面积 A_2。若外界压力降到 $p_b=0.2$MPa，喷管的出口流速及截面积有何变化？

解　(1) 已知喷管入口为干饱和蒸汽状态，$\beta_{cr}=0.577$。由于 $\beta=\dfrac{p_b}{p_1}=\dfrac{0.3}{0.4}=0.75>\beta_{cr}$，所以渐缩喷管出口截面压力 $p_2=p_b=0.3$MPa，没出现临界流动状态。

由 h-s 图查得：$h_1=2740$kJ/kg，$h_2=2685$kJ/kg，$v_2=0.6\text{m}^3/\text{kg}$，故

出口流速　$c_2=\sqrt{2(h_1-h_2)}=\sqrt{2\times(2740-2685)\times10^3}=331.7(\text{m/s})$

出口截面积　$A_2=\dfrac{q_m v_2}{c_2}=\dfrac{4\times0.6}{331.7}=0.0072(\text{m}^2)$

(2) 若 $p_b=0.2$MPa，且由于 $p_{cr}=\beta_{cr}p_1=0.577\times0.4=0.2308(\text{MPa})>p_b$，故 $p_2\neq p_b$，$p_2=p_{cr}=0.2308$MPa，渐缩喷管出口截面出现临界流动状态。

查 h-s 图得：$h_1=2740$kJ/kg，$h_{cr}=2640$kJ/kg，$v_{cr}=0.76\text{m}^3/\text{kg}$，故

出口流速　$c_{cr}=\sqrt{2(h_1-h_{cr})}=\sqrt{2\times(2740-2640)\times10^3}=447(\text{m/s})$

出口截面积　$A_2=\dfrac{q_m v_{cr}}{c_{cr}}=\dfrac{4\times0.76}{447}=0.0068(\text{m}^2)$

由上述结果可知：当背压 p_b 降低后，渐缩喷管出口流速增加，出口截面积减小。

【3-6】　过热蒸汽 $p_1=1.6$MPa，$t_1=400$℃，经过喷管流入压力为 0.1MPa 的空间。问应选择什么样的喷管？如流量 $q_m=4.5$kg/s，试计算喷管的流速及截面积。

解　据已知条件，喷管入口为过热蒸汽，$\beta_{cr}=0.546$。由于 $p_{cr}=\beta_{cr}p_1$，故

$$p_{cr}=0.546\times1.6=0.8736(\text{MPa})>p_b=0.1(\text{MPa})$$

根据选择喷管的原则，要想使蒸汽膨胀到 0.1MPa，必须选用缩放喷管（渐缩喷管只能使压力降到 $p_{cr}=0.8736$MPa）。

对缩放喷管，应对其喉部和出口进行计算。

由喷管入口初参数 p_1、t_1、临界参数 p_{cr} 及喷管出口终参数 p_2（即 p_b）和过程特性（图 3 - 30），在 h - s 图上查得：$h_1 = 3258\text{kJ/kg}, h_{cr} = 3085\text{kJ/kg}, h_2 = 2635\text{kJ/kg}, v_{cr} = 0.3\text{m}^3/\text{kg}, v_2 = 1.65\text{m}^3/\text{kg}$。

（1）喉部计算

$$c_{cr} = \sqrt{2(h_1 - h_{cr})} = \sqrt{2 \times (3258 - 3085) \times 10^3} = 588.2(\text{m/s})$$

$$A_{min} = \frac{q_m v_{cr}}{c_{cr}} = \frac{4.5 \times 0.3}{588.2} = 0.002\,3(\text{m}^2)$$

（2）出口计算

$$c_2 = \sqrt{2(h_1 - h_2)} = \sqrt{2 \times (3258 - 2635) \times 10^3} = 1116.2(\text{m/s})$$

$$A_2 = \frac{q_m v_2}{c_2} = \frac{4.5 \times 1.65}{1116.2} = 0.006\,7(\text{m}^2)$$

【3 - 7】 某渐缩喷管的进口压力 p_1=2MPa，温度 t_1=400℃（见图 3 - 31），喷管后部空间的压力 p_b=1.5MPa，蒸汽在喷管中流动时存在摩擦阻力，速度系数 φ=0.95，求蒸汽在喷管出口的实际速度及焓值。

解 已知喷管进口为过热蒸汽，β_{cr}=0.546。由于 $p_{cr} = \beta_{cr} p_1 = 0.546 \times 2 = 1.092(\text{MPa}) < p_b = 1.5\text{MPa}$，故喷管出口截面压力 $p_2 = p_b = 1.5\text{MPa}$。

由 h - s 图查得：h_1=3251kJ/kg，h_2=3165kJ/kg，故喷管出口实际流速为

$$c_{2'} = \varphi c_2 = \varphi\sqrt{2(h_1 - h_2)} = 0.95 \times \sqrt{2 \times (3251 - 3165) \times 10^3} = 394(\text{m/s})$$

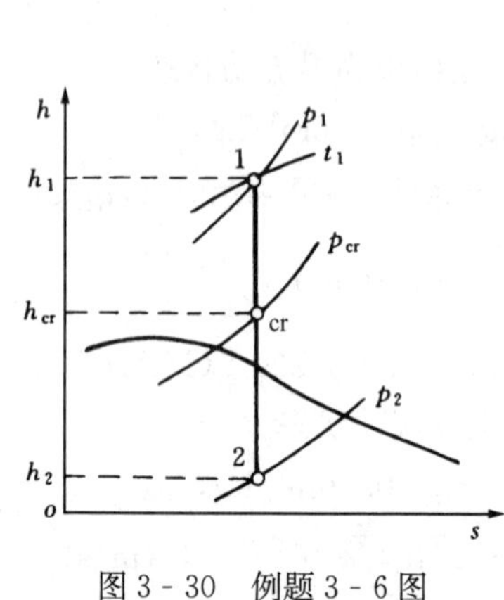

图 3 - 30 例题 3 - 6 图

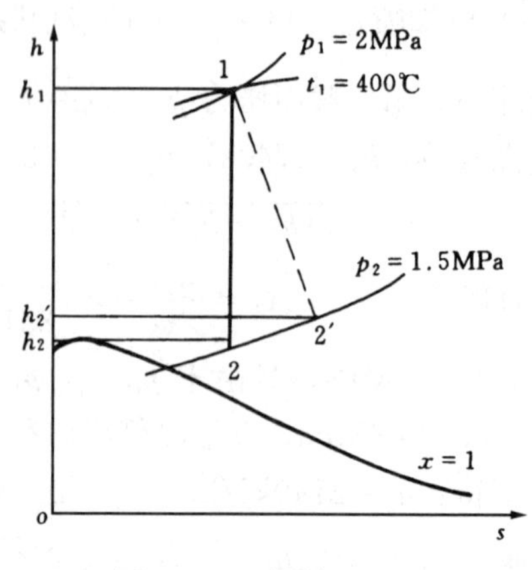

图 3 - 31 例题 3 - 7 图

根据 $c_{2'} = \sqrt{2(h_1 - h_{2'})}$ 可得喷管出口实际焓值为

$$h_{2'} = h_1 - \frac{(c_{2'})^2}{2 \times 10^3} = 3251 - \frac{394^2}{2 \times 10^3} = 3173.4(\text{kJ/kg})$$

蒸汽的喷管损失为

$$h_{2'} - h_2 = 3181.6 - 3174 = 7.6(\text{kJ/kg})$$

【3 - 8】 已知压力为 2MPa、温度为 450℃的蒸汽绝热节流后压力降为 1MPa，然后在喷管内绝热膨胀到 0.005MPa，求节流后温度、熵的变化量，蒸汽在节流前、后的技术功及节流损失。

解 由 h - s 图查得：$t_{1'}$=444℃，$h_1 = h_{1'}$=3360kJ/kg，h_2=2220kJ/kg，$h_{2'}$=2319kJ/

kg，$s_1=7.275$kJ/（kg·K），$s_{1'}=7.60$kJ/（kg·K）（见图 3-32），故节流前后熵的变化量为 $\Delta s=s_{1'}-s_1=7.60-7.275=0.325$ [kJ/（kg·K）]

节流前的技术功 w_t 为

$$w_t = h_1 - h_2 = 3360 - 2220 = 1140(\text{kJ/kg})$$

节流后的技术功 $w_{t'}$ 为

$$w_{t'} = h_{1'} - h_{2'} = 3360 - 2319 = 1041(\text{kJ/kg})$$

节流损失为

$$w_t - w_{t'} = h_{2'} - h_2 = 2319 - 2220 = 99(\text{kJ/kg})$$

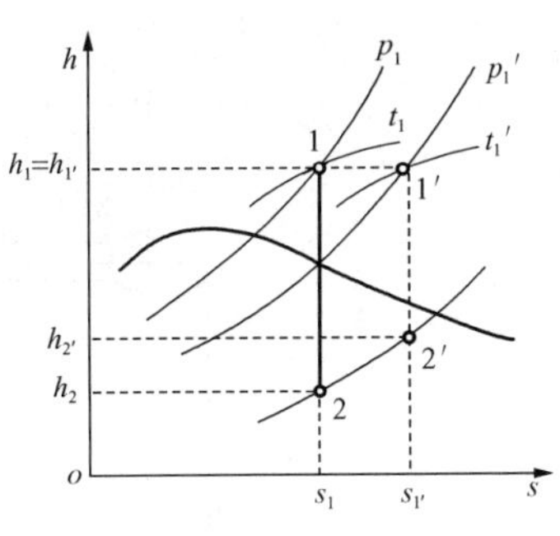

图 3-32　例题 3-8 图

课堂练习题

3-6　蒸汽压力 $p_1=1.6$MPa，温度 $t_1=400$℃，经喷管流入 $p_b=1.2$MPa 的空间，试问应采用何种喷管？喷管出口的流速为多少？如出口截面积 $A_2=200\text{mm}^2$，求质量流量。

3-7　蒸汽压力 $p_1=3$MPa，温度 $t_1=430$℃，经缩放喷管流入压力 $p_b=1$MPa 的空间。蒸汽流量 $q_m=4.5$kg/s，求喷管的喉部截面积、临界流速、出口流速和出口截面积。

3-8　蒸汽通过某一节流阀前的压力为 $p_1=1.8$MPa，温度 $t_1=250$℃，经节流阀后压力降为 $p_2=1$MPa，求节流后蒸汽的温度及过热度变化。

课题三　空气通过喷管的动力特性演示实验

教学目的

通过演示实验，观察并测量渐缩和缩放喷管内部压力和喷管流量随背压的变化曲线，验证喷管特性并进一步加深对喷管中气体流动基本规律的理解，牢固树立临界压力、最大流量等喷管临界参数的概念，初步了解利用常规热工仪表测量压力、压差、流量的方法。掌握实验仪器、仪表的正确使用方法。

教学内容

一、实验原理

当可压缩流体在喷管中流动时，若喷管入口压力不变，而改变喷管后部空间压力 p_b，则喷管出口截面压力 p_2 发生相应变化，使得通过喷管的流速、流量按一定规律变化。当 $p_b>p_{cr}$时，渐缩喷管和缩放喷管中的气体流量均小于临界流量，流速为亚声速；当 $p_b\leqslant p_{cr}$时，渐缩喷管出口的流速为临界流速，流量为临界流量，缩放喷管出口流速为超声速，但流量仍为临界流量。

二、实验设备及使用方法

（一）实验设备

本实验设备由 PG-1 型喷管实验台，1401 型真空泵，SB-14 型示波器等主要设备组成。如图 3-33 所示，实验台由进气管、孔板流量计、喷管、测压探针、真空表及其移动机构、调节阀、真空罐等部件组成。

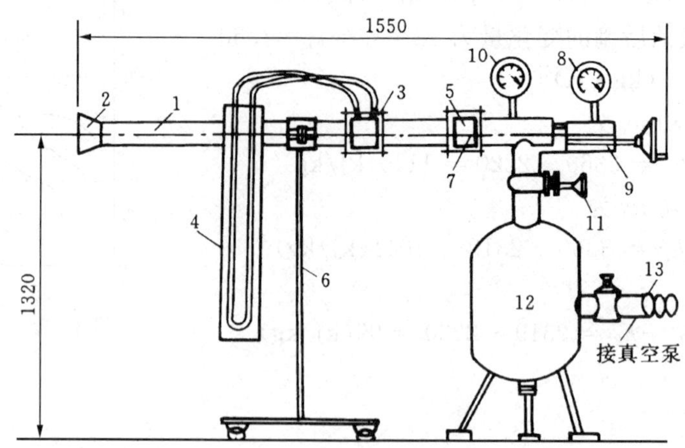

图 3-33 喷管特性演示实验台总图

1—进气管；2—吸气口；3—孔板流量计；4—压差计；5—喷管；
6—支架；7—测压探针；8—可移动真空表；9—移动机构；
10—背压真空表；11—调节阀；12—真空罐；13—软管

（二）实验设备的使用

由于真空泵的抽吸，空气自吸气口 2 进入进气管，流过孔板流量计，流量的大小可以从 U 形管压差计 4 读出。喷管 5 可以根据需要选用渐缩喷管或缩放喷管。喷管各截面的压力是由插在其中的测压探针 7 连至可移动真空表 8 测得，探针中段开有测压小孔，摇动手轮，即可移动探针，从而改变测压小孔在喷管中的轴向位置，实现对喷管不同截面的压力测量。在喷管的排气管上装有背压真空表 10，排气管的下方为真空罐 12，起稳定背压的作用。背压的高低由调节阀 11 调节，罐前的调节阀作总速调节，罐后的调节阀作缓慢调节。

在实验中可观察四个变量：①测压孔所在截面至喷管进口的距离 x；②气流在该截面上的压力 p；③背压 p_b；④流量 q_m。这些变量除可分别用位移指针的位置、可移动真空表、背压真空表以及 U 形管压差计的读数显示外，还可分别用位移电位器、负压传感器、压差传感器把它们转变成电信号，用示波器直接显示曲线。

（三）实验方法与步骤

(1) 连接好线路，检查无误后，开启冷却水，启动真空泵。

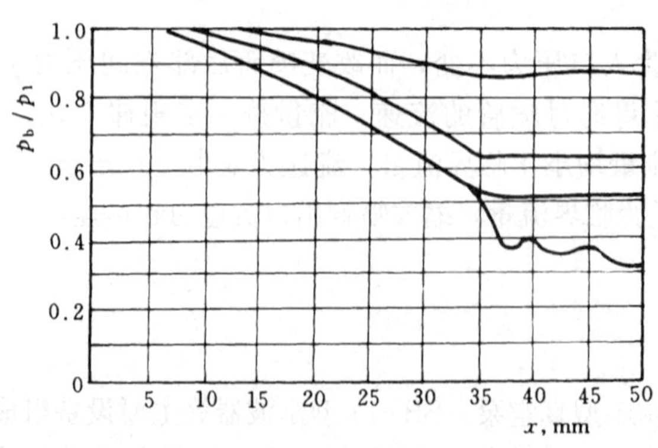

图 3-34 渐缩喷管压力曲线

(2) 演示并观察渐缩喷管中压力分布曲线。

把 x 输入示波器的水平轴上，p 输入垂直轴上，调节背压，使 p_b 小于、等于、大于临界压力 p_{cr}，喷管分别处于超临界压力、临界压力、亚临界压力工况，摇动手轮，使测压孔自喷管进口逐步移至出口外一段距离 x，可得一组曲线，如图 3-34 所示。

(3) 演示渐缩喷管中流量的变化曲线。

把背压 p_b 输入示波器的水平轴上，流量 q_m 输入垂直轴上，改变调节阀的开度，调节背压，p_b 自 p_1 开始逐渐降低，则流量 q_m 自零开始逐渐增大，当 p_b 降至 p_{cr} 时，q_m 达到最大值，并保持不变，如图 3-35 所示。

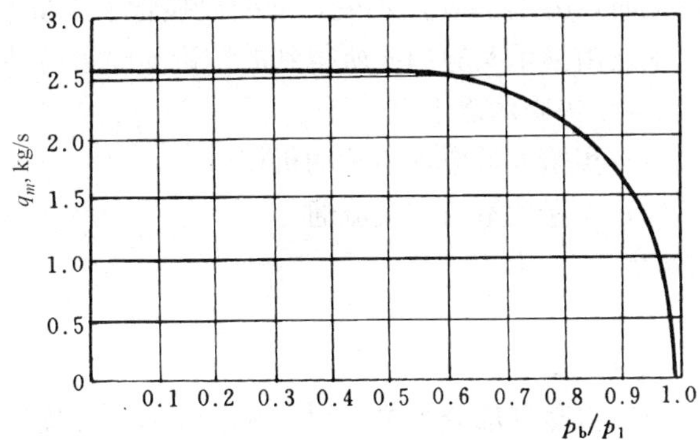

图 3-35　渐缩喷管流量曲线

(4) 演示缩放喷管中压力分布曲线。

把 x 输入示波器的水平轴上，压力 p 输入垂直轴上，调节背压，取不同的 p_b 值，摇动手轮，使测压孔自喷管入口逐步移至出口外一段距离 x，可得一组曲线，如图 3-36 所示。

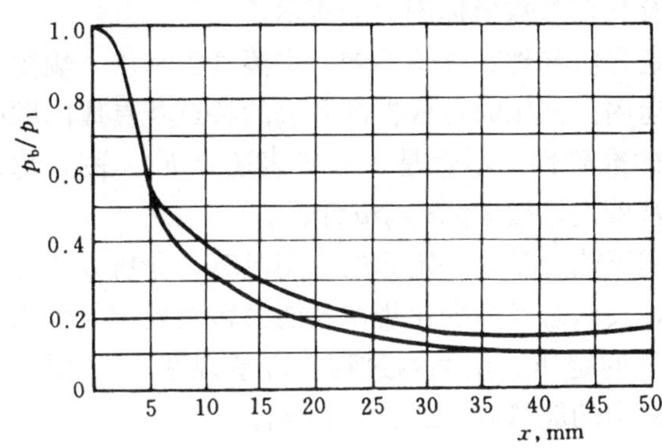

图 3-36　缩放喷管压力曲线

(5) 演示缩放喷管中流量变化曲线。

把 p_b 输入示波器的水平轴上，流量 q_m 输入垂直轴上，调节背压自 p_1 开始逐渐降低，流量 q_m 相应由零开始逐渐增大，当 p_b 降至 p_{cr} 时，q_m 达到最大值，并保持不变，如图 3-37 所示。

(6) 关闭真空泵及冷却水。

三、实验要求及注意事项

(一) 实验要求

(1) 通过实验，加深对气体流动规律及喷管特性的理解；

(2) 掌握实验仪器仪表的使用方法和实验操作过程；

(3) 会分析实验结论，写出实验报告。

1) 由图 3-34 可知，渐缩喷管内任何截面的压力都不可能低于临界压力 p_{cr}，当背压低于临界压力时，喷管出口截面只能达到临界压力，气流在管外继续膨胀。

2) 由图 3-35 可知：当初压 p_1 一定时，渐缩喷管的流量随背压 p_b 的降低而逐渐增大，当 p_b 降至 p_{cr} 时，渐缩喷管流量达到最大流量（即临界流量），且 p_b 继续降低时，q_m 保持不变。

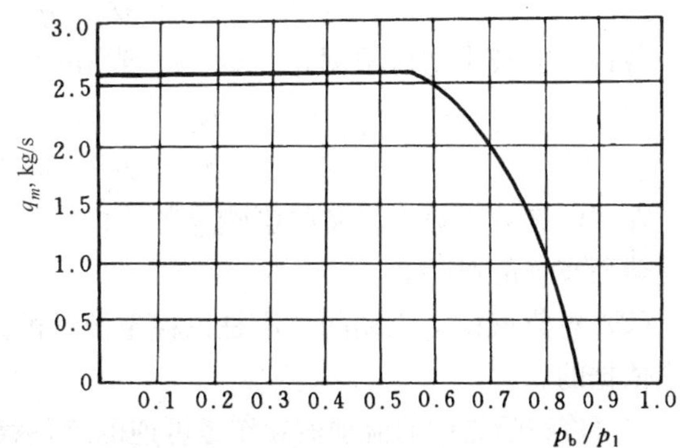

图 3-37　缩放喷管流量曲线

3) 由图 3-36 可知，缩放喷管内的压力在喉部达到临界压力 p_{cr}，在喉部外的渐扩部分继续膨胀，压力可以低于临界压力。

4) 由图 3-37 可知，当缩放喷管的背压自 p_1 开始逐渐降低时，其流量由零开始逐渐增大，当 p_b 降至 p_{cr} 时，缩放喷管的流量达到最大值（即为临界流量），且当 p_b 继续降低时，q_m 保持 $q_{m,cr}$ 不变，即缩放喷管中流量不可能大于最大流量。

上述由演示实验曲线所得到的结论与喷管特性及喷管内气流流动理论相符。

(二) 实验注意事项

(1) 实验人员应远离转动机械。

(2) 应保持室内空气流通。

小　　结

(1) 水蒸气部分主要介绍了水蒸气形成过程、水蒸气状态参数的确定和水蒸气的基本热力过程。饱和状态的概念及饱和压力与饱和温度一一对应的关系是学习水蒸气这部分内容的基础。

对水蒸气状态的描述是结合水蒸气定压形成过程的 $p-v$ 图和 $T-s$ 图进行的，应重点掌握一点、二线、三区、五态、三阶段的概念及其在参数坐标图上的表示。

水蒸气作为实际气体，其状态参数的确定方法与理想气体不同。水蒸气表和焓—熵图是确定水蒸气状态参数的重要工具，应能熟练运用。使用时可根据图和表的特点及具体问题的要求进行选用，并注意内插法的使用及查图的准确性。不管是水蒸气表还是 $h-s$ 图，均未列出其热力学能的数值，而是在查图、表的基础上，按 $u=h-pv$ 计算。

对水蒸气基本热力过程的分析实际上仍属于热力学第一定律的应用范畴，分析方法与理想气体基本相同。但由于水蒸气为实际气体，其状态参数变化规律及能量转换规律与理想气体不同，学习时应加以比较、区别。对水蒸气的定压、定熵两过程，应掌握在 $h-s$ 图上确定过程初、终状态参数的方法并能够计算过程中的能量 q、Δu、w 和 w_t。

各过程的热力学能变化量均可按下式计算：

$$\Delta u = u_2 - u_1 = (h_2 - h_1) - (p_2 v_2 - p_1 v_1)$$

各过程的热量计算公式不同，与过程性质有关：

定压过程 $$q_p = h_2 - h_1$$

定熵过程 $$q_s = 0$$

各过程的容积功根据 $q=\Delta u+w$ 求出，即

$$w = q - \Delta u$$

各过程的技术功可根据 $q=\Delta h+w_t$ 或 $w=w_t+(p_2v_2-p_1v_1)$ 求出，即

$$w_t = q - \Delta h$$

或 $$w_t = w - (p_2 v_2 - p_1 v_1)$$

在蒸汽参数对热力设备的影响这部分内容中，应重点了解蒸汽压力、温度升高后对锅炉各受热面布置的影响。

(2) 对蒸汽稳定流动的讨论是以稳定流动的连续性方程式、能量方程式和过程方程式为理论依据的。

当蒸汽在喷管中的流动被看作是可逆的绝热稳定膨胀流动时，沿流动方向其参数变化为：压力降低，比体积增加，温度降低，焓减小，熵不变，流速增加。当考虑蒸汽的摩擦损失时，该流动为不可逆的熵增过程，其出口流速小于理想情况下的出口流速，即有 $c_{2'} = \varphi c_2$。

在电厂中实际应用的喷管有渐缩形和缩放形两种。虽然它们都能使蒸汽降压增速，但它

们的蒸汽流动特性是不同的，这就使得不同喷管的加速范围不同，流速、流量计算公式也不同。因而，也就产生了如何正确选择喷管的问题。

渐缩喷管是对亚声速汽流加速最终获得亚声速或等声速汽流的喷管，其马赫数从 $Ma<1$ 到 $Ma\leqslant 1$。渐缩喷管出口截面的参数为 $p_2\geqslant p_{cr}$，$c_2\leqslant c_{cr}$，$q_m\leqslant q_{m,cr}$，即渐缩喷管出口截面的压力最低只能降到临界压力，流速最高只能达到等声速（临界流速）。渐缩喷管出口截面是否出现临界流动状态，应判断后决定。判断的原则是：$p_b>p_{cr}$（$\beta>\beta_{cr}$）时，出口截面没出现临界流动状态；$p_b\leqslant p_{cr}$（$\beta\leqslant\beta_{cr}$）时，出口截面出现临界流动状态，其中 $p_{cr}=\beta_{cr}p_1$，β_{cr} 为临界压力比。

缩放喷管是对亚声速汽流加速最终获得超声速汽流的喷管。其马赫数从 $Ma<1$ 到 $Ma>1$，在喉部一定有 $Ma=1$。缩放喷管出口截面的参数为 $p_2<p_{cr}$，$c_2>c_{cr}$，$q_m=q_{m,cr}$。工质在喷管中的流动规律可通过喷管动力特性演示实验进行验证。

对应于不同的加速范围，喷管的流速、流量计算公式也分为临界流动状态（等声速流动）和非临界流动状态（亚声速或超声速流动）两类，列于表 3-2。

表 3-2　喷管的流速和流量公式

	临界流动状态	非临界流动状态
流速（m/s）	$c_{cr}=\sqrt{2(h_1-h_{cr})}$	$c_2=\sqrt{2(h_1-h_2)}$
流量（kg/s）	$q_{m,cr}=\dfrac{A_{min}c_{cr}}{v_{cr}}$	$q_{m,2}=\dfrac{A_2c_2}{v_2}$

根据喷管本身的流动特性及所需的出口流速，可以选择不同的喷管，选择原则是：$p_2\geqslant p_{cr}$（$\beta\geqslant\beta_{cr}$）时，选用渐缩喷管；$p_2<p_{cr}$（$\beta<\beta_{cr}$）时，选用缩放喷管。

工质在扩压管中的流动是绝热稳定的压缩流动，其特性与喷管相反。

绝热节流过程是不可逆过程，其基本特性表现为节流前后的焓值相等，但节流过程并非等焓过程。水蒸气绝热节流后状态参数的变化是：压力降低，比体积增大，焓不变，熵增大，温度一般降低；湿蒸汽节流后，干度一般增大，甚至变为过热蒸汽；过热蒸汽节流后，温度降低，但过热度增大；水蒸气经绝热节流后，做功能力下降，应尽量避免对主蒸汽节流。但对节流有利的一面还要加以应用，如节流降压，减少蒸汽泄漏量，测定流量，调节功率等。

复习思考题

3-1　何谓饱和状态？其压力和温度有何关系？

3-2　定压下水蒸气的形成分为几个阶段？每个阶段加入的热量称什么？如何计算？压力升高时这些热量将会发生怎样的变化？

3-3　何谓未饱和水、饱和水、湿饱和蒸汽、干饱和蒸汽、过热蒸汽、过热度、干度和过热蒸汽总热量？为什么说过热蒸汽是未饱和蒸汽？

3-4　水在汽化过程中，温度保持不变，那么加入的热量消耗在哪里？

3-5　水在汽化过程中，既然温度保持不变，那么热力学能和焓是否也不变？为什么？

3-6　过热蒸汽的温度是否一定很高？未饱和水的温度是否一定很低？有没有 375℃的未饱和水，有没有 1℃的过热蒸汽？为什么？

3-7　利用水蒸气表如何计算湿蒸汽的比体积、焓和熵？

3-8 根据给定的水蒸气的 p 和 v，如何用水蒸气表确定它是湿蒸汽还是过热蒸汽？

3-9 已知湿蒸汽的压力，如何在 $h-s$ 图上查出该湿蒸汽的温度？

3-10 高参数水蒸气有何重要特性？压力升高对锅炉设备有何主要影响？

3-11 水蒸气定压过程和绝热过程的初、终状态参数如何确定？其热力学能变化量、热量及功量如何计算？其能量转换规律是什么？

3-12 对稳定流动的讨论，采用了哪些基本方程式？各说明了工质在流动过程中的哪些特性？

3-13 何谓滞止状态？如何确定水蒸气的滞止参数？

3-14 何谓喷管？工质流经喷管时状态参数如何变化？

3-15 常用喷管有哪几种？它们的加速范围有何不同？

3-16 喷管的形状如何确定？试述选择喷管的原则。

3-17 水蒸气在有摩擦阻力的喷管中流动时，其 $h-s$ 图如何？出口流速会发生怎样的变化？

3-18 何谓扩压管？水蒸气流经扩压管后状态参数如何变化，其能量如何转换？

3-19 何谓绝热节流？水蒸气绝热节流后状态参数如何变化？其做功能力如何变化？

3-20 举例说明绝热节流在火电厂的应用。

习　　题

3-1 利用水蒸气表，判定下列各点的状态，并确定其 h 及 v 值。

（1）$p_1=20\text{MPa}$，$t_1=550℃$；

（2）$p_2=10\text{MPa}$，$x_2=0$；

（3）$p_3=1\text{MPa}$，$x_3=1$；

（4）$p_4=0.005\text{MPa}$，$x_4=0.9$；

（5）$p_5=2\text{MPa}$，$t_5=150℃$。

3-2 利用 $h-s$ 图，填写下表空白。

序号	p（MPa）	t（℃）	v（m^3/kg）	h（kJ/kg）	s［kJ/（kg·K）］	状态
1	13	550				
2		250	0.4			
3	10			2724		
4				3500	6.5	

3-3 用水蒸气表确定 $p=2\text{MPa}$、$x=0.9$ 的水蒸气的焓及比体积，并用 $h-s$ 图校验。

3-4 给水泵进口水温为 160℃，为防止此处水的汽化，问此处水的最低压力为多少？

3-5 400t/h 的水，由给水泵送入锅炉。它在 10MPa 下加热，由 215℃的水变成 535℃的蒸汽，求水变成蒸汽所吸收的热量及热力学能的变化量。

3-6 进入锅炉的给水量 1000t/h，其给水压力为 16.5MPa，给水温度为 250℃，若水在锅炉内吸热后变为 550℃的过热蒸汽，求水变为蒸汽所吸收的热量。若锅炉热效率为 0.85，锅炉每小时消耗的标准煤量是多少？

3-7 汽轮机的蒸汽参数为 p_1=16MPa，t_1=550℃，p_2=0.004MPa，求410t/h水蒸气在汽轮机内所做的容积功及技术功。若 p_1、p_2 不变，且 t_1 降为520℃，求该水蒸气在汽轮机内所做的容积功及技术功，并作比较。

3-8 有两种过热蒸汽，一种压力为3.5MPa，温度为550℃；另一种压力为16.5MPa，温度为550℃。若两者都是由50℃的给水进入锅炉定压加热而成的，试比较它们在锅炉内的吸热量。若两种蒸汽在汽轮机内均绝热膨胀至0.005MPa，试比较它们技术功的大小。

3-9 水蒸气的初态参数为1.5MPa和400℃，经渐缩喷管进入背压为1MPa的空间，若该喷管的出口截面积为2cm^2，求水蒸气经喷管的出口流速和质量流量。

3-10 如上题，若将背压变为0.5MPa，渐缩喷管出口流速及质量流量又为多少？

3-11 水蒸气的参数为 p_1=3MPa，t_1=400℃，经适当的喷管进入背压为0.1MPa的空间，若流量为18t/h，试确定喷管的形状及有关的流速和截面积。

3-12 水蒸气的 p_1=2MPa，t_1=400℃，经节流后的蒸汽压力为1.5MPa，若节流前后在汽轮机内做功的终压力均为0.01MPa，求节流前后的蒸汽在汽轮机中所做的技术功及其变化量。

单元四

蒸汽动力循环

—内容提要—

迄今为止，蒸汽动力循环在火力发电厂中仍占有统治地位，蒸汽动力循环对热能动力专业及从事火力发电的相关人员来说是很重要的。本单元中，我们将以循环的构成及特点为基础，以提高蒸汽动力循环热效率为主线，介绍并分析各种常用的蒸汽动力循环，为今后学习锅炉设备、汽轮机设备以及热力发电厂等专业课奠定理论基础。

当代蒸汽动力装置是在朗肯循环的基础上逐步改进而来的。因此在学习中，应以掌握蒸汽动力循环的基本循环——朗肯循环为重点，并在此基础上，掌握回热循环、再热循环、燃气—蒸汽联合循环及热电合供循环的目的、构成、特点和对它们经济性的分析等内容。

本单元所讨论的循环，均认为是可逆循环。

课题一 朗肯循环

教学目的

朗肯循环是蒸汽动力装置的基本循环，是学习其他蒸汽动力循环的基础。为此，在本课题中，应通过朗肯循环装置示意图熟悉朗肯循环的构成，通过朗肯循环的 $T-s$ 图，掌握循环的特点，并掌握朗肯循环热经济指标的计算，通过用平均温度法分析蒸汽参数对循环热效率的影响，知道提高蒸汽动力循环热效率的方法。

教学内容

一、朗肯循环的装置系统

如图 4-1 所示为朗肯循环装置示意。由图 4-1 可知，朗肯循环装置主要由锅炉、汽轮机、凝汽器和给水泵组成。工质在上述四个热力设备中的工作过程是：水首先在锅炉（包括省煤器、水冷壁和过热器）定压吸热变成过热蒸汽，过热蒸汽经管道送入汽轮机内绝热膨胀做功，使汽轮机转动并带动发电机发电。汽轮机中做完功的蒸汽（称为乏汽）排入凝汽器，把热量放给循环水（也称为冷却水）而定压凝结成饱和水（称为凝结水），凝结水经给水泵绝热压缩升压后（这时的水称为给水）再次送入锅炉加热，从而完成循环。

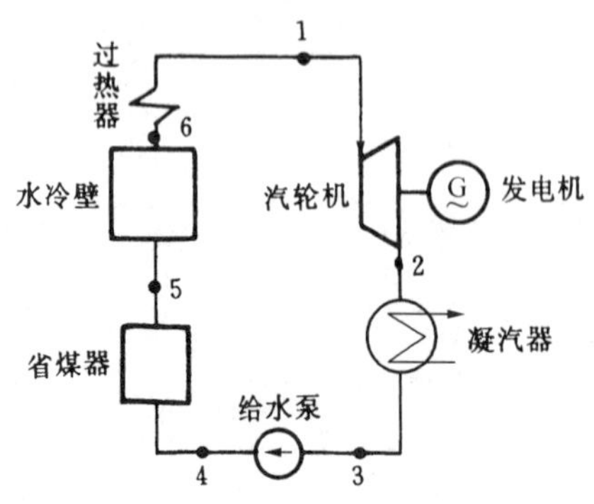

图 4-1 朗肯循环装置示意

二、朗肯循环的 *T*-*s* 图

图 4-2 所示为朗肯循环的 T-s 图。图中各过程线的含义分别为：

4-1：给水在锅炉中的定压加热过程。分为三个阶段进行：4-5 为未饱和水（给水）在省煤器的定压（p_1）预热阶段，该阶段中水温升高，比体积和熵都增加；5-6 为工质在炉内水冷壁中定压定温汽化阶段，该阶段中工质保持 p_1 压力下的饱和温度 t_{s1} 不变，而比体积和熵增加；6-1 为工质在过热器中的定压过热阶段，其比体积、温度和熵都是增加的。4-1过程中维持压力 p_1 不变，温度由 t_2 升至 t_1，工质从热源吸收热量 q_1。

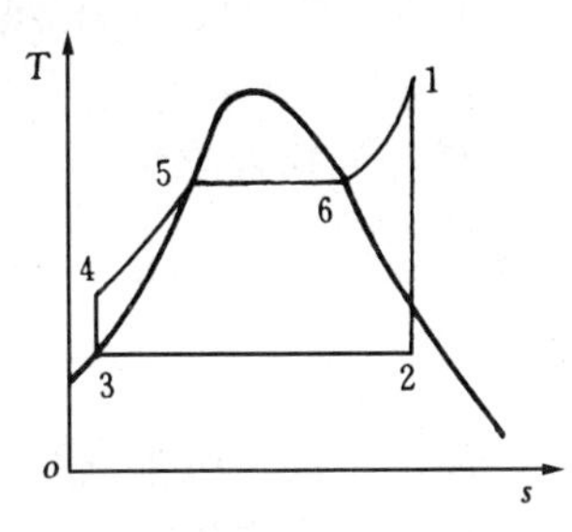

图 4-2 朗肯循环的 T-s 图

1-2：过热蒸汽在汽轮机内的绝热膨胀过程。工质的压力由 p_1 降至 p_2，比体积增加，温度由 t_1 降至 t_2，熵不变。过程中工质对外做出技术功。

2-3：乏汽在凝汽器中的定压定温放热凝结过程。过程中工质保持压力 p_2 不变，比体积减小，温度为 p_2 压力下的饱和温度 t_{s2}，熵减小。乏汽凝结成 p_2 压力下的饱和水。工质向冷源放出热量 q_2。

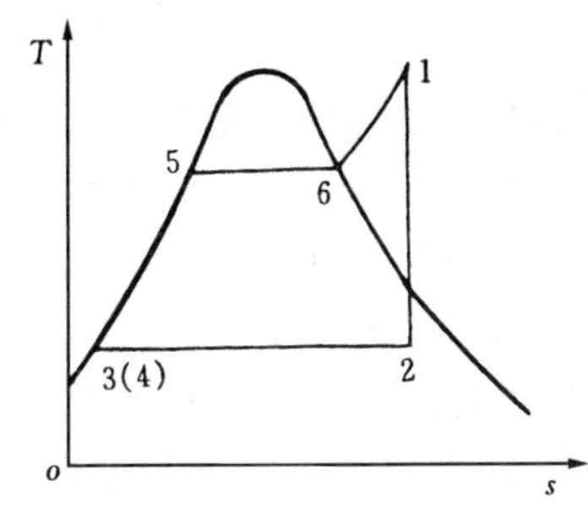

图 4-3 朗肯循环的简化 T-s 图

3-4：凝结水在给水泵中的绝热压缩过程。其压力由 p_2 升至 p_1，比体积基本不变，熵不变，温度略有升高，可以忽略不计，在 T-s 图上，3、4 两点几乎重合，朗肯循环的 T-s 图可简化成图 4-3 的形状。

在 T-s 图上，封闭曲线 4-5-6-1-2-4 围成的面积可以表示该循环的有效热 $q_0=W_0$，而吸热过程 4-5-6-1 线下的面积可以表示该循环的吸热量 q_1，放热过程 2-3 线下的面积表示该循环的放热量 q_2。

由上述分析可知，在朗肯循环中，工质在热源（锅炉）吸收热量 q_1，将其中的 $q_0=q_1-q_2$ 在汽轮机中转变成了有用功 w_0，而将其余的热量 q_2 放给了冷源（凝汽器）。最后，消耗水泵的压缩功，将工质升压后送回锅炉完成一个循环。朗肯循环热变功的有效程度可以用循环经济指标来评价。

三、朗肯循环的热经济性指标

在热力学分析中，常用循环热效率、汽耗率及热耗率等热经济性指标来分析热力循环的经济性。

（一）朗肯循环的热效率

根据循环热效率的概念，只要找出循环的有用功 W_0 和工质吸收的总热量 q_1，就可以求出循环热效率，而工质在朗肯循环中经历了四个热力过程（如图 4-2 所示），各过程的功和热量分别为：

工质在锅炉吸收的热量为：$q_1=h_1-h_4$

工质在汽轮机中对外所做技术功为：$w_t=h_1-h_2$

工质在凝汽器中放出的热量为：$q_2=h_2-h_3$

工质在给水泵中消耗的压缩功为：$w_p=h_4-h_3$

此处各功和热量都取绝对值，则工质在循环中所做的有用功 w_0 应等于汽轮机所做功 w_t 减

去水泵所消耗的压缩功 w_p，即

$$w_0 = w_t - w_p = (h_1 - h_2) - (h_4 - h_3)$$

工质在循环中吸收的总热量即为工质在锅炉定压吸收的热量 q_1。应等于 4 - 1 过程的焓差。

$$q_1 = h_1 - h_4$$

故朗肯循环的热效率为

$$\eta_{t,R} = \frac{w_0}{q_1} = \frac{(h_1 - h_2) - (h_4 - h_3)}{h_1 - h_4} \tag{4-1}$$

式中 h_1——进入汽轮机的过热蒸汽的焓，kJ/kg；

h_2——汽轮机排汽的焓，kJ/kg；

h_3——排汽压力（p_2）下凝结水的焓，常用 h'_2 表示。当压力较低时，$h_3 = h'_2 \approx 4.1868 t_{s2}$（$t_{s2}$ 为 p_2 压力下的饱和温度），kJ/kg；

h_4——锅炉给水的焓，kJ/kg。

由于给水泵所消耗的压缩功（$h_4 - h_3$）远远小于蒸汽在汽轮机所做的功（$h_1 - h_2$），所以在计算中常常忽略泵功，认为 $w_p = h_4 - h_3 \approx 0$。即在图 4 - 3 中，3、4 两点重合，给水的焓 h_4 在数值上等于凝结水的焓 h'_2。这样式（4 - 1）可写为

$$\eta_{t,R} = \frac{h_1 - h_2}{h_1 - h'_2} \tag{4-2}$$

式（4 - 1）和式（4 - 2）中的焓值可根据已知参数及过程特性在水蒸气表或 h - s 图上查出（见图 4 - 4）。在电厂中，锅炉过热蒸汽的压力 p_1，温度 t_1 及凝汽器压力 p_2 都可以通过仪表反映在控制表盘上，可作为我们查水蒸气表或 h - s 图的已知条件。

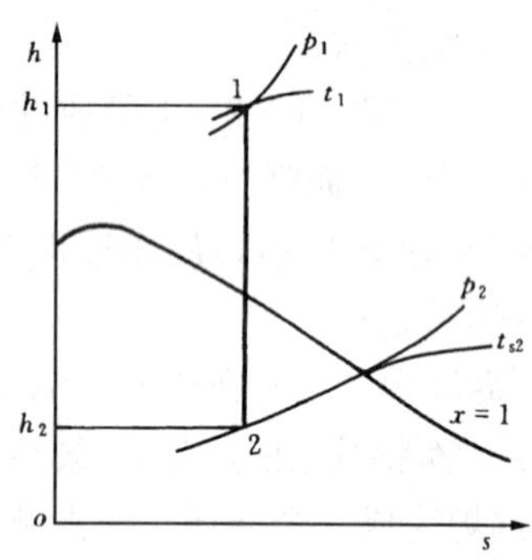

图 4 - 4 朗肯循环的 h - s 图

应当说明，式（4 - 2）是在忽略了泵功后得到的，这在 p_1、t_1 较低时是允许的，但在高温高压的朗肯循环中，泵功不能忽略，朗肯循环热效率只能按式（4 - 1）计算。

显然，朗肯循环的热效率可以用 T - s 图上的面积直观地表示出来。它等于封闭曲线 4 - 5 - 6 - 1 - 2 - 4 围成的面积（w_0）与吸热过程 4 - 5 - 6 - 1 线下的面积（q_1）之比。

（二）朗肯循环的汽耗率和热耗率

除热效率外，汽耗率和热耗率也是衡量蒸汽动力循环热经济性的重要指标。

1. 汽耗率和热耗率的概念

（1）汽耗率

汽耗率表示每产生 1kW·h（即 3600kJ）的功所消耗的蒸汽量（kg），用符号 d 表示：

$$d = \frac{D}{P} \tag{4-3}$$

式中 D——汽轮机每小时消耗的蒸汽量，kg/h；

P——汽轮机每小时产生的功，kW。

经推导，有

$$d = \frac{3600}{w_0} \tag{4-4}$$

式（4 - 4）为汽耗率的计算式，适用于任何正向循环。

(2) 热耗率

热耗率表示产生 1kW·h（即 3600kJ）的功所消耗的热量（kJ），用符号 q_t 表示。

$$q_t = \frac{Q_1}{P} \tag{4-5}$$

经推导，有

$$q_t = \frac{3600}{\eta_t} \tag{4-6}$$

式（4-6）为热耗率的计算式，适用于任何正向循环。

2. 朗肯循环的汽耗率和热耗率

将朗肯循环的有用功 $w_0 = h_1 - h_2$ 及热效率 $\eta_{t,R}$ 分别代入式（4-4）和式（4-6），可得朗肯循环的汽耗率

$$d_R = \frac{3600}{h_1 - h_2} \tag{4-7}$$

朗肯循环的热耗率

$$q_{t,R} = \frac{3600}{\eta_{t,R}} \tag{4-8}$$

对某一循环来讲，循环的热效率 η_t 越高，汽耗率 d 越低，热耗率 q_t 越低时，循环的热经济性也就越高。

四、蒸汽参数对循环热效率的影响

循环热效率是衡量火力发电厂热经济性的重要指标。提高蒸汽动力循环的热效率对节约一次能源，提高电厂的经济性有着非常重要的意义。由于朗肯循环是蒸汽动力装置的基本循环，我们可以通过分析朗肯循环热效率来寻找提高循环热效率的方法。

由朗肯循环热效率公式（4-2）可以看出，朗肯循环的热效率取决于 h_1、h_2 和 h_2'值。而它们又取决于蒸汽初参数 p_1、t_1 和终压 p_2。下面就分析 p_1、t_1 和 p_2 对 η_t 的影响。

在前面的讨论中，我们曾经得到结论：提高工质的吸热平均温度 $\overline{T}_1$ 和降低工质的放热平均温度 $\overline{T}_2$，可以提高循环热效率。下面我们利用等效卡诺循环的平均温度法来分析蒸汽参数对循环热效率的影响。

1. 提高蒸汽初温 t_1 对循环热效率的影响

如图 4-5 所示，123561 是初温为 T_1、初压为 p_1、终压为 p_2 时的朗肯循环。对吸热过程 4-5-6-1 取吸热平均温度 $\overline{T}_1$ 后，得其等效卡诺循环为 $ab23a$，其循环热效率为

$$\eta_{t,R} = 1 - \frac{\overline{T}_2}{\overline{T}_1}$$

当蒸汽的初压 p_1 和乏汽压力 p_2 不变而将循环初温由 T_1 提高到 $T_1{}'$时，朗肯循环变为 $1'2'3561'$。对该循环的吸热过程 $4561'$取吸热平均温度$\overline{T}'_1$，构成其等效卡诺循环为 $a'b'2'3a'$，其循环热效率为

$$\eta'_{t,R} = 1 - \frac{\overline{T}_2}{\overline{T}_1{}'}$$

因为 $\overline{T}_1{}' > \overline{T}_1$，而 $\overline{T}_2$ 不变，所以 $\eta'_{t,R} > \eta_{t,R}$。即蒸汽的初压 p_1 和终压 p_2 不变时，提高蒸汽初温 t_1 可使朗肯循环热效率提高。t_1 提高后，使 $\eta_{t,R}$ 提高的根本原因是提高了循环的吸热平均温度 $\overline{T}_1$。这与我们前面讨论的提高循环热效率的基本途径的结论是一致的。

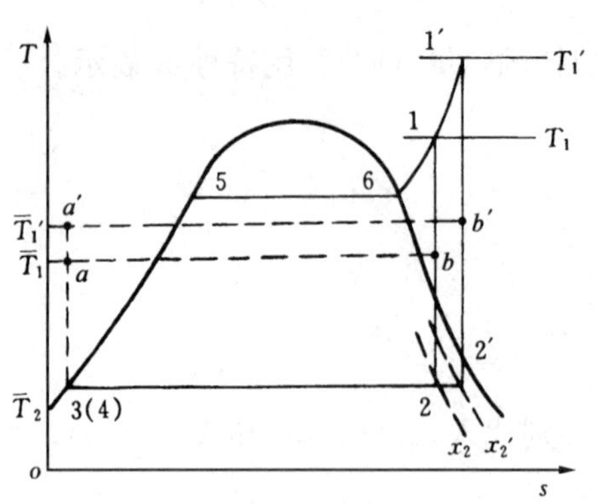

图 4-5 初温对朗肯循环热效率的影响

提高 t_1 后，带来的其他影响有：①忽略循环中泵功时，$w_0=w_t=h_1-h_2$，t_1 提高后，$w_t'=h_1'-h_2'$，且 $w_t'>w_t$，则朗肯循环汽耗率 $d_R=\frac{3600}{w_t'}$ 将随之减小。②由于提高 t_1 使 $\eta_{t,R}$ 增加，则热耗率 $q_{t,R}=\frac{3600}{\eta_{t,R}}$ 随之减小。③提高初温 t_1 可使排汽干度增加：$x'_2>x_2$，可减少汽轮机末几级叶片的水冲击、汽蚀，减小湿汽损失，有利于汽轮机的安全、经济运行。④t_1 的提高受金属材料耐热强度的限制。目前，国产机组 t_1 的最高值一般在 560℃左右，国外机组的 t_1 在 600℃左右。⑤t_1 提高后，锅炉过热器高温段和汽轮机高压端要使用优质合金材料，使设备投资费用增加。

2. 提高蒸汽初压 p_1 对循环热效率的影响

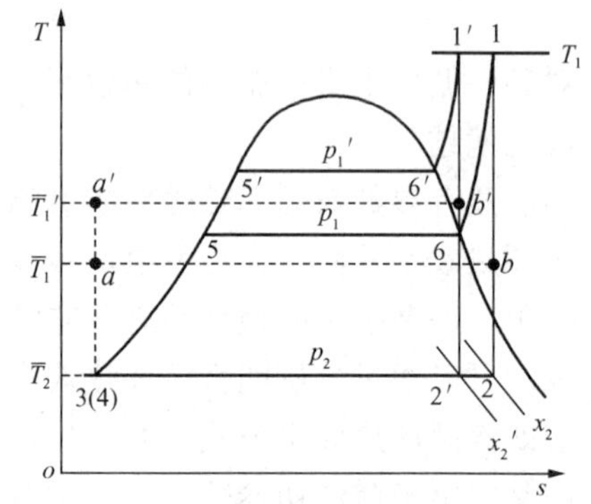

图 4-6 初压对朗肯循环热效率的影响

如图 4-6 所示，对初参数为 p_1、t_1，终参数为 p_2 的朗肯循环 123561，其吸热过程为 4-5-6-1，取其吸热平均温度为 $\overline{T}_1$，而放热平均温度为 $\overline{T}_2=T_2$，则其等效卡诺循环为 ab23a，其循环热效率为

$$\eta_{t,R}=1-\frac{\overline{T}_2}{\overline{T}_1}$$

当蒸汽的初温 t_1 和乏汽压力 p_2 不变而将循环的初压由 p_1 提高到 p_1'时，朗肯循环变为 1′2′35′6′1′，对该循环的吸热过程45′6′1′取吸热平均温度 $\overline{T}'_1$，放热过程平均温度 $\overline{T}_2=T_2$ 不变，构成等效卡诺循环为 a′b′2′3a′，其循环热效率为

$$\eta'_{t,R}=1-\frac{\overline{T}_2}{\overline{T}'_1}$$

由于 $\overline{T}_1'>\overline{T}_1$，$\overline{T}_2$ 不变，所以有 $\eta'_{t,R}>\eta_{t,R}$。即当蒸汽的初温 t_1 和终压 p_2 不变时，提高蒸汽初压 p_1 可使朗肯循环热效率提高。且 p_1 提高后，使 $\eta_{t,R}$ 提高的根本原因是提高了循环的吸热平均温度 $\overline{T}_1$。

初压力 p_1 与循环热效率 $\eta_{t,R}$ 的关系如图4-7所示。

提高 p_1 带来的其他影响有：① 提高初压 p_1 使排汽干度降低($x'_2<x_2$)，不利于汽轮机的安全、经济运行。所以 p_1 的提高受到排汽干度的限制。② 初压 p_1 提高后，$\eta_{t,R}$ 提高，朗肯循环的热耗率 $q_{t,R}=\frac{3600}{\eta_{t,R}}$ 将随之降低，热经济性得到提高。③ 随初压 p_1 的提高，蒸汽比体积减小，使有关设备的尺寸、重量都减小，可节省钢材，减少投资费用。但 p_1 提高后，对设备耐压强度的要求也随之提高。

实际应用中，为部分地消除 p_1 提高后排汽干度降低带来的不利影响，往往采用同时提高 p_1 和 t_1 的办法，用 t_1 提高时排汽干度的增加来抵消 p_1 提高时排汽干度的降低。

3. 降低蒸汽终压 p_2 对朗肯循环热效率的影响

如图 4-8 所示，对朗肯循环 123561，其吸热过程为 4-5-6-1，取吸热平均温度为 $\overline{T}_1$，该循环放热平均温度为 $\overline{T}_2$，则该循环的等效卡诺循环为 ab23a，其循环热效率为

$$\eta_{t,R}=1-\frac{\overline{T}_2}{\overline{T}_1}$$

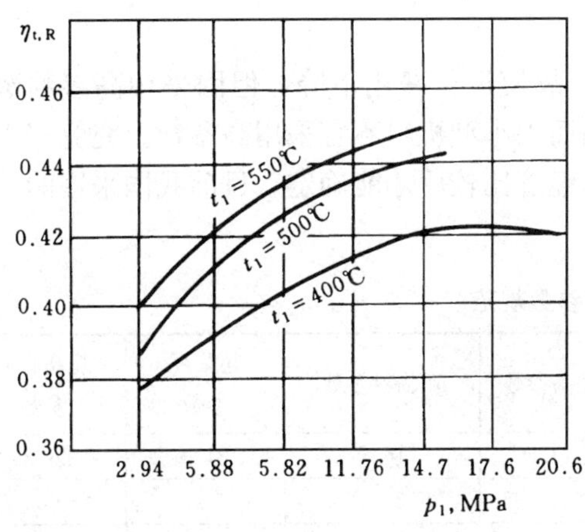

图 4-7 p_1 与 $\eta_{t,R}$ 的关系（p_2=0.004MPa）

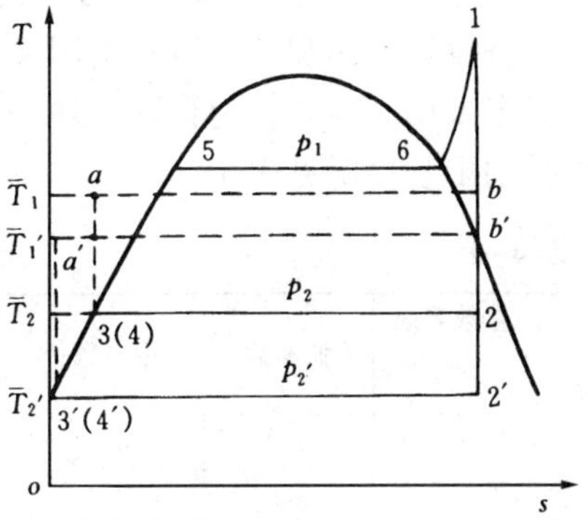

图 4-8 终压对朗肯循环热效率的影响

当蒸汽的初温 t_1 和初压 p_1 保持不变而将循环的终压由 p_2 降为 p'_2 时，朗肯循环变为 12′3′561，其吸热过程 3′561 的平均温度为 $\overline{T}_1{}'<\overline{T}_1$，其放热过程由 23 变为 2′3′，平均温度为 $\overline{T}_2{}'<\overline{T}_2$。由 $\overline{T}_1{}'$ 和 $\overline{T}'_2$ 构成的等效卡诺循环为 a′b′2′3′a′，其循环热效率为

$$\eta'_{t,R}=1-\frac{\overline{T}'_2}{\overline{T}_1{}'}$$

由于放热平均温度的降低大大超过了吸热平均温度的微小降低，所以使 $\eta_{t,R}{}'>\eta_{t,R}$。即当蒸汽的初温 t_1 和初压 p_1 不变时，降低蒸汽终压 p_2 可使朗肯循环热效率提高，且 p_2 降低后，使 $\eta_{t,R}$ 提高的根本原因是降低了循环的放热平均温度 $\overline{T}_2$。图 4-9 是国产 300MW 机组的参数按朗肯循环工作时，其热效率与终压之间的数量关系。

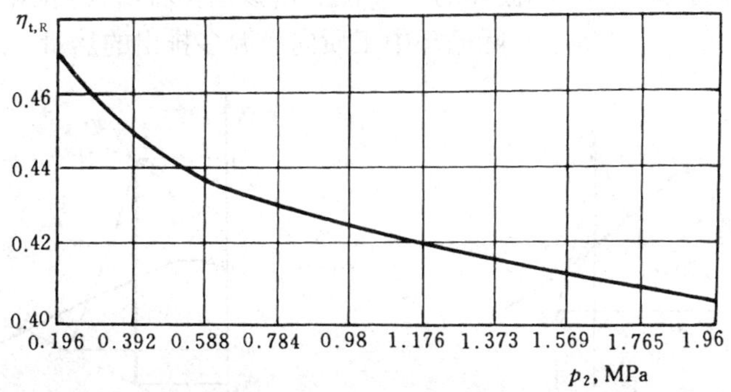

图 4-9 朗肯循环终压 p_2 与热效率 $\eta_{t,R}$ 的关系

降低 p_2 带来的其他影响有：①p_2 降低后，$w_{0,R}{}'=w_t{}'=(h_1-h_{2'})>w_{0,R}=(h_1-h_2)$，

朗肯循环的汽耗率 $d_R' = \frac{3600}{w'_{0,R}}$ 将随之降低,使热经济性增加;②p_2 降低后干度下降($x_{2'} < x_2$),对汽轮机安全工作不利;③p_2 降低后,排汽比体积相应增加,汽轮机尾部尺寸增大;④p_2 的降低受环境温度的限制。目前,火力发电厂的排汽压力最低 在 0.004MPa 左右。

通过上述分析可知,提高可逆的朗肯循环热效率的方法是:提高蒸汽的初参数 p_1、t_1;降低蒸汽的终参数 p_2。上述方法遵循的是提高蒸汽动力装置循环热效率的基本途径——提高吸热平均温度 $\overline{T}_1$ 和降低放热平均温度 $\overline{T}_2$ 。

提高蒸汽的 p_1、t_1 后,因循环热效率提高,故使运行费用下降,但因采用高参数蒸汽后,设备投资费用和部分运行费用又将增加,因而中小型机组不宜采用高参数。究竟多大容量的机组采用高参数较为合适,须经全面的技术经济比较后才能确定。目前我国采用的功率和参数的配套情况见表 4-1。

表 4-1　　我国机组蒸汽参数规范

参数等级 / 特性	低参数	中参数	高参数	超高参数	亚临界参数	超临界参数	超超临界参数
初压 p_1 (MPa)	1.3	3.5	9.0	13.5	16.5	24.2	26.25
初温 t_1 (℃)	340	435	535	550、535	550、535	538	600
功率 P (MW)	0.5～3	6～25	50～100	125、200	200、300、600	600	1000

五、有摩擦阻力的实际朗肯循环

(一) 有摩擦阻力的实际朗肯循环

由于存在着温差传热和摩擦阻力,使得实际的蒸汽动力循环中的全部过程均为不可逆过程。为简化分析,假定在朗肯循环中,只有蒸汽在汽轮机内的绝热膨胀过程因存在摩擦阻力损耗为不可逆过程。则实际朗肯循环的 T-s 图如图 4-10 所示。

考虑到汽轮机内的不可逆损失,绝热膨胀过程就不再是定熵过程 1-2,而是熵增过程 1-2′。这样,循环中工质的吸热量 q_1 虽然不变(为 T-s 图上过程 4-5-6-1 线下的面积),但循环的放热量 q_2 却增大了,增大的部分为 T-s 图上面积 22′782。蒸汽通过汽轮机时实际所做的技术功 w_t' 为

$$w_t' = h_1 - h_{2'}$$

图 4-11 为有摩擦阻力的实际循环的 h-s 图。由该图可看出,实际循环比理想的可逆循环少做的功为 $h_{2'} - h_2$。它应等于实际循环中工质向冷源多排出的热量。

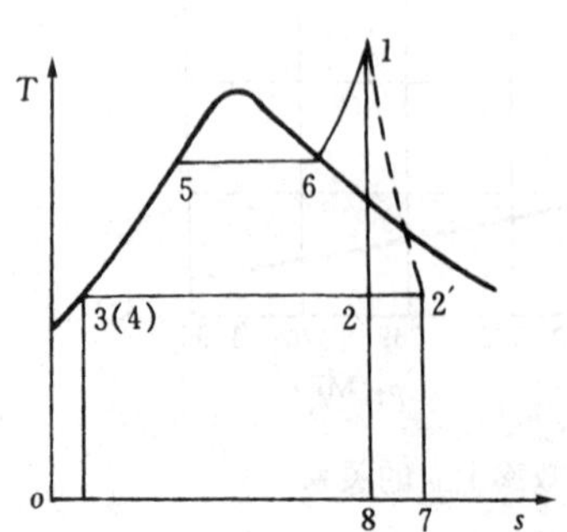

图 4-10　有摩擦阻力的实际朗肯循环 T-s 示意图

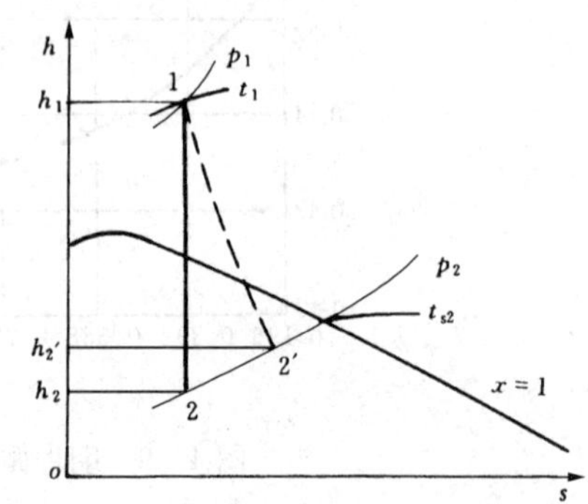

图 4-11　有摩擦阻力的实际循环的 h-s 图

当忽略水泵的压缩功时，1kg 蒸汽在实际循环中所做的技术功 w_t' 与工质从热源吸收的总热量 q_1 的比值，称为实际循环热效率（或内部热效率），用符号 η_i 表示：

$$\eta_i = \frac{w_t'}{q_1} = \frac{h_1 - h_{2'}}{h_1 - h_2'}$$

式中　$h_{2'}$——汽轮机出口乏汽实际状态点的焓，kJ/kg；

h'_2——汽轮机排汽压力下饱和水的焓，kJ/kg。

显然，有摩擦阻力的朗肯循环热效率低于可逆朗肯循环的热效率，不可逆损失使循环热效率下降。因此，要提高实际循环的热效率，必须尽可能地减少循环的不可逆程度，也就是要尽可能减少不可逆所造成的各种损失。

由于实际循环的各个过程中均存在不可逆损失，所以除了降低汽轮机中工质绝热膨胀时的不可逆性外，更重要的是减少温差传热的不可逆性。且在温差传热的不可逆因素中，大部分由锅炉中高温传热温差（工质吸热平均温度与热源温度之间的温差）所引起，小部分由凝汽器中的低温传热温差（工质放热平均温度与冷源温度之间的温差）所引起（具体数值见本课题例题 4 - 1）。温差传热是造成循环热效率较低的主要原因。

（二）提高朗肯循环热效率的方法

综合对可逆朗肯循环热效率的分析及对有摩擦阻力的实际朗肯循环热效率的分析结果，可以得出提高实际朗肯循环热效率的方法如下：

（1）提高蒸汽的初参数 p_1、t_1；

（2）降低蒸汽的终参数 p_2；

（3）尽量减少实际循环中的各种能量损失。

由于朗肯循环是所有蒸汽动力循环的基本循环，所以上述结论不仅适用于朗肯循环而且也适用于其他所有蒸汽动力循环。

例　题

【4 - 1】　国产 300MW 汽轮发电机组，工质从温度为 1500℃的高温热源（炉膛）吸热，向温度为 20℃的冷源（冷却水）放热，蒸汽最高压力 16.17MPa，蒸汽最高温度 565℃，凝汽器内蒸汽压力为 0.0049MPa。循环中工质的吸热平均温度为 553K，工质的平均放热温度为 303K。试求热机以卡诺循环方式工作时的热效率，以及该实际循环的理论热效率（可逆循环热效率），并分析这两种循环热效率不同的原因。

解　按卡诺循环方式工作时，热效率为

$$\eta_{t,C} = 1 - \frac{T_2}{T_1} = 1 - \frac{(273+20)}{(273+1500)} = 83.5\%$$

实际循环的理论热效率为

$$\eta_{t,C} = 1 - \frac{\overline{T}_2}{\overline{T}_1} = 1 - \frac{303}{553} = 45.2\%$$

若考虑实际循环中的各种能量损失，实际循环的热效率还会更低。

实际循环的理论热效率远远低于相同温度范围内卡诺循环热效率的原因，是工质在实际循环中的吸热平均温度 $\overline{T}_1 = 553K$ 远远低于热源温度 $T_1 = 1500 + 273 = 1773K$，二者之间的温差为 $\Delta T_1 = T_1 - \overline{T}_1 = 1773 - 553 = 1220K$；而工质在实际循环中的放热平均温度

$\overline{T}_2=303K$与冷源温度 $T_2=20+273=293K$ 之间的温差相对较小（只有 $\Delta T_2=\overline{T}_2-T_2=303-293=10K$）。所以，对该实际循环，提高其循环热效率的途径为提高工质的吸热平均温度 $\overline{T}_1$ 和减少实际循环的能量损失。

【4-2】 国产 300MW 汽轮机发电机组，其新蒸汽参数为 $p_1=17MPa$，$t_1=550℃$，汽轮机排汽压力 $p_1=0.005MPa$，若按朗肯循环工作，求该循环的热效率、汽耗率、热耗率、排汽干度及每小时的汽耗量和热耗量。

解 如图 4-4 所示，由 h-s 图查得：$h_1=3430kJ/kg$，$h_2=1970kJ/kg$，$t_{s2}=33℃$，$x_2=0.757$，则 $h_2'=4.1868t_{s2}=4.1868\times33=138kJ/kg$，故

循环热效率 $$\eta_{t,R}=\frac{h_1-h_2}{h_1-h'_2}=\frac{3430-1970}{3430-138}=0.444$$

汽耗率 $$d_R=\frac{3600}{h_1-h_2}=\frac{3600}{3430-1970}=2.47[kg/(kW\cdot h)]$$

热耗率 $$q_{t,R}=\frac{3600}{\eta_{t,R}}=\frac{3600}{0.444}=8108.1[kJ/(kW\cdot h)]$$

每小时的汽耗量 $D=Pd_R=300\ 000\times2.47=741000\ (kg/h)\ =741\ (t/h)$

每小时的热耗量 $Q_1=Pq_{t,R}=300\ 000\times8108.1=2.43\times10^9\ (kJ/h)$

课堂练习题

4-1 试归纳提高实际蒸汽动力循环热效率的途径。

4-2 某朗肯循环蒸汽参数为：$t_1=500℃$，$p_2=0.004MPa$，试计算当 p_1 分别为 4、9、14MPa 时循环的热效率、汽耗率及汽轮机的排汽干度。

课题二 回 热 循 环

教学目的

给水回热循环是在朗肯循环的基础上，为提高循环热效率而改进后得到的。它在火力发电厂中有着极为广泛的应用，在本课题中应熟悉采用回热循环的目的，并结合回热循环装置示意图和 T-s 图，熟悉回热循环的构成及特点，能够计算循环的热经济性指标，并能定性分析采用回热循环可以提高经济性的原因。

教学内容

一、回热循环的目的

由上述分析可知，朗肯循环的热效率一般小于 40%，数值较低。冷源损失较大是朗肯循环热效率较低的原因之一。此外，在朗肯循环中，为了降低放热平均温度，排汽压力较低，但这同时又造成给水温度太低，使循环的吸热平均温度降低，因而使得朗肯循环热效率较低。所以，减小冷源损失，提高给水温度，可以提高朗肯循环热效率，这就是进行回热循环的目的。

为了实现上述目的，人们常常将在汽轮机中做了部分功的蒸汽从汽轮机中抽出来，用以

加热进入锅炉前的给水。这样不仅避免了抽汽的冷源损失，锅炉的给水温度也同时提高了。而所谓回热，就是利用汽轮机抽汽以加热给水的方法。在朗肯循环基础上，采用给水回热的循环，叫做给水回热循环，简称回热循环。

火力发电厂大多采用多级抽汽回热。现仅以一级抽汽回热循环为例，说明回热循环方式、热经济指标的计算方法及热经济性分析的思路。

二、回热循环装置系统示意图及 *T*-*s* 图

图 4-12 为一级抽汽的回热循环装置系统示意。

与朗肯循环相比，具有一级抽汽的回热循环增加了一个回热加热器和一台凝结水泵以及相应的抽汽管道。其装置系统图与朗肯循环的区别有两方面：一是有工质流量的变化；二是有热力过程的差异。

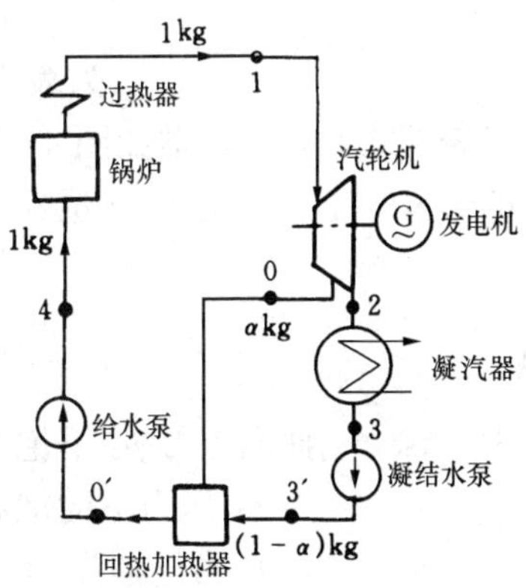

图 4-12 一级抽汽回热循环装置系统示意图

假设 1kg 压力为 p_1、温度为 t_1 的过热蒸汽进入汽轮机绝热膨胀做功，至汽轮机某个中间压力 p_0 时抽出 αkg 蒸汽（称为抽汽）送入回热加热器定压放热以加热给水，αkg 抽汽定压凝结成 p_0 压力下的饱和水。汽轮机中剩下的（$1-\alpha$）kg 蒸汽继续绝热膨胀做功至排汽压力 p_2，然后，（$1-\alpha$）kg 乏汽被送入凝汽器，定压凝结成 p_2 压力下的饱和水，再经凝结水泵绝热压缩升压至 p_0 压力后，进入回热加热器定压（p_0）吸收 αkg 抽汽放出的热量，并在这里与 αkg 抽汽凝结成的水汇合成 1kg p_0 压力下的饱和水，再经给水泵绝热压缩升压至 p_1 压力后重新进入锅炉，完成一个循环。显然，给水回热循环将给水温度由朗肯循环中 p_2 压力下的饱和温度 t_{s2} 提高到了 p_0 压力下的饱和温度 t_{s0}，从而改善了吸热过程，同时也减小了冷源损失。

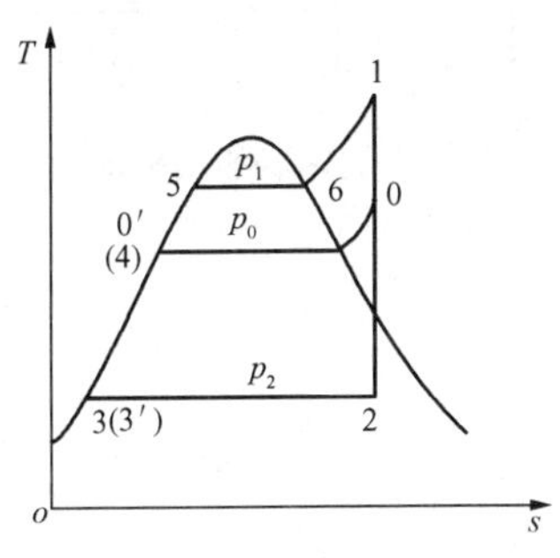

图 4-13 一级抽汽回热循环的 *T*-*s* 图

图 4-13 为一级抽汽回热循环的 *T*-*s* 图，图上的各热力过程线与回热循环装置系统图上各热力设备中工质的热力过程相对应。各热力过程线的含义如下。

0′-5-6-1：1kg 工质在锅炉中的定压（p_1）吸热过程；1-0：1kg 蒸汽在汽轮机内的绝热膨胀做功过程；0-0′：αkg 抽汽在回热加热器中的定压（p_0）放热过程；0-2：（$1-\alpha$）kg 蒸汽在汽轮机内继续绝热膨胀做功的过程；2-3：（$1-\alpha$）kg 乏汽在凝汽器中的定压（p_2）定温放热凝结过程；3-0′：（$1-\alpha$）kg 凝结水在回热加热器中的定压（p_0）吸热过程。

值得说明的是，回热循环的 *T*-*s* 图是按 1kg 工质画出的。但在实际的回热循环中，各过程不仅有工质状态的改变，而且有工质流量的变化，因此，在 *T*-*s* 图上不能用线下的面积直接表示各热量的大小，图上的点仅表示每 kg 工质的相应状态。另外，如果抽汽点 0 点在湿蒸汽区，则 *T*-*s* 图上0-0′线为水平线。

一级抽汽的回热循环，也可以理解为是由两个朗肯循环叠加而构成的。即一个是 αkg 蒸汽的 100′561 循环，另一个是（$1-\alpha$）kg 蒸汽的 123561 循环。

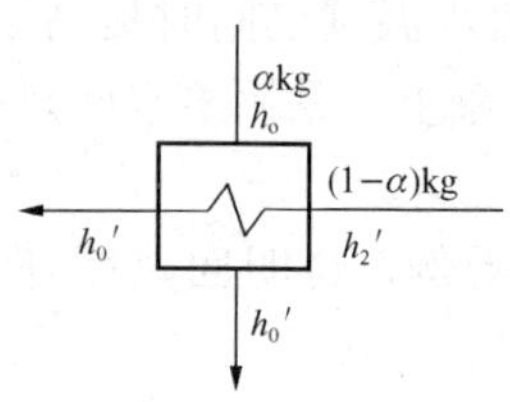

图 4-14 表面式加热器的热平衡计算图

三、一级抽汽回热循环热经济指标的计算

回热循环中，各经济指标的计算方法与朗肯循环基本相同，但由于回热循环的工质既有状态的变化，又有流量的变化，所以在计算各热经济指标时，必须首先计算抽汽率 α 。

1. 抽汽率的计算

汽轮机某级的抽汽量（kg）与进入汽轮机的总蒸汽量（kg）的比值称为抽汽率，用符号 α 表示。

抽汽率可由回热加热器的热平衡方程来确定。回热加热器分为表面式和混合式两种，它们的热平衡方程式的形式不同。

表面式回热加热器如图 4-14 所示。若不考虑回热加热器的散热损失，则 αkg 抽汽所放出的热量等于（1-α）kg 凝结水所吸收的热量，即

$$\alpha(h_0-h_0') = (1-\alpha)(h_0'-h_2')$$

则

$$\alpha = \frac{h_0'-h_2'}{h_0-h_2'} \tag{4-9}$$

式中 h_0'——抽汽压力 p_0 下饱和水的焓，可据 p_0 查水蒸气表，或由 $h_0'=4.1868t_{s0}$ 计算（t_{s0} 为 p_0 压力下的饱和温度），kJ/kg；

h_0——p_0 压力下抽汽的焓，kJ/kg；

h_2'——乏汽压力 p_2 下饱和水的焓，可据 p_2 查水蒸气表，或由 $h_2'=4.1868t_{s2}$ 计算（t_{s2} 为 p_2 压力下的饱和温度），kJ/kg。

混合式回热加热器如图 4-15 所示。其热平衡方程常采用热流的形式表示。即流入加热器的热量等于流出加热器的热量。

$$\alpha h_0 + (1-\alpha)h_2' = h_0'$$

由上式可得出式（4-9）。式中各符号的含义与式（4-9）相同。

若循环中有 n 次抽汽，可按回热加热器从高压到低压的顺序，用上述方法建立 n 个热平衡方程式，即可求得 $\alpha_1 \sim \alpha_n$ 。

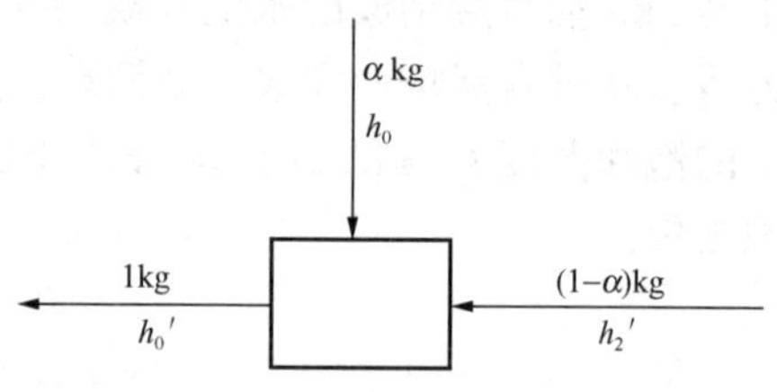

图 4-15 混合式加热器的热平衡计算图

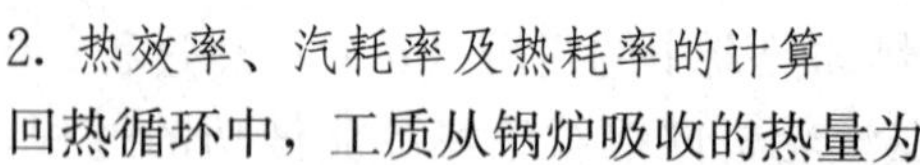

2. 热效率、汽耗率及热耗率的计算

回热循环中，工质从锅炉吸收的热量为

$$q_1 = h_1 - h_0'$$

1kg 蒸汽在汽轮机内所做的功可以分为两部分：一部分是 αkg 蒸汽从压力 p_1 绝热膨胀至压力 p_0 所做的功 $\alpha(h_1-h_0)$；另一部分是（1-α）kg 蒸汽从压力 p_1 绝热膨胀到压力 p_2 所做的功 $(1-\alpha)(h_1-h_2)$。如果不计泵所消耗的压缩功，则回热循环的有用功为

$$w_{0,h} = \alpha(h_1-h_0) + (1-\alpha)(h_1-h_2)$$

则根据循环热效率定义，可得一次抽汽回热循环的热效率为

$$\eta_{t,h} = \frac{\alpha(h_1-h_0)+(1-\alpha)(h_1-h_2)}{h_1-h_0'} \tag{4-10}$$

据汽耗率计算式，可得一次抽汽回热循环的汽耗率为

$$d_h=\frac{3600}{w_{0,h}}=\frac{3600}{\alpha(h_1-h_0)+(1-\alpha)(h_1-h_2)} \tag{4-11}$$

据热耗率计算式，可得一次抽汽回热循环的热耗率为

$$q_{t,h}=\frac{3600}{\eta_{t,h}} \tag{4-12}$$

上述公式中各焓值可由 h-s 图（见图 4-16）和水蒸气表查得。

对多级抽汽回热循环热经济指标的计算，关键是求出循环的有用功 w_0。若不计泵功，则 w_0 应等于各级抽汽所做功与排汽所做功之总和。

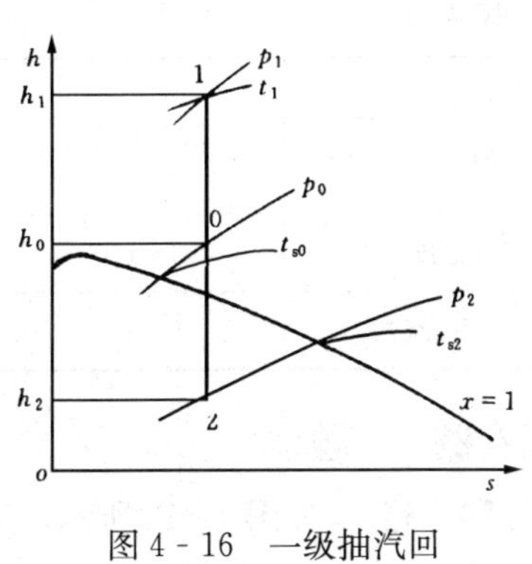

图 4-16 一级抽汽回热循环的 h-s 图

四、回热循环的分析

与同参数朗肯循环比较，回热循环利多弊少，因而，火力发电厂的蒸汽动力装置循环广泛采用回热循环。下面对其热经济性进行分析。

(1) 回热循环热效率高于同参数朗肯循环的热效率。这是由于回热循环既提高了给水温度，使吸热平均温度升高，又使抽汽不再进入凝汽器内凝结放热，减少了冷源损失。从根本上说，回热循环是通过提高吸热过程平均温度来提高其热效率的。

(2) 采用回热循环后，抽汽只做部分功，每 kg 蒸汽在汽轮机中热变功的量减少了。使回热循环的汽耗率比同参数朗肯循环汽耗率大，这是不经济的。但回热循环的热耗率由于循环热效率的提高而降低，这是经济的。

(3) 回热循环的投资情况分析。采用回热循环后，虽因汽耗率增大，加大了汽轮机抽汽前各级的流通面积，但由于抽汽使汽轮机后几级的流量减小，从而减小了汽轮机低压缸的流通面积，改善了蒸汽的流动，有利于汽轮机结构的改进。

同时，由于排入凝汽器的蒸汽量减少，可减小凝汽器的换热面积，使凝汽器及辅助设备的尺寸减小。而冷却蒸汽的循环水的数量减少，可降低循环水泵的负荷。

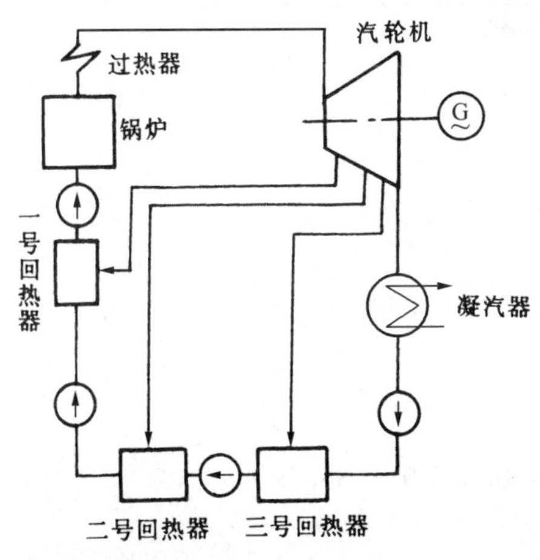

图 4-17 多级抽汽的回热循环装置系统

又由于进入锅炉的给水温度增高，使水在锅炉中的低温吸热量减少，这样锅炉内预热水的省煤器受热面可减少。

所以，采用回热循环后，所节约的汽轮机、凝汽器和省煤器的金属材料的投资可以有效地补偿回热装置所增加的设备费用。即使从设备费用上看，回热循环也是有利的。

(4) 从理论上讲，回热循环的给水温度越高，则吸热平均温度越高，热效率也就越高。但另一方面，要提高给水温度，从汽轮机中抽出蒸汽的压力就越高，因而蒸汽在汽轮机中膨胀做功的数值相应地减小，这又是不利的。常采用技术经济的综合比较，确定最佳的抽汽压力，从而确定适

宜的给水温度。经综合分析，最有利的给水温度约为锅炉压力下饱和温度的 0.65～0.75 倍。

为了既能提高给水温度，又能使抽汽在汽轮机中多做功，工程上常采用多级抽汽的方法，如图 4 - 17 所示。目前，在火力发电厂中，低压机组多采用 3～5 级回热抽汽，高压机组多采用 7～9 级回热抽汽。

我国机组采用的回热参数如表 4 - 2 所示。

表 4 - 2　　我国机组回热参数及级数

循环初参数 p_1（MPa）/t_1（℃）	3.5/435	9.0/535	13.5/550/550	16.5/550/550	24.2/538/566
给水温度（℃）	150～170	220～230	230～250	250～270	285.5
回热级数	3～5	5～7	6～8	7～9	8

例　题

【4 - 3】　如图 4 - 12 所示，某电厂汽轮机进口蒸汽参数为 $p_1=2.6$MPa，$t_1=420$℃，凝汽器内压力 $p_2=0.004$MPa。利用一级抽汽加热凝结水，使凝结水温升高到抽汽压力下的饱和温度。抽汽压力 $p_0=0.12$MPa。求抽汽率、热效率和汽耗率，并与同参数的朗肯循环热效率比较。

解　由 h - s 图及水蒸气表查得

$h_1=3285$kJ/kg，$h_0=2595$kJ/kg，$h_0'=439.36$kJ/kg，$h_2=2127.5$kJ/kg，$h_2'=121.41$kJ/kg

抽汽率为

$$\alpha=\frac{h_0'-h_2'}{h_0-h_2'}=\frac{439.36-121.41}{2595-121.41}=0.129$$

回热循环热效率为

$$\begin{aligned}\eta_{t,h}&=\frac{\alpha(h_1-h_0)+(1-\alpha)(h_1-h_2)}{h_1-h_0'}\\&=\frac{0.129\times(3285-2595)+(1-0.129)\times(3285-2127.5)}{3283-439.36}\\&=0.385\,6=38.56\%\end{aligned}$$

回热循环汽耗率为

$$\begin{aligned}d_h&=\frac{3600}{\alpha(h_1-h_0)+(1-\alpha)(h_1-h_2)}\\&=\frac{3600}{0.129\times(3285-2595)+(1-0.129)\times(3285-2127.5)}\\&=3.28[\text{kg/(kW·h)}]\end{aligned}$$

同参数朗肯循环热效率为

$$\eta_{t,R}=\frac{h_1-h_2}{h_1-h_2'}=\frac{3285-2127.5}{3285-121.41}=0.365\,9=36.59\%$$

回热循环相对提高热效率为

$$\Delta\eta_t=\frac{\eta_{t,h}-\eta_{t,R}}{\eta_{t,R}}=\frac{0.385\,6-0.365\,9}{0.365\,9}=0.054=5.4\%$$

同参数朗肯循环汽耗率为

$$d_R=\frac{3600}{h_1-h_2}=\frac{3600}{3285-2127.5}=3.11[\text{kg/(kW·h)}]$$

回热循环汽耗率增加为

$$\Delta d=d_h-d_R=3.28-3.11=0.17[\text{kg/(kW·h)}]$$

课堂练习题

4-3 试对照一次回热循环装置系统图和 T-s 图，叙述工质在循环中的工作过程。

4-4 试分析采用回热循环可以提高循环热效率的原因。

课题三 再 热 循 环

教学目的

目前，火力发电厂的高参数、大容量机组大多采用蒸汽中间再热。这使得我们了解再热循环成为必要。本课题将以朗肯循环为基础，使大家熟悉再热循环的目的，并通过一次再热循环装置示意图和 T-s 图，掌握再热循环的构成及特点，并能定性说明采用再热循环对热机及热经济性的影响。

教学内容

一、再热循环的目的

从对朗肯循环的分析中我们知道，提高蒸汽的初压、初温可提高循环热效率。但提高蒸汽的初压会引起排汽干度的下降，虽然同时提高初温可以适当降低乏汽湿度，但初温的提高又受到金属材料耐热强度的限制。在初温不允许继续提高的情况下，为了能继续提高初压，以提高循环热效率，且不使汽轮机排汽干度过低，人们在朗肯循环的基础上引入了蒸汽中间再过热的办法。

二、一次再热循环装置系统图及其 *T*-*s* 图

所谓蒸汽中间再过热，是指将在汽轮机高压缸内膨胀到某一中间压力的蒸汽，全部送回锅炉再热器定压加热至初温后再送回汽轮机低压缸继续膨胀做功的过程，简称为再热。在朗肯循环基础上，采用了蒸汽中间再过热的循环叫再热循环。

图 4-18 所示为一次中间再热循环的装置系统图和 T-s 图。工质在锅炉定压加热后送入汽轮机高压缸绝热膨胀做功，然后把高压缸的排汽送回锅炉再热器中定压加热至初温，再回到汽轮机低压缸继续绝热膨胀做功；排汽进入凝汽器定压定温放热，凝结成乏汽压力下的饱和水，由给水泵绝热压缩升压后送回锅炉，完成一个循环。显然该循环与朗肯循环所不同的是增加了再热器中的定压加热过程，而且汽轮机的绝热膨胀过程也是由高、低压缸分别完成的。

上述各过程线的意义分别是：

4-5-6-1：给水在锅炉的定压（p_1）加热过程，温度由 t_{s2} 升至 t_1；

1-a：过热蒸汽在汽轮机高压缸内的绝热膨胀过程，压力从 p_1 降至再热压力 p_a，温度由 t_1 降至 t_a；

a-b：蒸汽在再热器中的定压（p_a）加热过程，温度由 t_a 升至蒸汽初温 $t_b=t_1$；

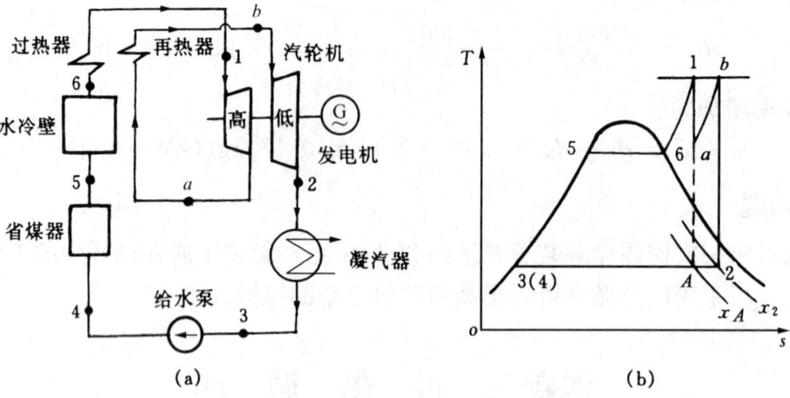

图 4-18　一次中间再热循环

(a) 装置系统图；(b) T-s 图

b-2：再热蒸汽在汽轮机低压缸内的绝热膨胀过程，压力从再热压力 p_a 降至终压 p_2，温度由 $t_b=t_1$ 降至 t_{s2}；

2-3：排汽在凝汽器内的定压（p_2）定温（t_{s2}）放热凝结过程；

3-4：凝结水在给水泵内的绝热压缩过程，压力从 p_2 升至 p_1，温度略有升高，可忽略不计（在 T-s 图上，3、4 两点重合为一点）。

三、一次再热循环热经济性指标

1. 一次中间再热循环的热效率

在一次中间再热循环中，工质从热源吸收的总热量为工质从锅炉定压吸收的热量（h_1-h_2'）与工质在再热器定压吸收的热量（h_b-h_a）之和，即

$$q_{1,z}=(h_1-h_2')+(h_b-h_a)$$

式中　h_1——新蒸汽的焓，kJ/kg；

h_2'——锅炉给水的焓，kJ/kg；

h_a——再热器入口蒸汽的焓，kJ/kg；

h_b——再热器出口蒸汽的焓，kJ/kg。

若忽略泵功，工质在循环中所做的有用功为高、低压缸所做功之和，即

$$w_{0,z}=(h_1-h_a)+(h_b-h_2)$$

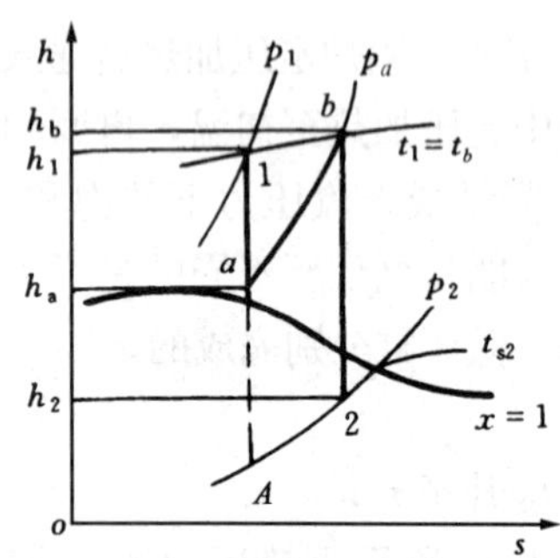

图 4-19　一次中间再热循环的 h-s 图

据循环热效率定义，可得一次再热循环热效率为

$$\eta_{t,z}=\frac{w_{0,z}}{q_{1,z}}=\frac{(h_1-h_a)+(h_b-h_2)}{(h_1-h_2')+(h_b-h_a)} \tag{4-13}$$

2. 一次再热循环的汽耗率和热耗率

据汽耗率计算式，可得一次再热循环汽耗率为

$$d_z=\frac{3600}{w_{0,z}}=\frac{3600}{(h_1-h_a)+(h_b-h_2)} \tag{4-14}$$

据热耗率计算式，可得一次再热循环热耗率为

$$q_{t,z}=\frac{3600}{\eta_{t,z}} \tag{4-15}$$

上述公式中各焓值可由 h-s 图（见图 4-19）和水蒸气

表查得。

发展高参数、大容量火电机组，已成为当今世界电力工业发展的大趋势之一。为进一步提高循环热效率，节约能源，发展超临界压力机组势在必行。我国已于1992年由国外引进了第一台24.22MPa/538℃/566℃超临界参数600MW凝汽式汽轮机组。到2002年，超临界压力机组已有12台。目前，较多采用的超临界压力值为24.0～25.0MPa，超临界压力机组的新蒸汽温度和再热蒸汽温度的选用范围为538～600℃，机组容量一般在500～600MW以上，超临界压力机组的发电效率可达41%。国外超超临界压力机组的参数现在可达33.5MPa/610℃/630℃/630℃，其发电效率可达48%。

超临界压力再热循环可以一次再热，也可以二次再热。考虑到投资费用和运行管理等因素，超临界压力机组多采用一次中间再热；采用二次再热的只有15%；而超超临界压力机组多采用二次再热。如图4-20所示，为超临界压力一次中间再热循环的T-s图。

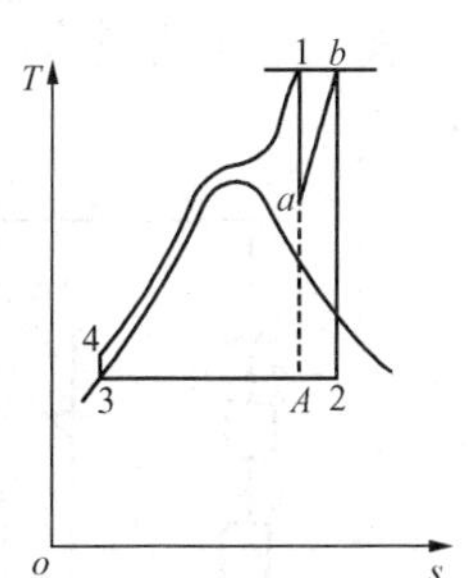

图4-20 超临界压力一次再热循环的T-s图

四、一次再热循环热经济性分析

再热循环多为高参数、大容量机组采用，这主要是由于下述原因：

(1) 由再热循环的T-s图我们可以看到，与相同参数的朗肯循环相比，采用蒸汽中间再热后，汽轮机的排汽干度由原来的x_A提高到x_2，使汽轮机低压缸的蒸汽湿度保持在允许的范围内，从而减轻了湿蒸汽对叶片的撞击和侵蚀，增强了汽轮机工作的安全性；同时，排汽干度的提高也为进一步提高蒸汽初压，从而提高循环热效率扫清了道路。

(2) 正确选择再热压力，可以同时提高排汽干度和循环热效率。再热压力的高低直接影响循环的经济性和排汽干度的数值。再热压力选择过高，可提高循环热效率，但对排汽干度的改善较小；再热压力选择过低，对排汽湿度的改善有利，但会使循环热效率下降。因此，再热压力的选择既要保证乏汽湿度在允许的范围内，又要能提高循环热效率。根据已有的设计与运行经验，再热压力一般选择为初压p_1的20%～30%。这时可使再热循环的热效率相应提高2.5%～4.5%。即：正确地选择再热压力，不仅可以提高排汽干度，还能提高循环热效率。因而，它被高参数大功率机组普遍采用，成为大型机组提高循环热效率的必要措施。

表4-3为我国再热机组的初参数和再热参数。

表4-3　　我国再热机组的初参数和再热参数

功率（MW）	125	200	300	600	1000
初压（MPa）/初温（℃）	13.5/550	13/535	16.5/550	16.5/535，24.2/538	26.25/600
再热压力（MPa）/再热温度（℃）	2.6/550	2.5/535	3.5/550	3.6/535，4.34/566	5.35/600

(3) 目前，高参数大功率汽轮发电机组的再热级数一般小于两级。当初压低于10MPa时，一般不采用中间再热；初压在13MPa至临界压力以下时，一般采用一级再热；超临界参数时，才采用两级再热。这主要是由于再热次数增多时，增加了蒸汽管道和再热器，使设备系统复杂，投资费用增大，给运行和维修带来不便。

(4) 在相同参数范围内，再热循环的汽耗率和热耗率均小于朗肯循环。这是由于再热循环的有用功和热效率均大于朗肯循环的结果。即再热循环的经济性高于朗肯循环。同时，汽耗率降低使通过设备的水和蒸汽的质量流量减少，从而减轻了水泵和凝汽器的负担，这也是有利的。

五、具有一级回热和一次再热循环的热经济性指标

随着火力发电厂汽轮发电机组参数和功率的不断提高，越来越多的机组都同时采用了抽汽回热和蒸汽中间再热。对这种循环方式的了解和对它的热经济指标的计算已不可回避。下面就以具有一级回热和一次再热的蒸汽动力循环为例，介绍其热经济指标的计算方法。

（一）具有一级回热和一次再热循环的装置示意图和 T-s 图

图 4-21 为具有一级回热和一次再热循环的装置示意和 T-s 图。

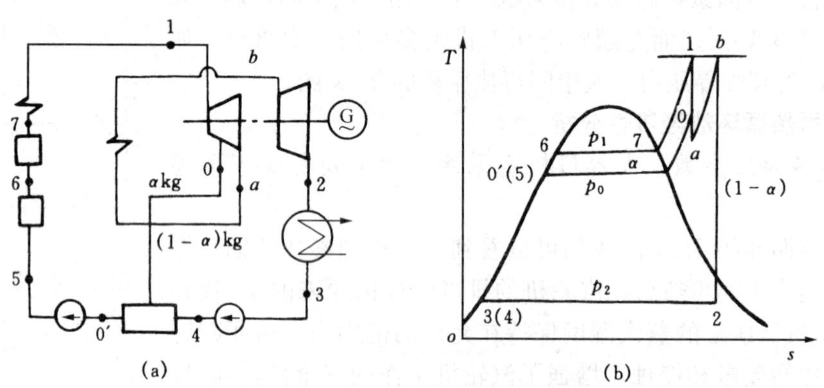

图 4-21 具有一级回热和一次再热的蒸汽动力装置循环

(a) 循环装置示意；(b) T-s 图

1kg 工质在锅炉定压吸热后变成过热蒸汽（状态点 1）进入汽轮机高压缸，绝热膨胀做功至压力 p_0 时抽出 αkg 抽汽（状态点 0）送入回热加热器，将热量放给凝结水，变成 αkgp_0 压力下的饱和水（状态点 0′）；同时，汽轮机高压缸内剩下的（1-α）kg 蒸汽继续绝热膨胀做功至再热压力 p_a（状态点 a）后，送回锅炉再热器定压吸热至初温 $t_b=t_1$（状态点 b），再进入汽轮机低压缸继续绝热膨胀做功至乏汽压力 p_2（状态点 2），乏汽进入凝汽器，定压定温凝结成 p_2 压力下的饱和水即凝结水（状态点 3），并由凝结水泵绝热压缩升压至压力 p_0（状态点 4）后，进入回热加热器定压吸收 αkg 抽汽放出的热量，并在此与 αkg 抽汽放热后生成的凝结水汇合成 1kgp_0 压力下的饱和水（状态点 0′），再由给水泵绝热压缩升压至压力 p_1（状态点 5）后，送入锅炉定压吸热（过程 5671）而完成一个循环。

（二）具有一级回热和一次再热循环的热经济指标计算

1. 抽汽率

$$\alpha = \frac{h_0' - h_2'}{h_0 - h_2'} \tag{4-16}$$

2. 循环热效率、汽耗率和热耗率

一级回热和一次再热循环中，工质从热源吸收的总热量为 1kg 工质从锅炉定压吸收的热量 $(h_1 - h_0')$ 与$(1-\alpha)$ kg 工质在再热器定压吸收的热量 $(1-\alpha)(h_b - h_a)$ 之和。即

$$q_{1,\mathrm{hz}} = (h_1 - h_0') + (1-\alpha)(h_b - h_a)$$

若忽略泵功，工质在循环中所做的有用功为 1kg 工质从 p_1 绝热膨胀到 p_0 所做的功、

$(1-\alpha)$kg 工质从 p_0 绝热膨胀到 p_a 所做的功及 $(1-\alpha)$ kg 工质从 p_b 绝热膨胀到 p_2 所做的功之和。

即
$$w_{0,hz} = (h_1 - h_0) + (1-\alpha)(h_0 - h_a) + (1-\alpha)(h_b - h_2)$$

根据循环热效率定义，可得一级回热和一次再热循环的热效率为

$$\eta_{t,hz} = \frac{w_{0,hz}}{q_{1,hz}} = \frac{(h_1 - h_0) + (1-\alpha)(h_0 - h_a) + (1-\alpha)(h_b - h_2)}{(h_1 - h_0{}') + (1-\alpha)(h_b - h_a)} \tag{4-17}$$

根据汽耗率公式，可得一级回热一次再热循环的汽耗率为

$$d_{hz} = \frac{3600}{w_{0,hz}} = \frac{3600}{(h_1 - h_0) + (1-\alpha)(h_0 - h_a) + (1-\alpha)(h_b - h_2)} \tag{4-18}$$

根据热耗率定义式，可得一级回热一次再热循环的热耗率为

$$q_{t,hz} = \frac{3600}{\eta_{t,hz}} \tag{4-19}$$

上述计算公式中的各焓值可由水蒸气表或 h-s 图（见图 4-22）查出。

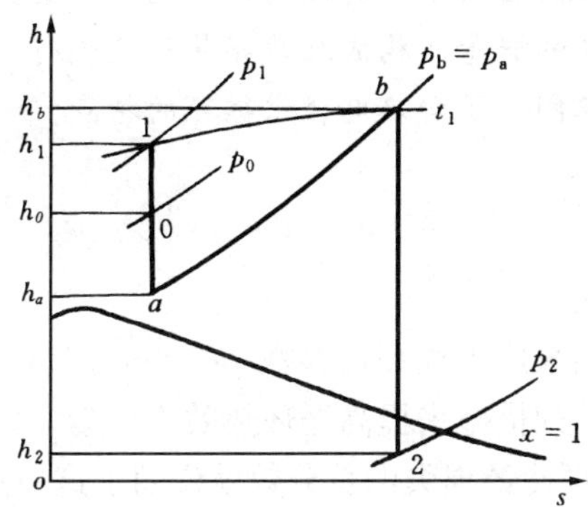

图 4-22　一级回热和一次再热循环的 h-s 图

例　题

【4-4】　如图 4-18 所示，某一次中间再热循环的蒸汽初参数为 $p_1=16.5$MPa，$t_1=540$℃。再热压力为 $p_a=3.2$MPa，再热后蒸汽温度 $t_b=540$℃。排汽压力 $p_2=0.005$MPa，试求：

(1) 循环吸热量及放热量；

(2) 循环有用功及热效率；

(3) 排汽干度。

解　根据题意，由 h-s 图查得有关参数为

$h_1=3405$kJ/kg，$h_a=2950$kJ/kg，$h_b=3552$kJ/kg，$h_2=2232.5$kJ/kg，

$h_2'=33\times4.187=138$ (kJ/kg)，$x_2=0.864$

则循环吸热量及放热量分别为

$$q_{1,z} = (h_1 - h_2') + (h_b - h_a) = (3405-138) + (3552-2950) = 3869(\text{kJ/kg})$$

$$q_{2,z} = (h_2 - h_2') = 2232.5 - 138 = 2094.5(\text{kJ/kg})$$

循环有用功及热效率分别为

$$w_{0,z} = (h_1 - h_a) + (h_b - h_2) = (3405-2950) + (3552-2232.5) = 1774.5(\text{kJ/kg})$$

$$\eta_{t,z}=\frac{w_{0,z}}{q_{1,z}}=\frac{1774.5}{3869}=0.459=45.9\%$$

排汽干度 $x_2=0.864$

课堂练习题

4-5 试画出一次再热循环、一级回热和一次再热循环的循环装置示意图和 T-s 图，并在这两个图上标出对应的状态。

4-6 试述再热循环的目的。

课题四 热电合供循环

教学目的

随着电力事业的发展及人民生活水平的提高，热电联产及集中供热将越来越广泛地被采用，本课题将就热电合供循环的概念、构成及其指导意义进行讨论，使大家能够通过热电合供循环的定义及循环装置示意图，了解热电合供循环的特点。

教学内容

一、热电合供循环的目的

在工程应用中，尽管我们采用了提高初参数 p_1、t_1，降低终参数 p_2 以及在朗肯循环的基础上采用回热、再热等一系列措施来提高循环热效率，但实际循环的热效率仍低于 50%。表 4-4 列出的各类火力发电厂冷源损失的百分数就说明了这一点。

表 4-4 各类火力发电厂冷源损失

电厂类别	冷源损失
中温中压电厂	61%左右
高温高压电厂	57%左右
超高压中间再热电厂	52%左右
超临界压力电厂	50%左右

显然，冷源损失太大使得实际循环热效率较低。且冷源损失的数值虽然较大，但因排汽压力太低，对应的排汽温度也太低而无法加以利用（$p_2=0.004$MPa 时，$t_{s2}=28.981$℃）。而另一方面，印染、纺织、造纸、化工等工业需要利用低压蒸汽，人们的日常生活中也需要采暖和供给热水。如果适当地提高凝汽式机组的排汽压力，使排汽温度具有较高的数值，则排汽的热量就可以直接或间接地用于工业和生活了。一般说来，如果使汽轮机的排汽压力提高到 0.118MPa，排汽温度就可达到 104℃，就能供一般取暖用；把排汽压力提高到 0.8～1.3MPa，则可满足一般工业需要。

采取了上述措施后，就能兼顾供热和发电的需要。从理论上讲，蒸汽排出的热量可以全部或部分地被利用，从而提高了热能利用率，提高了电厂的经济效益，节约了能源，这就是热电合供循环的目的所在。

这种既供电又供热的循环，称为热电合供循环，既供电又供热的发电厂称为热电厂。

二、热电合供循环方式

热电厂的供热循环方式有两种：一种是背压式汽轮机热电合供循环；另一种是调节抽汽式汽轮机热电合供循环。下面分别加以介绍。

（一）背压式汽轮机热电合供循环

1. 循环装置示意图

排汽压力高于 0.1MPa 的汽轮机称为背压式汽轮机。图 4-23为背压式汽轮机热电合供循环装置示意。

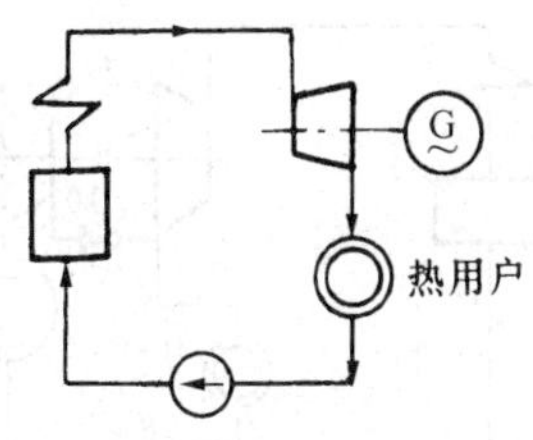

图 4-23　背压式汽轮机热电合供循环装置示意

由图上可看出，在背压式汽轮机热电合供循环方式中，汽轮机的排汽全部供给热用户，蒸汽在热用户放出热量而凝结，凝结水经给水泵升压后送回锅炉。所以，背压式汽轮机热电合供循环与凝汽式汽轮机动力循环的主要区别为：排汽不再通过凝汽器向大气散热，而是通过换热器或直接向热用户供热，同时，为满足热用户的需要，排汽压力一般在 0.1MPa 以上。但和朗肯循环相比，背压式汽轮机热电合供循环中的热用户在循环中所起的作用与朗肯循环的凝汽器是类似的，它们都使排汽定压凝结，所不同的是，汽轮机排汽在凝汽器中放出的热量损失掉了，而在热用户中放出的热量则被利用起来了。

根据蒸汽的用途不同，背压式汽轮机的排汽压力也不同，工业上使用的蒸汽压力一般为 0.245～0.785MPa，而日常取暖用的蒸汽压力一般为 0.12～0.25MPa，对应的温度在 100℃以上。

2. 循环热经济指标及分析

热电合供循环的热经济性除用热变功的热经济指标——循环热效率衡量外，还必须同时用能量利用系数 K 来说明循环中对热能总的利用程度。即热电合供循环的热经济性必须用循环热效率和能量利用系数同时加以衡量。

显然，背压提高后，蒸汽在汽轮机中的做功量减少，循环热效率一定低于同参数凝汽式机组朗肯循环的热效率。即有 $\eta_{t,B}<\eta_{t,R}$。

但从能量利用的角度来看，热电合供循环的能量利用系数 K 比凝汽式汽轮机动力循环的要高。

$$K=\frac{\text{已利用的能量}}{\text{工质从热源得到的能量}}$$

式中已利用的能量包括功量和送到热用户的热量。对背压式汽轮机热电合供循环，在理想情况下，K 值可为 1，但因各种损失，实际的 K 值仅为 0.7 左右。

背压式汽轮机热电合供循环的优点是能量利用系数高，没有凝汽器等辅助设备，系统简单，投资低；但其缺点是供电、供热互相影响，往往不能同时满足热负荷和电负荷的需要。为解决这一矛盾，可采用调节抽汽式汽轮机热电合供循环。

（二）调节抽汽式汽轮机热电合供循环

1. 循环装置示意图

图 4-24 所示为调节抽汽式汽轮机热电合供循环装置示意。

由图 4-24 可以看到：通过调节阀的开度变化，可以调节汽轮机低压缸与热用户之间的进汽量，从而达到同时满足热、电负荷需要的目的。例如，当热负荷增大而电负荷不变时，可增大锅炉的蒸发量并同时关小调节阀，这时，进入汽轮机高压缸的蒸汽量增加，高压缸多做功，而关小调节阀可减少进入低压缸的蒸汽量而使热用户的蒸汽量增加，从而使热负荷增加；同时，低压缸的做功量减少。当调节阀的开度适当时，可以使低压缸少做的功等于高压缸多做的功，从而达到电负荷不变，使热负荷增加的目的。反之，热负荷减小时，可以开大

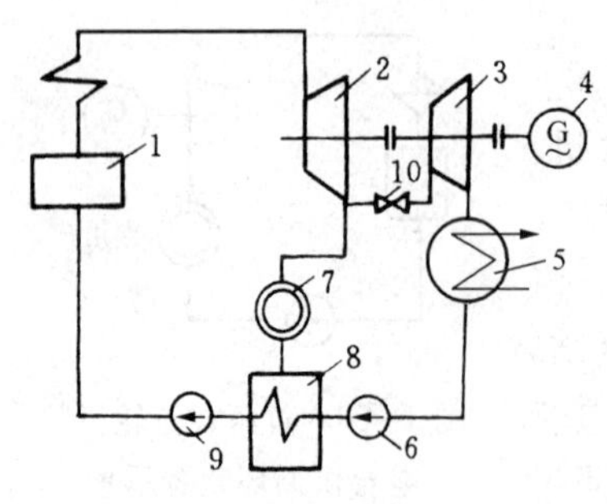

图 4-24 调节抽汽式汽轮机热电合供循环装置示意

1—锅炉；2—汽轮机高压缸；3—汽轮机低压缸；4—发电机；5—凝汽器；6—凝结水泵；7—热用户；8—加热器；9—给水泵；10—调节阀

调节阀，用低压缸多做的功来补偿高压缸少做的功。同样，当电负荷变化时也可调节。

2. 循环的热经济指标及分析

调节抽汽式汽轮机热电合供循环的最大优点是能同时满足热、电负荷的需要，因而为热电厂广泛采用。该循环的热效率也较背压式汽轮机高。但在该循环中，由于有部分蒸汽进入凝汽器，造成部分热量损失，即使在理想情况下，能量利用系数 K 也小于1。所以这种供热方式较背压式汽轮机供热方式的能量利用系数要低。

在实际应用中，往往是背压式汽轮机与调节抽汽式汽轮机并列使用。以背压机承担基本负荷，调节抽汽式汽轮机承担调峰负荷。

综上所述，热电合供循环的热效率较相同初参数的朗肯循环要低。但由于它将汽轮机排汽引入热用户，大大减小了冷源损失，使能量利用系数大大提高，从而为合理利用能源开辟了广阔的前景。

例　题

【4-5】 何谓热电合供循环？试比较背压式汽轮机热电合供循环与调节抽汽式汽轮机热电合供循环的优缺点。

解 既供电又供热的循环称热电合供循环。背压式汽轮机热电合供循环的热能利用率高，设备简单，投资省，但热、电负荷不能同时调节；调节抽汽式汽轮机热电合供循环可同时满足热、电负荷需要，但热能利用率较背压式供热时要低，设备系统复杂，投资也大。

课堂练习题

4-7 试述采用热电合供循环的目的及其热经济性指标。

4-8 在相同初参数下，热电合供循环的热效率比朗肯循环是高了还是低了？

课题五　燃气—蒸汽联合循环

教学目的

燃气—蒸汽联合循环是近期发展起来的新的热能动力循环。本课题通过介绍余热锅炉燃气—蒸汽联合循环，使大家了解燃气—蒸汽联合循环的特点和经济性；并熟悉煤气化燃气—蒸汽联合循环的应用和发展趋势。

教学内容

燃气—蒸汽联合循环的发展应用已有 50 多年的历史。它可以合理的利用燃料资源，具有热效率高、符合环保要求等优点。目前，燃气—蒸汽联合循环正以其经济性高和对环境污染低的特点逐渐成为燃煤电厂的主要形式之一。

燃气—蒸汽联合循环由燃气轮机的燃气循环与蒸汽轮机的蒸汽循环结合而成。

一、燃气循环

燃气循环装置由压气机、燃烧室、燃气轮机三个主要设备及燃料泵等辅助设备组成。如图 4-25 所示。

空气从大气进入压气机，经压缩升压后进入燃烧室；同时，燃料由燃料泵压入燃烧室与空气混合，并在燃烧室内燃烧，生成的高温燃气进入燃气轮机，经喷管降压增速后冲击叶片使其旋转做功，做功后的废气排入大气。

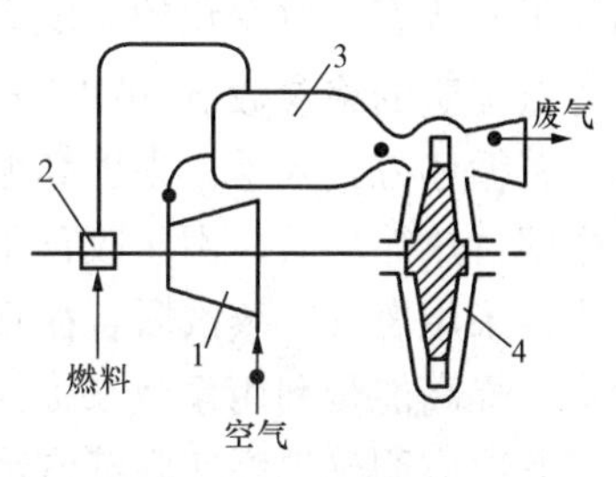

图 4-25 燃气循环装置
1—压气机；2—燃料泵；3—燃烧室；4—燃气轮机

虽然燃气轮机已作为调峰机组在电网中使用，但由于燃气轮机的排气温度较高，一般为 400～600℃，且压气机消耗的压缩功较大，使燃气轮机的热效率低于 40%。另外，大功率燃气轮机的燃气质量流量很大，可达 300kg/s 以上，使燃气工质的排气中蕴藏着很大的能量。为了利用这部分热量，提高循环热效率，人们设计了燃气—蒸汽联合循环。

二、燃气—蒸汽联合循环

由于燃气轮机使用的燃料可以是液体燃料、天然气或气化、液化后的煤等，且燃气轮机、蒸汽轮机联合工作时，系统的连接方式可以有多种，使得燃气—蒸汽联合循环装置有很多种组合形式。按对水蒸气的供热方式不同可分为：供水加热联合循环、排气助燃联合循环、排气补燃联合循环、余热回收联合循环以及增压锅炉联合循环五种形式。下面以余热锅炉联合循环为例，介绍燃气—蒸汽联合循环的工作原理。

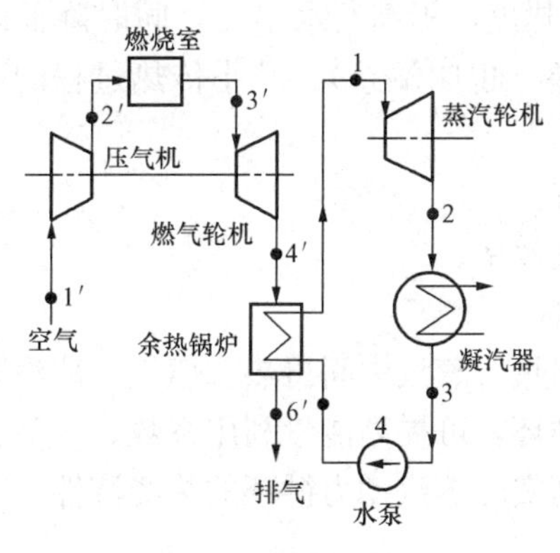

图 4-26 燃气—蒸汽联合循环装置示意

如图 4-26 所示，燃气—蒸汽联合循环的主要设备有：燃气轮机、压气机、燃烧室、余热锅炉、汽轮机、发电机、凝汽器、给水泵等。燃气轮机的排气被引入余热锅炉加热水，锅炉出口的过热蒸汽进入汽轮机膨胀做功。余热锅炉相当于气与水的热交换器，没有燃烧室。燃气与蒸汽按自己的循环过程做功，两者之间仅有热交换关系。

该联合循环的发电量以燃气轮机装置为主。一般说来，总发电量为原燃气循环的 1.5 倍左右。汽轮机的容量与蒸汽参数由燃气轮机的排气量和排气温度决定。

燃气—蒸汽联合循环将两个循环的优点有机地结合起来：循环中既有燃气轮机的高温加热过程，也有蒸汽轮机的低温放热过程。使该循环的热效率已超过 50%。采用燃气—蒸汽联合循环是提高火电厂热经济性的重要途径之一。

随着全球石油及天然气资源日趋减少，以及燃煤火电厂对环境的严重污染，目前，以煤为原料的煤气化燃气—蒸汽联合循环发电装置正在发展之中。这种循环可将高硫、高灰分、低热值的劣质煤经煤气化或流化燃烧脱硫、除尘净化变成无公害的能源（也称为洁净煤发电技术)。目前，燃煤的联合循环包括煤气化燃气—蒸汽联合循环和流化床燃烧燃气—蒸汽联合循环两类，是一种对环境污染小、热效率高的循环方式。

三、提高实际蒸汽动力循环热经济性的方法

提高实际蒸汽动力循环热经济性的方法可以从两个方面来考虑。

首先应明确提高理想可逆循环热效率的方法。它是基于提高可逆循环热效率的基本途径（提高吸热平均温度 $\overline{T}_1$ 和降低放热平均温度 $\overline{T}_2$ ）得出的，它又可以从两方面去考虑：一方面从工质状态参数变化的角度看，提高循环中蒸汽的初参数 p_1、t_1 可提高吸热平均温度 $\overline{T}_1$，而降低工质的终参数 p_2 可以降低放热平均温度 $\overline{T}_2$，因而可以提高循环热效率；另一方面是从改善循环方式入手，来提高循环热经济性。例如在朗肯循环基础上采用给水回热循环和蒸汽中间再热循环后，由于改善了循环的吸热过程，提高了吸热平均温度，所以提高了循环热效率。采用燃气—蒸汽联合循环也可以提高循环热效率。而热电合供循环则是通过减少冷源损失，提高能量利用系数来提高循环的热经济性的。

其次应明确提高实际蒸汽动力循环热经济性的方法。实际循环与理想可逆循环的差距就是存在各种能量损失，因而对实际循环来说，尽可能地减少实际循环中的各种能量损失，是提高实际蒸汽动力循环热效率的永恒课题。例如，火力发电厂通常把高压加热器的传热面设置成三部分：过热蒸汽冷却段、蒸汽凝结段和疏水冷却段。如图 4 - 27 所示。过热蒸汽的冷却段布置在给水出口侧，疏水冷却段布置在给水入口侧，这样可充分利用过热蒸汽的过热度，提高给水温度，同时降低疏水的出口温度，从而减小冷热流体在换热器进出口的温差（也叫端差），减小传热过程的不可逆性，提高热经济性。

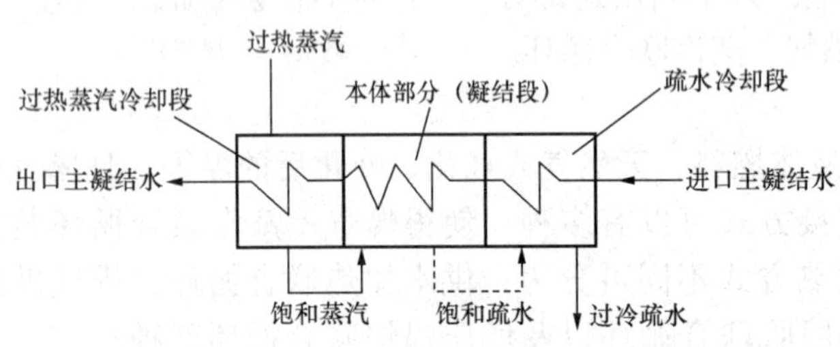

图 4 - 27　回热加热器的传热面设置

综上所述，提高实际蒸汽动力循环热经济性的方法有：

（1）提高循环中蒸汽的初参数 p_1、t_1，可提高循环热效率。

（2）降低循环中蒸汽的终参数 p_2，可提高循环热效率。

（3）改善循环方式——在朗肯循环基础上采用给水回热、蒸汽中间再热、燃气—蒸汽联合循环等循环方式，可提高循环热效率；采用热电合供循环，可提高能量利用系数。

（4）尽可能减少实际循环中的各种能量损失，可提高实际蒸汽动力循环的热经济性。

例　题

【4 - 6】　试根据煤气化燃气—蒸汽联合循环装置图（见图 4 - 28），说明该循环的工作过程。

解　煤及石灰石先在气化炉中气化，经除尘、净化后进入燃烧室燃烧生成高温燃气，送入燃气轮机膨胀做功；燃气轮机的排气进入余热锅炉用以生产蒸汽，蒸汽驱动蒸汽轮机发电。

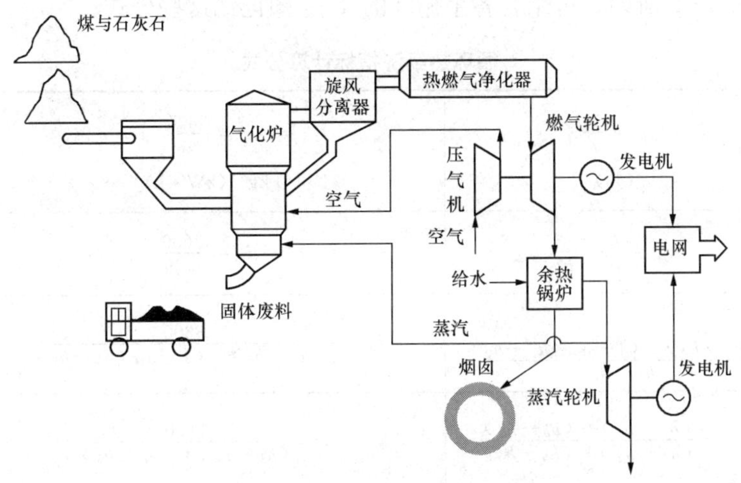

图 4-28 煤气化燃气—蒸汽联合循环装置

课堂练习题

4-9 试述余热锅炉联合循环的工作过程。

小 结

在学习了水蒸气有关状态和过程的内容之后，本单元介绍了火力发电厂中几种常见的蒸汽动力循环：蒸汽动力装置的基本循环——朗肯循环、给水回热循环、蒸汽中间再热循环、热电合供循环和燃气—蒸汽联合循环。对各种循环，主要介绍了它们的目的、构成、特点和热经济指标的计算以及热经济性分析，最终得出了提高蒸汽动力循环热经济性的方法。这也是工程热力学所要研究并加以解决的问题。

由于朗肯循环是所有蒸汽动力装置的基本循环，所以它是本单元学习的重点。朗肯循环由锅炉、汽轮机、凝汽器和给水泵四大设备组成，工质在这些设备中经定压吸热、绝热膨胀、定压放热、绝热压缩等四个基本热力过程完成循环。可通过朗肯循环装置示意图和 T-s 图掌握其构成和特点。

回热循环以提高循环热效率为目的，它利用汽轮机抽汽加热给水，通过提高给水温度，进而提高吸热过程平均温度，并减少冷源损失而提高循环热效率。

再热循环是为解决提高初参数后乏汽湿度大的矛盾而设置的。常用于高参数、大容量机组。当再热压力选择适当时，可提高吸热过程平均温度，进而提高循环热效率，并同时提高排汽干度。

热电合供循环虽不能使循环热效率得到提高，但由于它避免或减少了冷源损失，使工质在热源吸取的热量得到了最大限度的利用。从节约能源的角度看，热电合供应是我国电力工业的发展方向之一。

燃气—蒸汽联合循环是一种节能、环保、高效的循环方式，有着广阔的发展、应用前景。应了解它的工作原理、特点和热经济性。

本单元所介绍的实际蒸汽动力循环的热经济指标有：循环热效率、汽耗率和热耗率。

其计算公式如表 4-5 所列。可结合各个循环的 $T-s$ 图记忆这些公式。

表 4-5 循环热经济指标计算公式

计算公式 循环名称	$\eta_t=\frac{w_0}{q_1}$ (%)	$d=\frac{3600}{w_0}$ [kg/(kW·h)]	$q_t=\frac{3600}{\eta_t}$ [kJ/(kW·h)]
朗肯循环	$\eta_{t,R}=\frac{h_1-h_2}{h_1-h_2'}$	$d_R=\frac{3600}{w_{0,R}}$	$q_{t,R}=\frac{3600}{\eta_{t,R}}$
一级抽汽回热循环	$\eta_{t,h}=\frac{\alpha(h_1-h_0)+(1-\alpha)(h_1-h_2)}{h_1-h_0'}$	$d_h=\frac{3600}{\alpha(h_1-h_0)+(1-\alpha)(h_1-h_2)}$	$q_{t,h}=\frac{3600}{\eta_{t,h}}$
一次中间再热循环	$\eta_{t,z}=\frac{(h_1-h_a)+(h_b-h_2)}{(h_1-h_2')+(h_b-h_a)}$	$d_z=\frac{3600}{(h_1-h_a)+(h_b-h_2)}$	$q_{t,z}=\frac{3600}{\eta_{t,z}}$
一级回热和一次再热循环	$\eta_{t,hz}=\frac{(h_1-h_0)+(1-\alpha)(h_0-h_a)}{(h_1-h_0')+(1-\alpha)(h_b-h_a)}+\frac{(1-\alpha)(h_b-h_2)}{(h_1-h_0')+(1-\alpha)(h_b-h_a)}$	$d_{hz}=\frac{3600}{(h_1-h_0)+(1-\alpha)(h_0-h_a)+(1-\alpha)(h_b-h_2)}$	$q_{t,hz}=\frac{3600}{\eta_{t,hz}}$

在相同参数下，回热、再热循环的热经济指标与朗肯循环热经济指标的关系如下：

回热循环：$\eta_{t,h}>\eta_{t,R}$，$d_h>d_R$，$q_{t,h}<q_{t,R}$；

再热循环：$\eta_{t,z}>\eta_{t,R}$，$d_z<d_R$，$q_{t,z}<q_{t,R}$。

值得引起注意的是，热电合供循环的热经济性必须同时用 η_t 和 K 衡量。热电合供循环的 η_t 虽比同参数朗肯循环低，但其热能利用系数却比凝汽式机组高。

在分析各循环的热经济性时所采用的思路为：先将实际循环看成可逆循环，然后再考虑实际循环与可逆循环的差距——存在能量损失，从而得出提高实际循环热效率的途径为：①提高循环吸热平均温度 $\overline{T}_1$；②降低循环放热平均温度 $\overline{T}_2$；③尽量减少实际循环的各种能量损失。

基于上述途径，通过分析蒸汽动力装置的基本循环——朗肯循环，得出了提高实际蒸汽动力循环热经济性的方法是：①提高蒸汽的初参数 p_1、t_1，可提高 η_t；②降低蒸汽的终参数 p_2，可提高 η_t；③改善循环方式——在朗肯循环基础上采用回热、再热、回热—再热循环及燃气—蒸汽联合循环，可提高 η_t，采用热电合供循环，可提高 K；④尽量减少实际循环中的各种能量损失。其中方法①、③是基于提高循环热效率的途径①得出的，方法②是基于途径②得出的，方法④是基于途径③得出的。上述方法对所有蒸汽动力循环均适用。

复习思考题

4-1 在蒸汽动力循环中，如汽轮机的乏汽不排入凝汽器，而直接进入锅炉使其再吸热变成新蒸汽，这样可以避免在凝汽器放走大量热量，从而大大提高热效率，这种想法对不对？为什么？

4-2 蒸汽的初、终参数对朗肯循环热效率有何影响？提高初参数和降低终参数受到哪些客观条件的限制？为什么提高初压的同时往往要相应提高初温？

4-3 何谓回热？为什么回热循环的热效率比同参数朗肯循环高？

4-4 蒸汽中间再过热的目的是什么？为什么再热循环的再热压力既不宜过高，又不能太低？通常怎样确定最佳的再热压力？

4-5 热电厂与凝汽式电厂有何不同？采用背压式汽轮机供热与采用调节抽汽式汽轮机供热各有何优缺点？

4-6 燃气—蒸汽联合循环是如何工作的？其循环热效率为何比蒸汽动力循环高？什么是洁净煤发电技术？

4-7 提高火电厂实际蒸汽动力循环热效率的途径有哪几条？具体方法是什么？

习　题

4-1 某朗肯循环蒸汽参数为 $p_1=16.5\text{MPa}$，$t_1=550℃$，$p_2=0.004\text{MPa}$，求该循环的热效率、汽耗率、热耗率及排汽干度。

4-2 某一次抽汽回热循环蒸汽的初参数 $p_1=13.5\text{MPa}$，$t_1=535℃$，抽汽压力 $p_0=0.5\text{MPa}$，排汽压力 $p_2=0.006\text{MPa}$，如果汽轮机的功率 $P=200\text{MW}$，试求该循环的热效率、每小时的汽耗量及抽汽量各为多少？

4-3 某电厂按再热循环工作，蒸汽初参数 $p_1=16.5\text{MPa}$，$t_1=550℃$，再热压力 $p_a=3.5\text{MPa}$，再热后温度 $t_b=550℃$，排汽压力 $p_2=0.004\text{MPa}$。试计算再热循环的热效率、汽耗率及排汽干度。如不采用再热，同参数的朗肯循环的热效率、汽耗率及排汽干度各为多少？

4-4 某蒸汽动力装置采用一级回热和一次再热的动力循环。已知蒸汽初参数 $p_1=16.7\text{MPa}$，$t_1=537℃$，抽汽压力 $p_0=6\text{MPa}$，再热压力 $p_a=3.3\text{MPa}$，再热后温度 $t_b=537℃$，汽轮机排汽压力 $p_2=0.005\text{MPa}$，求循环热效率、汽耗率和热耗率，并与同参数朗肯循环的热效率、汽耗率和热耗率进行比较。

单元五

传热及换热器

•——内 容 提 要——•

传热学是研究热量传递规律的科学。

热量传递是自然界和工程技术中非常普遍的现象，凡有温差的地方，就有热量自发地由高温物体向低温物体的传递。学习传热学的目的就是掌握并运用传热的规律，能动地控制热量传递过程，解决工程技术中增强或削弱传热的问题。

本单元将介绍热量传递的三种基本方式——导热、对流换热和辐射换热的换热规律，并在此基础上介绍由这三种基本方式组合而成的复杂的传热过程的传热规律和传热计算，以及这些规律在换热器中的应用。

课题一　传热的基本方式

教学目的

要求理解传热的三种基本方式的概念，熟悉它们的基本换热规律，掌握各种换热方式的分析方法及热流量的计算，为进一步分析传热过程奠定基础。

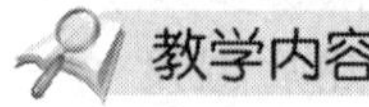

教学内容

一、导热

（一）导热的基本概念

1. 导热

导热是热量传递的基本方式之一。如图 5 - 1 所示，热量从物体中温度较高（t_1）的部分传递到温度较低（t_2）的部分，或者从一种温度较高的物体传递到与之接触的另一种温度较低的物体的现象，称为导热。单纯的导热过程只能在固体中发生。火电厂中运行着的锅炉炉墙、汽轮机的汽缸壁和保温层等都是利用导热的方式传递热量的。

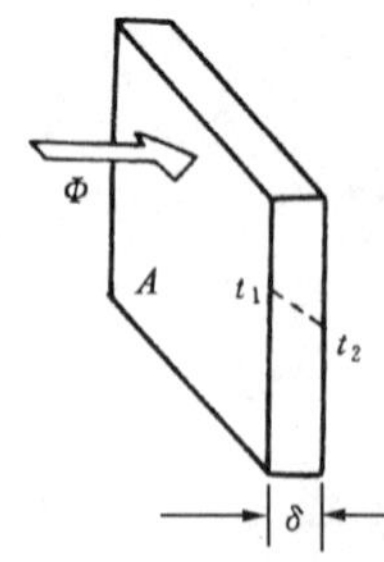

图 5 - 1　通过固体壁面的导热

2. 温度场、等温面和等温线

热量传递是由温差引起的，因而导热过程的进行与物体内部的温度分布紧密相关。某一时刻物体内各点温度分布的情况，称为温度场。一般情况下，物体的温度是空间坐标 x、y、z 和时间 τ 的函数，可表示为

$$t = f(x, y, z, \tau) \tag{5 - 1}$$

在热力设备中，物体的温度场可分为两类。一类是在变化工作条件下的温度场，如热机

在启动、停机或变工况时的温度场，这时温度分布随时间而变化，这种温度场称为不稳定温度场；另一类是在稳定工作条件下的温度场，如热机在正常稳定运行时的温度场，此时物体内各点的温度不随时间而变化，这种温度场称为稳定温度场。稳定温度场的数学表达式为

$$t = f(x,y,z)$$

物体内部的温度分布可以在三个方向、两个方向或一个方向存在温度的变化，因而温度场有三维、二维或一维之分。一维稳定温度场具有最简单的形式，即

$$t = f(x)$$

在同一时刻，温度场中具有相同温度的点连成的线或面，称为等温线或等温面。它们可以直观地显示出物体内部温度分布的情况，在一些形状规则的物体上，能很容易地找到等温线或等温面。如较大面积的等厚度的平壁，若材料均匀，只要壁面两侧表面温度都是均匀的（两侧表面温度不等），它的等温面就是平行于壁表面的平面，如图 5 - 2（a）所示。若物体是圆筒形（如各种管道），只要内、外壁温度均匀且不等，它们的等温面就是同心的圆柱面，如图 5 - 2（b）所示。锅炉燃烧室的空间温度分布也可按等温面直观地表示出来，如图 5 - 2（c）所示。

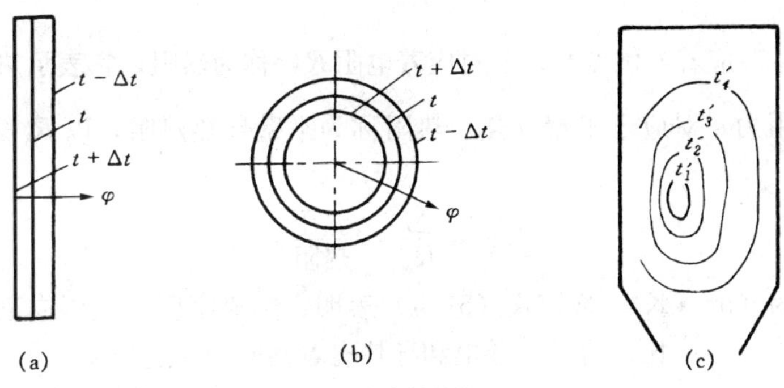

图 5 - 2 等温面
（a）平壁；（b）圆筒形；（c）炉膛

由于等温面上各点温度相同，温度差为零，因此，热量传递只能在穿过等温面的方向才能进行。

3. 稳定导热和不稳定导热

在稳定温度场内进行的导热，称为稳定导热。如设备处于稳定运行时的导热就属稳定导热。稳定导热时，在单位时间内所传导的热量是一个常数。

在不稳定的温度场内所发生的导热，称为不稳定导热。如火电厂中的各种设备在启动或停止运行的过程中以及变工况运行情况下，设备内部的温度随时间的变化而变化，这种导热均属不稳定导热。不稳定导热在单位时间内所传导的热量不是一个常数。

（二）导热的基本定律

1. 傅里叶定律及数学表达式

实验证明，在均质固体壁的一维稳定导热中，单位时间内通过固体壁的导热量与壁两侧的温度差及垂直于热流方向的截面积成正比，与壁厚成反比，并与固体壁的材料性质有关，如图 5 - 1 所示，其数学表达式称为傅里叶定律，即

$$\Phi=\lambda\frac{t_1-t_2}{\delta}A \qquad (5-2)$$

式中 Φ——单位时间内通过壁面的导热量，即壁面导热的热流量，W；

t_1-t_2——固体壁两侧的温差,℃；

A——垂直于热流方向的固体壁面面积，m^2；

δ——固体壁的厚度，m；

λ——导热系数（又称热导率），W/（m·K）。

单位时间内通过单位面积传递的热量，称为热流密度，用φ表示：

$$\varphi=\frac{\Phi}{A}=\frac{t_1-t_2}{\frac{\delta}{\lambda}} \qquad (5-3)$$

式（5－2）和式（5－3）均为傅里叶定律的数学表达式，适用于热导率为定值、沿热流方向面积不变的一维稳定导热。

2. 导热热阻

式（5－3）与电工学中的欧姆定律$I=\frac{U}{R}$完全相似。热流密度φ对应着电流强度I；传热温差$\Delta t=t_1-t_2$对应着电位差U；$\frac{\delta}{\lambda}$对应着电阻R，称为热阻，它表示热量传递过程中沿热流方向遇到的阻力。对应于平壁导热，热阻称为平壁导热热阻，以R_λ表示。式（5－3）可写为

$$\varphi=\frac{\Delta t}{R_\lambda}=\frac{\text{温压}}{\text{热阻}} \qquad (5-4)$$

热阻的单位为（m^2·K）/W。式（5－4）表明：热流密度与温压成正比，与热阻成反比。可见，导电和导热有着共同的传递规律。

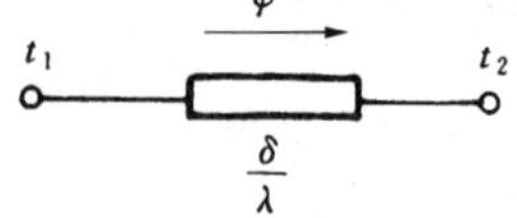

图5－3 热路图

该结论对于不同的换热方式、不同的传热系统均适用，只是不同情况下热阻的具体形式不同而已。

热阻是个很重要的概念，对于以后的换热问题分析极为方便。如果把热流通过壁面的过程比拟成电流流过电路的过程，可以绘成热流线路图，简称热路图，如图5－3所示。

3. 导热系数

导热系数λ是反映材料导热性能好坏的物性参数。其物理意义是：沿导热方向厚度为1m，温度降落为1K时每秒钟通过每平方米壁面的导热量，单位为W/（m·K）。显然，λ值越大，材料的导热性能就越好。

不同的材料，其导热系数的数值不同。一般固体的λ值最大，液体次之，气体最小。而固体中又以金属的λ值较大。

通常把导热系数$\lambda<0.23$W/（m·K）的材料称为绝热材料或保温材料。电厂中常用的绝热材料有：石棉、矿硅棉、硅藻土、膨胀珍珠岩等。

保温效能高的绝热材料都是多孔性结构材料，孔隙中充填着空气，由于孔隙很小，限制了空气的流动，这些空气几乎只有导热作用，而空气的导热系数又很小，因而使得整个材料的导热系数较小。同样，密度小的材料，导热系数也必然较小。工程上常用的建筑材料和保

温材料一般都为多孔性、密度小的轻质材料，如膨胀珍珠岩就是蜂窝状多孔性结构材料，具有很高的隔热性能。

湿度对保温材料的导热系数影响很大。当材料孔隙中渗入水分时，由于水的导热系数为空气热导率的20～30倍，因而使材料的λ值显著增大。所以露天的管道和设备在敷设保温材料时应采取措施防止水分渗入，以免降低其保温性能。

在工程设计中，导热系数是合理选用材料的主要依据。各种材料的导热系数都是由实验测定，一些常用材料的导热系数见书末附表八。

（三）平壁和圆筒壁的稳定导热

1. 平壁的导热

（1）单层平壁导热。由同一材料构成的平壁，称为单层平壁。如图5-4所示，单层平壁的厚度为δ，导热系数为λ，两表面温度均匀，分别为t_1、t_2，且$t_1>t_2$。

由傅里叶导热定律，单层平壁的热流密度公式为

$$\varphi=\frac{t_1-t_2}{\dfrac{\delta}{\lambda}} \tag{5-5}$$

式中，单层平壁的导热热阻$R_\lambda=\dfrac{\delta}{\lambda}$（$m^2\cdot K$）/W。热流通过平壁的热路图见图5-4。

由式（5-5）可得出如下结论：

1）通过单层平壁的热流密度与平壁两侧温差成正比，与平壁的导热热阻成反比。

2）同一种材料，当热流量一定时，壁内温度分布是一条直线。

（2）多层平壁导热。多层平壁是由几层不同的材料叠在一起的组合壁，如锅炉的炉墙、汽轮机的汽缸壁等。

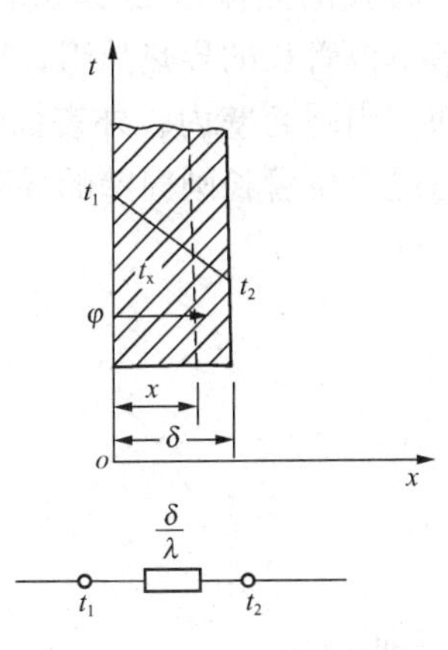

图5-4　单层平壁的导热

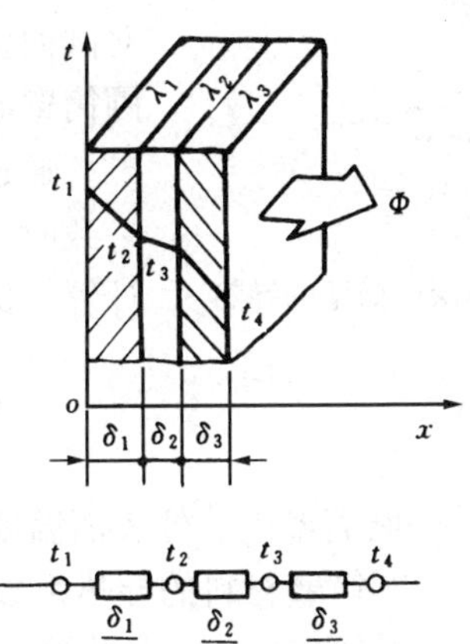

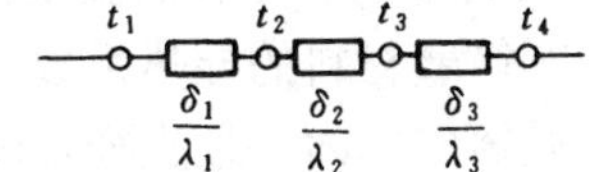

图5-5　三层平壁的导热

图5-5所示为三层平壁的导热。各层的厚度分别为δ_1、δ_2、δ_3，各层材料的导热系数分别为λ_1、λ_2、λ_3，平壁两侧表面温度为t_1和t_4，且$t_1>t_4$。各层之间接触良好，其直接接触的两表面温度分别为t_2和t_3，则在稳定导热情况下，通过每一层的热流密度相等。通过分析可得其热流密度计算公式为

$$\varphi=\frac{t_1-t_4}{\frac{\delta_1}{\lambda_1}+\frac{\delta_2}{\lambda_2}+\frac{\delta_3}{\lambda_3}}=\frac{\Delta t}{R_\lambda} \tag{5-6}$$

由此可见：多层平壁的热流密度和它的总温差成正比，而与它的总热阻成反比，这同电工学中串联电路的电流计算公式相似。

式中，$R_\lambda=\frac{\delta_1}{\lambda_1}+\frac{\delta_2}{\lambda_2}+\frac{\delta_3}{\lambda_3}$为三层平壁导热的总热阻。它说明多层平壁导热的总热阻等于串联着的各层平壁的导热热阻之和，即所谓“串联热阻叠加原则”。热流通过三层平壁的热路图见图 5－5 所示。

多层平壁的每一层壁内温度分布均呈一直线，但由于各层平壁的材料不同，它们的导热性能也各不相同，所以在整个多层平壁内的温度分布为一条折线，如图 5－5 所示。

2. 圆筒壁的导热

火电厂的蒸汽管道、水管道和油管道以及大量的换热设备（如水冷壁、省煤器、过热器和再热器等）都采用圆筒形结构，因此有必要了解圆筒壁的导热。

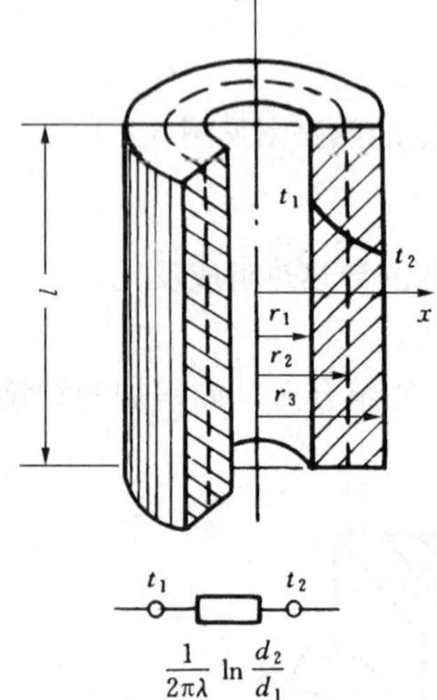

图 5－6　单层圆筒壁的导热

（1）单层圆筒壁的导热。图 5－6 所示为单层圆筒壁导热示意。

圆筒壁导热过程中，热量沿半径方向传递。在稳定导热时，虽然通过管壁各等温面的热流量 Φ 相同，但由于等温面面积由内至外是逐渐增大的，使得单位面积的热流量（热流密度）由内至外逐渐减小，这是圆筒壁导热的特点。然而通过单位长度圆筒壁的导热量 φ_l（$\varphi_l=\frac{\Phi}{l}$）却是不变的。因此，对圆筒壁通常采用单位管长的热流量 φ_l 来进行计算。同样，圆筒壁导热热阻也是指单位管长的导热热阻，以 $R_{\lambda,l}$表示。

通过理论分析可知，当圆筒壁内、外表面温度分别均匀一致时，单位时间内通过单位管长圆筒壁的导热量 φ_l 按下式计算，即

$$\varphi_l=\frac{t_1-t_2}{\frac{1}{2\pi\lambda}\ln\frac{d_2}{d_1}} \tag{5-7}$$

式中　t_1、t_2——圆筒壁内、外表面温度，℃；

λ——圆筒壁材料的导热系数，W/（m・K）；

d_1、d_2——圆筒壁的内、外直径，m。

由式（5－7）得圆筒壁单位管长导热热阻的形式，即

$$R_{\lambda,l}=\frac{1}{2\pi\lambda}\ln\frac{d_2}{d_1}$$

由式（5－7）可知，通过单层圆筒壁单位管长的热流量仍是与温压成正比，和单位管长的热阻成反比。它与平壁导热计算公式具有相同的形式，只是热阻的表现形式不同。

单层圆筒壁内的温度分布为一条对数曲线。

（2）多层圆筒壁的导热。火电厂中遇到的圆筒壁通常由几层不同材料构成。如蒸汽管道

外面敷设有保温层；水冷壁的内壁有一层水垢，外壁附有积灰；凝汽器铜管内外壁均有结垢等。如图 5-7 所示为三层圆筒壁的导热。各层直径分别为 d_1、d_2、d_3 和 d_4；各层导热系数分别为 λ_1、λ_2 和 λ_3；各层表面温度分别为 t_1、t_2、t_3 和 t_4，且 $t_1>t_4$。

与多层平壁相类似，对于多层圆筒壁（这里指三层），根据“串联热阻叠加原则”，单位管长的总热阻为各层热阻之和，即

$$R_{\lambda,l}=\frac{1}{2\pi\lambda_1}\ln\frac{d_2}{d_1}+\frac{1}{2\pi\lambda_2}\ln\frac{d_3}{d_2}+\frac{1}{2\pi\lambda_3}\ln\frac{d_4}{d_3}$$

则通过三层圆筒壁单位管长的热流量为

$$\varphi_l=\frac{\Delta t}{R_{\lambda,l}}=\frac{t_1-t_4}{\frac{1}{2\pi\lambda_1}\ln\frac{d_2}{d_1}+\frac{1}{2\pi\lambda_2}\ln\frac{d_3}{d_2}+\frac{1}{2\pi\lambda_3}\ln\frac{d_4}{d_3}} \tag{5-8}$$

即通过多层圆筒壁的单位管长的热流量与温压成正比，与总热阻成反比。多层圆筒壁内的温度分布由各层内温度分布的对数曲线连接组成，如图 5-7 所示。

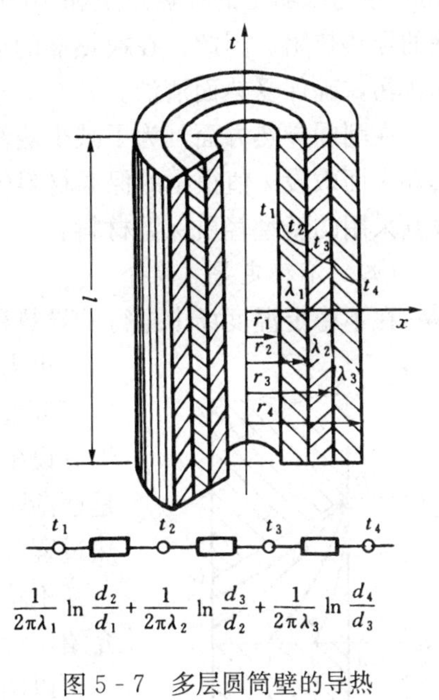

图 5-7 多层圆筒壁的导热

(3) 圆筒壁导热的简化计算。在上述圆筒壁的导热计算中，由于式（5-7）和式（5-8）中包含有对数项，计算较复杂，因此工程上有时采用简化方法计算，即把圆筒壁视为平壁，并利用由圆筒壁内外径算出的平均面积作为假想平壁的导热面积。

实际计算表明，当 $d_2/d_1<2$ 时，计算误差小于 4%，一般可以满足工程上的计算要求。

单层圆筒壁的导热简化公式为

$$\varphi_l=\frac{\Phi}{l}=\frac{\overline{A}\varphi}{l}=\frac{\pi\overline{d}l}{l}\frac{t_1-t_2}{\frac{\delta}{\lambda}}$$

$$=\frac{t_1-t_2}{\frac{\delta}{\pi\lambda\overline{d}}} \tag{5-9}$$

式中 t_1-t_2——圆筒壁内外侧温差，℃；

$\frac{\delta}{\pi\lambda\overline{d}}$——圆筒壁简化计算时的长度热阻，$(m^2\cdot K)/W$，其中 $\delta=\frac{1}{2}(d_2-d_1)$ 为圆筒壁壁厚，单位为 m；$\overline{d}=\frac{1}{2}(d_1+d_2)$，为圆筒壁平均直径，单位为 m；

$\overline{A}$——平均导热面积，m^2，$\overline{A}=\pi\overline{d}l$。

显然，对于多层圆筒壁，只要每一层都符合 $d_{i+1}/d_i<2$，就可按如下简化公式计算，即

$$\varphi_l=\frac{t_1-t_{n+1}}{\sum_{i=1}^{n}\frac{\delta_i}{\pi\lambda_i\overline{d}_i}} \tag{5-10}$$

3. 导热的增强与削弱

在火电厂热力设备中，经常遇到要求增强或削弱导热的问题。通过以上对导热量的分析计算，可以找到增强或削弱导热的理论依据，即在导热温差一定的情况下，减小或增加导热

热阻是增强或削弱导热的根本途径。因此，通过对导热热阻的分析，可以得到增强或削弱导热的具体措施。

以单层平壁为例。热阻 $R_\lambda=\dfrac{\delta}{\lambda}$，要增强导热，就应选用导热系数较大的材料以及减小材料的壁厚；相反，要削弱导热，就应选 λ 值较小的材料及增大材料壁厚。例如，汽轮机凝汽器为了强化导热，就选用了导热系数很大的铜管；又如，由于水的导热系数是空气或氢气的数倍，因而发电机冷却由空冷或氢冷改为双水冷后，冷却效果好，提高了发电机的出力。

另外，在电厂的各换热设备中，受热面常常有结垢、积灰和结渣现象。如过热器、省煤器、水冷壁等管子外表面有烟垢，内表面有水垢，而水垢、烟垢的导热系数很小，即使管壁上结有很薄的水垢或灰渣层，都将产生很大的污垢热阻，大大地削弱导热。据计算分析，1mm 厚的水垢层的导热热阻和 1mm 厚的灰垢层的导热热阻分别相当于 40、400mm 厚的钢壁的导热热阻。因此，在换热器的运行过程中，要求保证锅炉给水品质，同时注意定期吹灰和排污，确保受热面清洁。

在削弱导热方面，为了减少蒸汽管道、锅炉炉墙等热力设备的散热损失，一般都采用在其外表面敷设 λ 值很小的保温材料的方法。膨胀珍珠岩、膨胀蛭石和超细玻璃棉等是发电厂普遍采用的新型轻质保温材料。

（四）不稳定导热简介

在不稳定温度场中进行的导热称为不稳定导热。

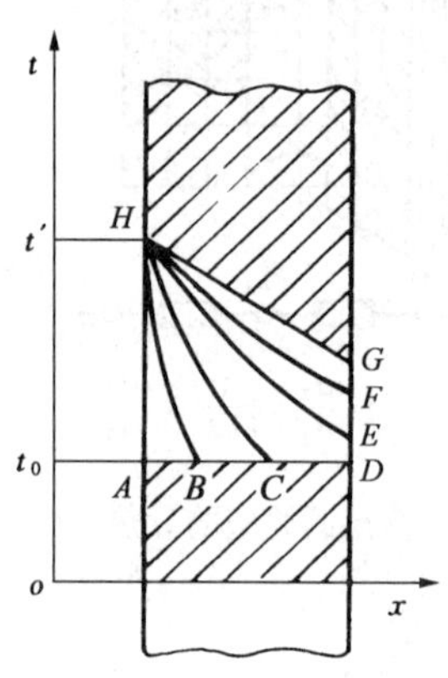

图 5-8 不稳定导热过程中平壁的温度变化

火力发电厂中的各种热力设备在启停或变工况时，设备内部的温度都处于不断的变化之中。如汽轮机、锅炉在启动时，机、炉等设备及连接管道的温度是逐渐升高的；机、炉停运时温度又是逐渐降低的。这些导热过程都属于温度随时间变化的不稳定导热过程。

不稳定导热过程较复杂，下面对不稳定导热的特点作一简单介绍。

以图 5-8 所示的一块平壁为例。设加热前平壁两侧温度均为 t_0，如直线 AD 所示。现在把左侧壁温从 t_0 突然升高到 t' 且维持不变，而其余部分仍维持原来的温度 t_0，如图中 HBD 所示。此时平壁进入不稳定导热阶段。

在这一阶段中，随着时间的推移，壁内温度将从左到右依次升高。图 5-8 中 HCD、HE、HF 表示了壁内各处温度随时间的推移逐渐上升的情况，最后达到稳定时壁内温度分布保持恒定，如直线 HG 所示。

若用 Φ_1 表示左侧壁面传入的热量，Φ_2 表示右侧壁面传出的热量，那么在上述过程中，在右侧壁面温升之前这一段时间内，右侧壁面无热量传出（$\Phi_2=0$），左侧传入的热量 Φ_1 全部储存于壁内以提高壁内温度，达到一定数值后，再逐层向右侧传热，并重复储存、升温和传递的过程，因此 Φ_1 随壁温升高而减小，而右侧壁面在壁温升高之后才开始向外传热，且 Φ_2 随壁温升高而增大，直至 $\Phi_1=\Phi_2$，平壁就进入稳定导热过程。如图 5-9 所示。图中阴影面积表示平壁在整个不稳定导热过程中储存的热量。

由以上分析可知，不稳定导热的特点是：

(1) 在不稳定导热中，物体内部各处的温度随时间不断发生变化，即 $t=f(x,y,z,\tau)$；

(2) 在不稳定导热中，与热流方向相垂直的各个截面上的热流量处处不相等，即 $\Phi\neq$常数。

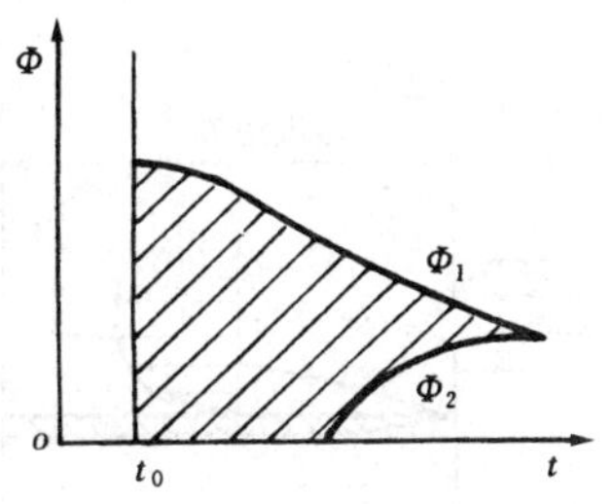

图 5-9　不稳定导热中的热量变化

另外，由图 5-8 可见，不稳定导热过程中壁面两侧的温差要比进入稳定状态后的温差大得多，此时内壁温度远高于外壁温度，因而在内、外壁将产生相应的压缩、拉伸应力。这种由于壁面温度不均匀而引起的热应力的值与壁两侧的温差成正比，当热应力过大时将会使壁面产生变形甚至裂纹。因此不稳定导热过程对热力设备影响很大，为保证设备安全，必须严格控制设备内外壁温差。

如国产的 1000t/h 亚临界压力锅炉，其过热蒸汽压力为 17MPa、过热蒸汽温度为 540℃。如此高参数的蒸汽冲入管道或汽轮机中，必然导致设备冷热两侧温差增大，引起设备壁面产生裂纹甚至损坏而造成事故。因此，机、炉启动时应当进行暖炉、暖机及暖管，尽量缓和蒸汽对设备的剧烈加热程度，使设备温度不致急剧升高，以保证设备的安全。

又如高参数大型汽轮机的高、中压缸往往采用双层缸结构，汽缸分内、外两层，在内、外缸夹层中送入一定参数的蒸汽，以减小汽缸内外壁的温差。夹层中的蒸汽在汽机启动时加热汽缸，停机时冷却汽缸。因此采用这种双层缸结构对提高汽轮机启、停的安全性及加快启动速度十分有利。

二、对流换热

(一) 对流换热的概念及其影响因素

1. 基本概念

流体内部各部分之间发生相对位移时的热量传递，称为热对流。流动的流体与所接触的固体壁面之间发生的热量交换，称为对流换热。

对流换热在火电厂的生产过程中应用十分广泛，锅炉的过热器、省煤器和汽轮机主要辅助设备（如凝汽器、加热器）中，管内流动的工质（水或蒸汽）与管内壁之间，管外流动的流体（烟气或蒸汽）与管外壁之间的热量传递过程都是对流换热过程。

这种热传递既依靠流体与固体壁面之间、流体与流体之间的导热，又依靠流体本身的热对流，因此对流换热是热对流和导热联合作用的结果，除要受到导热规律的约束外，还要受到与壁面接触的流体流动规律的控制。

流体的流动状态可分为层流和紊流两种。当流速较低时，流体各质点彼此分层平行流动，各层之间互不干扰与混杂，这种流动状态称为层流状态；而当流速足够大时，流体各质点之间互相混合与掺杂，不仅有沿着主流方向的流动，还有垂直于主流方向的流动，这种流动状态称为紊流状态。

当流体流过固体壁面时，如图 5-10 所示，由于黏滞性的作用，会在壁面上产生摩擦力，使靠近壁面的流体速度降低下来，在壁面附近出现流速发生剧烈变化的流动薄层，称之为速度边界层。若边界层中流体的流动为层流，就称为层流边界层，其厚度为 δ；若为紊流则称为紊流边界层。但即使在紊流边界层内，由于流体的黏滞性和壁面摩擦阻力的作用，紧靠壁面的极薄层流体仍保持层流的特征，这一薄层称为紊流边界层的“层流底层”，其厚度

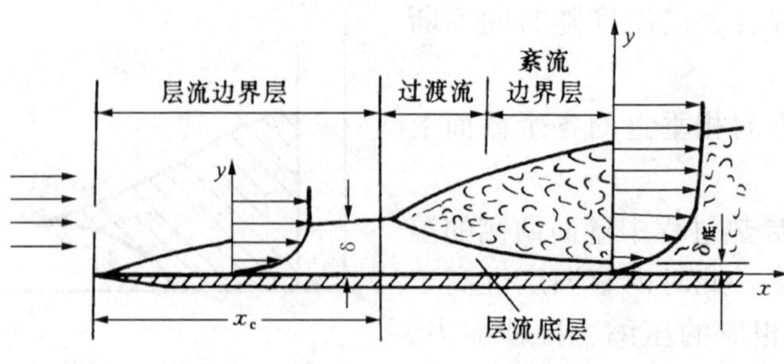

图 5-10 流体沿平壁流动时的边界层示意

为 $\delta_{底}$。

流体的流动状态与流体的流速、流体的黏滞性和固体壁面的几何尺寸有关。不同的流态下，流体与壁面之间热量传递的规律也不同。

层流时，由于各层流体互不相混，沿壁面法线方向的热量传递只能依靠各层流体之间分子的导热逐层传递热量。由于流体的热导率较小，故换热较弱。边界层越厚，热阻就越大，换热也就越弱。

紊流时，在层流底层仍依靠分子导热，而在层流底层以外的紊流区，由于流体质点的互相混合与掺杂，热量传递主要依靠强烈的热对流。因此紊流边界层的热阻主要集中在层流底层。层流底层越薄，对流换热的热阻就越小，换热也就越强烈。

因此，由对流换热机理可知，影响对流换热的主要热阻在层流边界层和紊流时的层流底层。其厚度 δ 和 $\delta_{底}$ 直接影响对流换热的强弱。

2. 牛顿公式

流体与壁面之间的对流换热量与壁面面积和流体与壁面间的温差成正比。对流换热量的计算采用牛顿公式，即

$$\Phi = \alpha_c A \Delta t = \alpha_c A(\overline{t_w} - \overline{t_f}) \tag{5-11}$$

式中 Φ——对流换热量，W；

α_c——对流换热表面传热系数，W/（m^2 · K)；

A——对流换热面积，m^2；

Δt——壁面与流体间的温差，℃，当$\overline{t_f} > \overline{t_w}$时，取 $\Delta t = \overline{t_f} - \overline{t_w}$代入。

对流换热的热流密度为

$$\varphi = \frac{\Phi}{A} = \alpha_c \Delta t \text{ 或 } \varphi = \frac{\Delta t}{\frac{1}{\alpha_c}} = \frac{\Delta t}{R_c} \tag{5-12}$$

式中 R_c——对流换热热阻，$R_c = \frac{1}{\alpha_c}$。

式（5-12）说明：对流换热的热流密度 φ 与温压成正比，与对流换热热阻成反比。这与导热的计算公式形式相同，只是热阻的形式不同而已。对流换热热阻 R_c 的大小取决于对流换热表面传热系数的大小。

3. 对流换热系数及其影响因素

牛顿公式虽然形式上很简单，但式中的对流换热系数却是一个很复杂的物理量。由公式（5-11）可得

$$\alpha_c = \frac{\Phi}{A \Delta t} \tag{5-13}$$

对流换热表面传热系数的物理意义是：当换热面与流体间的温差为 1K 时，单位时间内通过单位面积的换热量。它是衡量对流换热过程强烈程度的重要指标。α_c 越大，对流换热

热阻就越小，换热过程就越强烈。

牛顿公式把影响对流换热的一切复杂因素都集中在 α_c 身上。因此，对流换热的全部问题就是集中讨论各种因素对 α_c 的影响。

影响对流换热（系数）的因素主要有以下几个方面：

（1）流体流动的原因。流体只有受到力的作用才会流动。凡是流体受泵、风机或其他外力推动而产生的流动，称为强制流动；凡是由于流体各部分温度不同造成流体密度不同而引起的流动，称为自然流动。如锅炉省煤器内的水、凝汽器中的循环水的流动都属于强制流动，而锅炉炉墙、汽轮机本体设备周围空气的运动都是自然流动。由于流动原因不同，流动情况就有差别，因而热量传递规律不同。自然流动时流体流速较小，对流换热的强度较小；而强制流动时流速较大，对流换热的强度也大。火电厂各热力设备一般都是强制流动换热。

（2）流体流动状态。层流边界层和紊流边界层具有不同的换热特征和换热强度。层流状态主要依靠导热来传递热量；而紊流时只在层流底层中以导热方式传递热量，紊流区则主要依靠流体质点强烈的对流作用传递热量。通常紊流中的层流底层远比层流边界层薄，因而紊流时的热阻远比层流时小，紊流时的换热比层流时更强烈。

（3）流体的物理性质。流体的物理性质不同也会影响到换热强度。这是因为流体的物性影响流体的流态，改变层流底层的热阻。

影响对流换热的主要物性参数有：流体的密度 ρ、比热容 c_p、导热系数 λ、黏度 μ 等。一般说来，流体的密度 ρ、比热容 c_p、导热系数 λ 越大，黏度 μ 越小时，对流换热的热阻越小，表面传热系数就越大。

例如，导热系数大的流体，在相同厚度的层流底层中导热热阻就小，对流换热表面传热系数 α_c 就增大；黏度大的流体，在相同的流速下层流底层的厚度增加，热阻增大，α_c 减小。

（4）壁面的几何因素。流体沿壁面流动时，壁面的形状、大小、表面状况及流体与壁面间的相对位置等对流动情况影响也很大，从而影响到对流换热。

例如，比较流体在直管内流动和流体在管外绕流，见图 5－11（a），若流体为层流流动，管内流动就不会产生旋涡，而管外绕流时会在管子背面形成旋涡，因而后者换热比前者强烈。又如热平板表面加热空气时的情况，见图 5－11（b），热表面向上时空气的扰动较强烈，而热表面朝下时空气流动较平静，因此热表面朝上时的表面传热系数比热表面朝下时的表面传热系数要大。

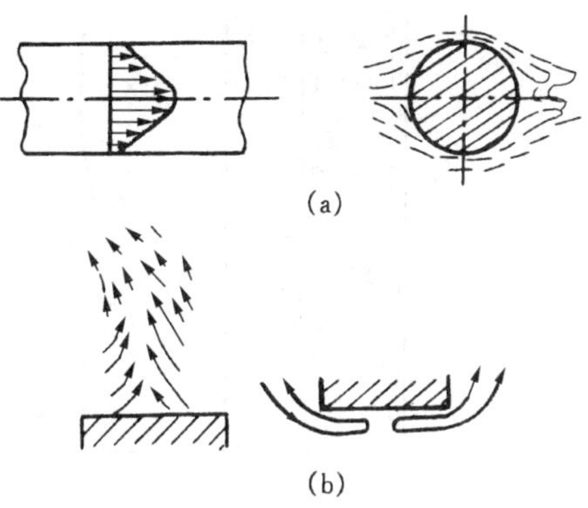

图 5－11　几何因素的影响
（a）几何形状不同；（b）相对位置不同

（5）流体有无相态的变化。对流换热过程中，若流体发生相态变化（如沸腾或凝结），则其换热机理与无相态变化的对流换热有很大的区别。同一种流体，有相态变化时的对流换热比无相态变化时的对流换热强烈得多。

综上所述，影响对流换热的因素虽然很多，但无论哪一方面的因素都脱离不了热阻这个基点，各种影响因素使流体的流动和边界层情况不同，从而引起对流换热热阻的变化，对换热产生不同影响。

下面简要介绍火电厂常见的几种对流换热现象及其主要特征，并根据热阻的变化情况定性分析各种对流换热情况下 α_c 的变化。

（二）流体无相变时的对流换热

流体无相变时，对流换热的主要热阻在层流边界层和层流底层，它的厚度直接影响对流换热系数的大小，即 $\alpha_c = f(\delta, \delta_{底})$。

1. 自然对流换热

静止的流体，与高于其温度的固体壁面相接触时，靠近壁面的流体由于受热，密度减小形成浮力上升，而周围冷流体就要补充其空位，从而形成自然对流。流体自然流动时与固体壁面之间的热交换现象，称自然对流换热。在火电厂中，蒸汽管道和锅炉炉墙外表面的散热均属此类换热。

以锅炉炉墙的散热为例。如图 5 - 12（a）所示，自然对流换热也有层流和紊流两种状态。因壁温高于空气温度，壁面附近的空气在浮升力的作用下自下而上运动。浮升力是促使流体运动的力，而黏性力则是阻碍流体运动的力，因而浮升力和黏性力的相对大小决定了空气的流动状态。初始阶段空气温度升高不多，浮升力的作用较弱，流速较小，边界层的流动呈层流状态；当空气向上流动一段距离后，近壁流体温度已升高到足以使浮升力的影响超过黏性力，流速增大，出现紊流，但紧靠壁面的薄层仍保持层流流动，为层流底层。

因此，自然对流换热的主要热阻在下部层流边界层和上部紊流区的层流底层。图 5 - 12（b）显示了空气沿竖壁自然对流换热时 α_c 随竖壁高度的变化规律。在下部的层流边界层中，随着边界层厚度 δ 的增加，热阻增加，α_c 不断下降；到上部紊流区后，层流底层厚度 $\delta_{底}$ 减小了，使热阻减小，α_c 逐渐增大直至达到稳定。

火电厂各类热力管道水平放置时，管壁四周的空气流动多属层流，只在圆管顶部，两侧气流汇合后才出现紊流，如图 5 - 13 所示。

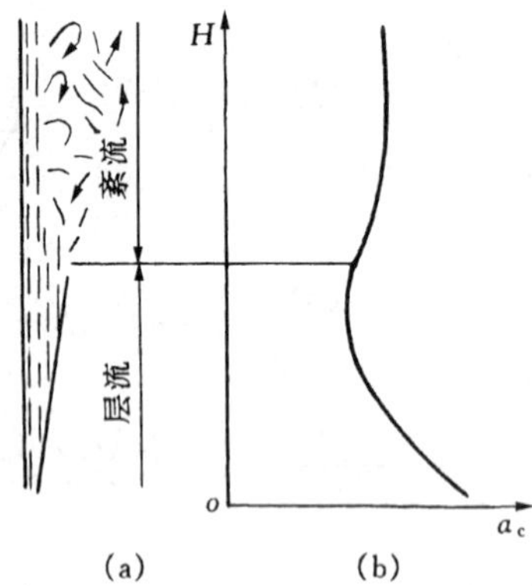

图 5 - 12　空气沿竖壁的自然对流
（a）自然对流的两种流态；
（b）对流换热表面传热系数 α_c 的变化规律

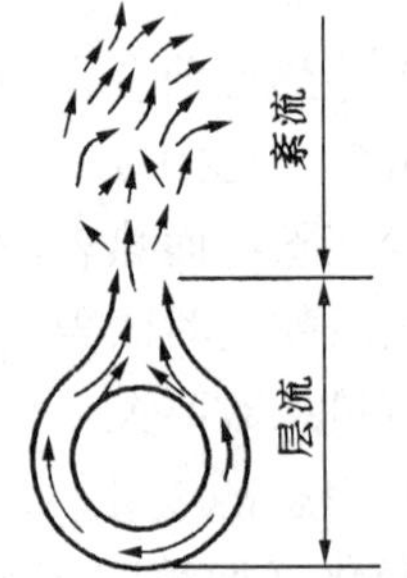

图 5 - 13　空气沿水平热管道四周的自然对流

自然对流换热的传热系数通常都较小。

2. 强制对流换热

流体强制流动时与固体壁面之间的热交换现象，称为强制对流换热。它又分为流体在管内纵向流动时的对流换热以及流体在管外横向流动时的对流换热。

（1）流体在管内强制对流换热。流体在管内的流动方向与管子轴线方向平行时的流动，称纵向冲刷（流动）。在火力发电厂中，水在凝汽器、加热器、省煤器中的管内流动以及蒸汽在过热器内流动时的换热都属这类换热方式。

1）影响管内换热的主要因素。流体在管内作强制对流换热，换热强度主要取决于流体的流动状态、流体的物性和管子的几何尺寸。

2）影响管内换热的其他因素。①入口效应的影响。流体在管内流动时，换热热阻主要在边界层，边界层的形成和发展与换热有密切的关系，无论是层流边界层还是紊流边界层，在管内的发展过程中都可分为两个阶段：不定型流动段和定型流动段。不定型流动段，是指在入口后的一段距离内边界层有规则地成长的阶段，随着流体向前流动，边界层逐渐加厚；定型流动段，是指离进口一段距离（L）后，边界层在管中心汇合，速度分布完全定型而不再改变的阶段。如图 5 - 14 所示。流体在不定型段边界层的发展变化，对该段对流换热表面传热系数的变化有一定影响。在不定型段，若管内为层流，则边界层厚度由小变大，直至管内流动完全定型，边界层厚度与管子半径相等，此时热阻也由小变大，相应的换热系数由大变小；进入定型段后，表面传热系数下降直至稳定值，见图 5 - 14（a）。若管内为紊流，则开始时边界层为层流，表面传热系数急剧下降，但边界层很快转为紊流，表面传热系数回升很快并趋于稳定，见图 5 - 14（b）。流体在不定型流动段的流动情况对表面传热系数的影响称为入口效应。一般当 $L/d<50$ 时，应考虑入口效应的影响；当 $L/d>50$ 时，可不必考虑。②弯管的影响。当流体流过弯管时，由于离心力的作用，加强了流体的扰动和混合，也使换热增强。因此，弯管的对流换热表面传热系数比直管的大。当管子很长而弯曲部分很短时，这种影响可不考虑，但对螺旋管和蛇形管则必须考虑这一影响。③热流方向的影响。热流方向是指流体是被加热还是被冷却。在其他条件相同时，流体被加热时的表面传热系数就不同于它被冷却时的表面传热系数。这主要是因为流体的黏滞性随温度的变化而变化，进而影响到层流底层厚度 $\delta_{底}$ 的变化，使换热热阻发生变化。例如，与被冷却时相比，液体被加热时紧邻壁面处的黏度变小，层流底层变薄，$\delta_{底}$ 减小，故 α_c 较大，气体则相反。

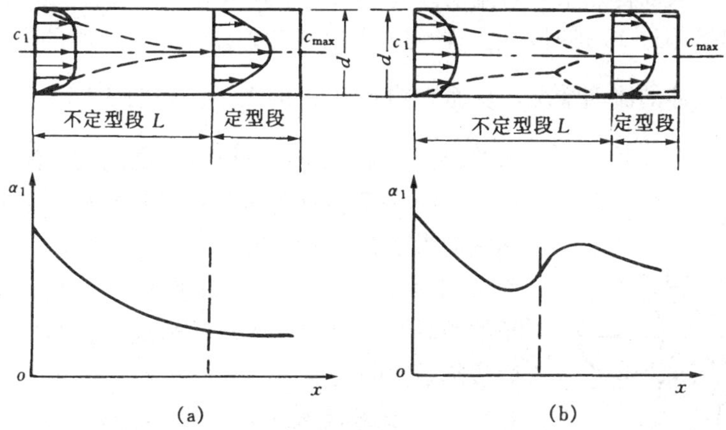

图 5 - 14 入口段对流换热表面传热系数的变化

（a）层流；（b）紊流

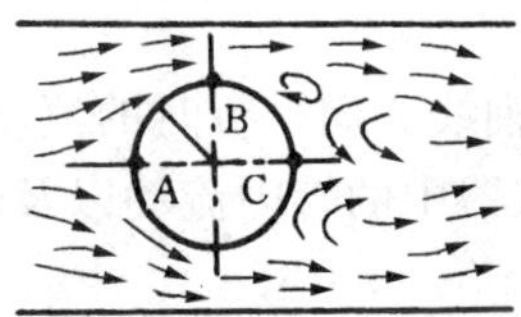

图 5－15　流体横向流过单管的换热特性

（2）流体在管外横向流动时的对流换热。流体在管外的流动方向与管子轴线方向垂直时的流动，称横向冲刷（流动）。锅炉的烟气流过对流过热器、再热器、省煤器时就是与管子外壁发生这种形式的对流换热的。

管外流动换热如同管内流动换热一样，影响对流换热表面传热系数的主要因素仍然是流体的流动状态、流体的物性及几何因素。

下面先分析单管的换热，然后讨论管束的换热情况。

1）流体横向冲刷单管时的换热特性。流体横向流过单管时，在管面上形成边界层，如图 5－15 所示。圆管前、后半周的边界层情况完全不同，在前半周，流体以层流状态与圆周接触，边界层厚度 δ 逐渐增大；在后半周，流体开始脱离管面，此时层流边界层被破坏，流体受到很大的扰动，处于紊流状态，并在管后形成漩涡，因而热阻减小，α_c 增大。

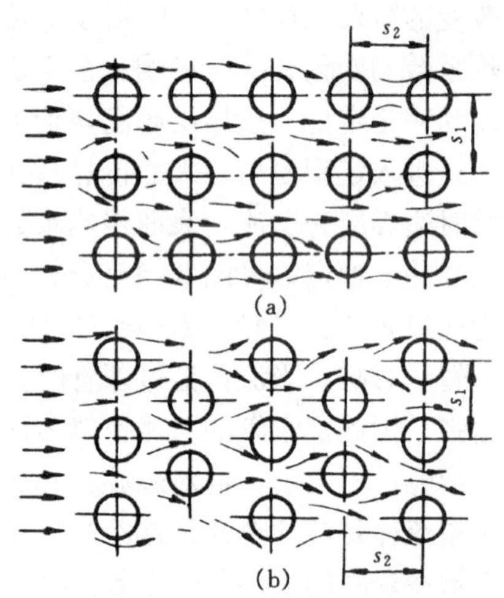

图 5－16　流体横向冲刷管束的流动情况
（a）顺排；（b）叉排

2）流体横向冲刷管束时的换热特性。流体横向流经管束时，由于管束各类几何条件的影响，使流动情况和换热特性更为复杂。①管束排列方式的影响。管束的排列方式可分为顺排和叉排两种，如图 5－16 所示。顺排时，流体受到管壁的干扰小，流动方向较稳定；叉排时，流体在管束间流动速度和方向不断变化，管子对流体的扰动程度比顺排强烈，因而叉排布置时的平均对流换热表面传热系数较顺排布置时更大些。这也是锅炉中省煤器多采用叉排布置的原因。②管子排数的影响。同一种排列方式，各排的表面传热系数也不同。流体进入管束后，管子对流体的扰动逐渐增强，因而表面传热系数随排数的增加逐渐增大，因此，管束的平均表面传热系数与流动方向上的管子排数有关。且管束的 α_c 值大于单管的 α_c 值。一般当排数超过 10 排时，这一影响才可以不考虑。③相对节距的影响。管束间的相对节距也会影响流体的流动情况，从而影响到对 α_c 的大小。如图 5－17 所示，$\frac{s_1}{d}$ 与 $\frac{s_2}{d}$ 为相对节距。当流体进入两根管子之间时，流动截面的宽度为 (s_1-d)，然后分两部分斜插到后排管子之间，此时流动截面宽度为 $2(s_2'-d)$，当 $(s_1-d)>2(s_2'-d)$ 时，流体从截面 1－1 到截面 2－2 的流动速度增大；反之则减小。可见管子的相对节距影响流体流动情况，显然也影响对流换热表面传热系数的大小。

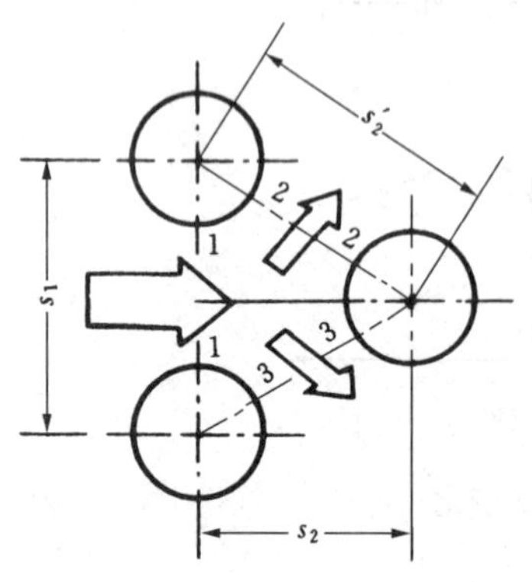

图 5－17　叉排管束中的流动

（三）流体有相变时的对流换热

若换热过程中流体发生了相态变化，则称为有相变的对流换热。有相变的对流换热与无相变的对流换热相比有很大的差异，换热过程更加复杂。

有相变的对流换热有两种换热形式：液体的沸腾换热和蒸汽的凝结换热。下面分别介绍它们的换热规律。

1. 沸腾换热

（1）大容器沸腾换热。

1）大容器沸腾换热的特点。如图 5 - 18（a）所示，水在加热过程中，随着加热过程的进行，汽泡在加热面上不断产生、扩大和脱离的现象，称为沸腾。汽泡的产生和运动是沸腾换热过程的主要特点。

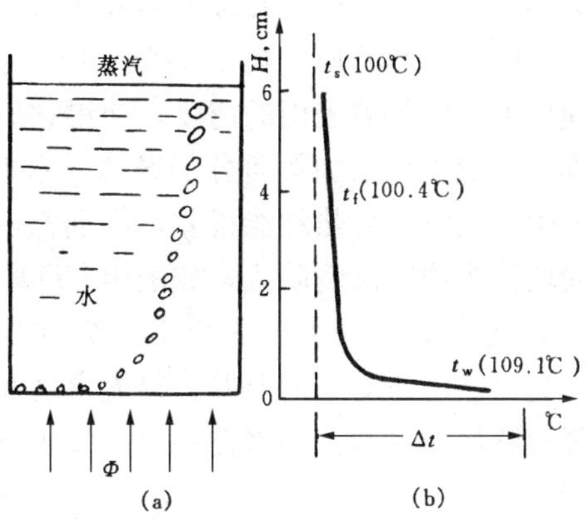

图 5 - 18　大容器中水的沸腾及温度分布
（a）示意图；（b）温度分布曲线

大容器沸腾是指加热面上产生的汽泡能自由上升，并在上升过程中不受液体流动的影响，液体的运动只是由自然对流和汽泡的扰动引起。

汽泡的运动使紧贴加热面的液体层处于强烈的扰动状态，沸腾换热系数大大提高。因而沸腾换热属高强度换热。对同一种流体而言，沸腾时的表面传热系数比无相变时的表面传热系数要高得多。例如，在常压下，水的沸腾表面传热系数 α_c 高达 5.6×10^4W/（m^2·K），而水在强制流动时 α_c 的上限仅为 1.2×10^4W/（m^2·K）。

一般认为水沸腾时的温度是给定压力下对应的饱和温度 t_s，且保持不变。但实验证明，沸腾过程中水的温度 t_f 略高于对应压力下的饱和温度 t_s。如图 5 - 18（b）所示为水在 1 个标准大气压下沸腾时液体内部的温度分布情况（$\varphi=22440$W/m^2）。沸腾时液体的温度为 100.4℃左右，比饱和温度略高，通常就认为沸腾时液体的温度就是沸腾压力下的饱和温度 t_s。而在紧贴加热面的薄层内，水的温度有显著升高，与加热面接触的那部分液体，其温度等于加热面的壁温 $t_w=109.1$℃。沸腾时加热面壁温与水在对应压力下的饱和温度之差称为沸腾温差，也叫壁面过热度，即 $\Delta t=t_w-t_s$。Δt 的数值随热流密度 φ 的增大而增大，它是沸腾的动力，壁面过热度越大，汽泡生成的频率就越高，换热就越强烈，表面传热系数就越大。所以，沸腾表面传热系数 α_c 是沸腾温差 Δt（或热流密度 φ）的函数，即 $\alpha_c=f(\Delta t)$。

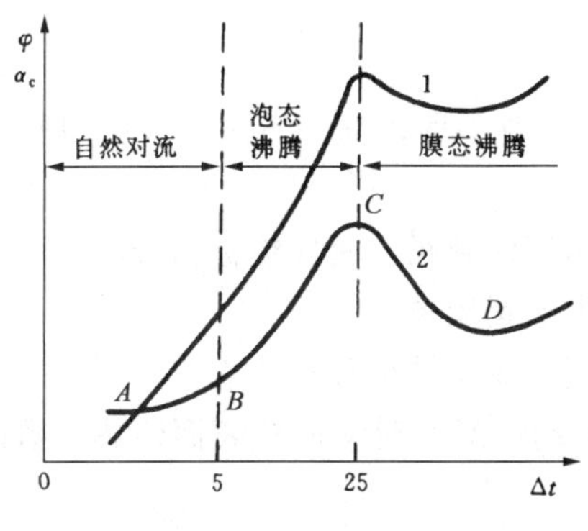

图 5 - 19　水沸腾时 φ、α_c 和 Δt 的关系（$p=10^5$Pa）
1—φ 与 Δt 的关系；2—α_c 与 Δt 的关系

2）大容器沸腾的三种状态。实验观察表明，随壁面过热度 Δt 的变化，大容器沸腾会出现不同类型的沸腾状态。图 5 - 19 为水在一个大气压下沸腾时热流密度 φ 和表面传热系数 α_c 随 Δt 变化的规律。

①自然对流阶段。壁面过热度 $\Delta t<5$℃时，加热表面上产生的汽泡很少，基本上相当于液体自由运动时的单相换热状况，随 Δt 的增加，α_c 略有增加。$\alpha_c<1200$W/（m^2·K）。因此这一阶段称为自然对流阶段，如图中的 AB 段。

②泡态沸腾阶段。当温差 $\Delta t=5\sim25$℃时，随着 Δt 的增大，加热面上产生的汽泡显著增加，大量的汽泡在液体内部产生强烈的扰动，使 α_c 值急剧增大。这一阶段称为泡态沸腾阶段，如图中 BC 段。沸腾换热的强度在这一阶段取决于汽泡的产生

和运动。工业设备中的沸腾大多处于这一阶段。

③膜态沸腾阶段。当 $\Delta t>25$℃时，由于加热面上气泡的数量迅速增加，而且气泡产生的速度大于它脱离表面的速度，使得它们在加热面上堆积、汇合，形成一层蒸汽膜覆盖于加热面上，把液体与加热面分隔开来，这时加热面的热量必须穿过这一层汽膜才能传递给液体。由于蒸汽的导热性能很差，因而汽膜的导热热阻较大，使 α_c 迅速下降，换热恶化。这一阶段称为膜态沸腾阶段，如图中 CD 段。汽膜是膜态沸腾的主要热阻。

3）临界热流密度。从泡态沸腾过渡到膜态沸腾的转折点 C 点，称为沸腾换热的临界点。这一状态所对应的温差、热流密度和沸腾换热系数分别称为临界温差、临界热流密度和临界沸腾换热系数。如水在一个大气压下的大容器沸腾中各临界值为

$$\Delta t_{cr}=25℃$$

$$\varphi_{cr}\approx 1.25\times 10^6 \quad \mathrm{W/m^2}$$

$$\alpha_{c,cr}\approx 5.8\times 10^4 \quad \mathrm{W/(m^2\cdot ℃)}$$

临界点的确定在工程上有很重要的实际意义。这种意义表现为可以根据 φ_{cr} 和 Δt_{cr} 来控制设备的加热程度和确定最佳的加热温度。当 $\varphi<\varphi_{cr}$ 时，α_c 随 Δt 的增加而增大，换热增强；而当 $\varphi>\varphi_{cr}$ 时，发生膜态沸腾，α_c 随 Δt 的增加迅速减小，使换热恶化，甚至于使换热面烧毁。因此对以沸腾换热方式传热的设备，如锅炉水冷壁等的设计和使用，都必须严格控制热流密度 $\varphi<\varphi_{cr}$；或者在可能出现膜态沸腾的区域采取保护措施，防止壁温飞升烧毁壁面。如我国生产的 SG－1000/170 型燃煤直流锅炉，在炉内高热负荷区采用了内螺纹管，如图5－20（a）所示，其目的是增加流体的扰动，强化换热，推迟膜态沸腾的发生，即使出现膜态沸腾，壁温飞升值也不致太高。

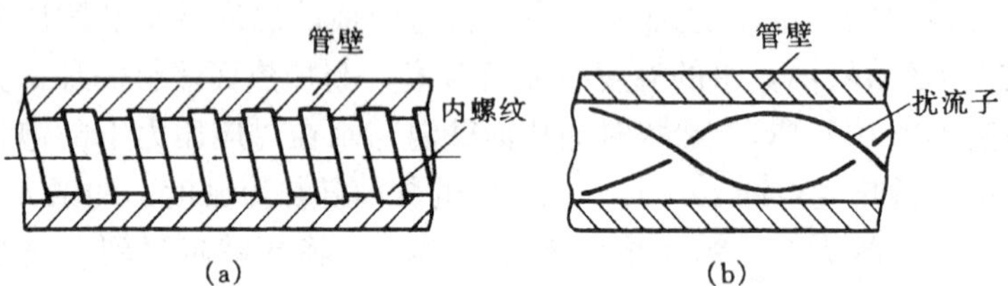

图 5－20　内螺纹管与扰流子

（a）内螺纹管；（b）扰流子

在水冷壁管中加装扰流子也是推迟沸腾换热恶化的有效手段，如图 5－20（b）所示。东方锅炉厂的燃煤直流锅炉就采用了扰流子。

（2）管内沸腾换热。液体在管内流动时的沸腾，称为管内沸腾，其换热称为管内沸腾换热。锅炉水冷壁和沸腾式省煤器内的热量交换就属于管内沸腾换热。

流体在管内沸腾时，随着汽液混合物中含汽量的不同，流动情况和换热规律也不同。图 5－21 为水在一受热均匀的垂直管中由下而上沸腾时的流动情况及对流换热表面传热系数的变化情况，可分为六个阶段：

1）过冷水强制对流换热阶段。该阶段内管内壁温度低于水的饱和温度，管壁与水之间的换热方式属于无相变强制对流换热。沿着水的流动方向，水温升高，α_c 略有增加。

2）过冷沸腾换热阶段。该阶段内管壁温度已高于水的饱和温度，但是管子中心部分水的温度尚未达到饱和温度，为未饱和水。管壁上产生的汽泡在脱离壁面后进入未饱和水中，

发生凝结而消失。这时的沸腾称为过冷沸腾。由于气泡的产生和消失使水受到较大的扰动，α_c 显著升高。

3）泡态沸腾换热阶段。该阶段内管子整个截面上水的温度都已达到饱和温度，壁面上产生的气泡不再消失，气泡被水流带走。在开始阶段，小气泡分散夹带在水流当中，形成“气包状流动”。随着小气包逐渐汇合成大的汽弹，并沿管中央流动，形成“汽弹状流动”。由于气泡数量的增多，气泡的运动引起水的强烈扰动，α_c 迅速增大且为一常数［5800～12000W/(m^2·℃)］，管壁温度略高于水温。沸腾换热的强度在这一阶段取决于气泡的产生和运动，故称为泡态沸腾。

4）液膜的强制对流换热阶段。该阶段内汽水混合物中的含汽量进一步增加，在管子中心部分形成一个高速流动的汽柱，把液体挤压在管壁四周，形成“环状水膜”，此时的流动称为“环状流动”。液膜较薄时，管壁上无汽泡产生，这时的汽化过程发生在液膜和汽柱的分界面上，液膜因蒸发而不断减薄，α_c 显著增加。

5）湿蒸汽的强制对流换热阶段。由于液膜的不断减薄，该阶段内蒸汽流将液膜撕破，水分散成小水滴夹带在汽流当中，称为雾状流动。此时，管壁直接与蒸汽接触，α_c 急剧下降，管壁温度大幅度升高，这种现象又称为蒸干。随着水滴的继续蒸发，流速不断增加，α_c 又逐渐上升，壁温有所下降。

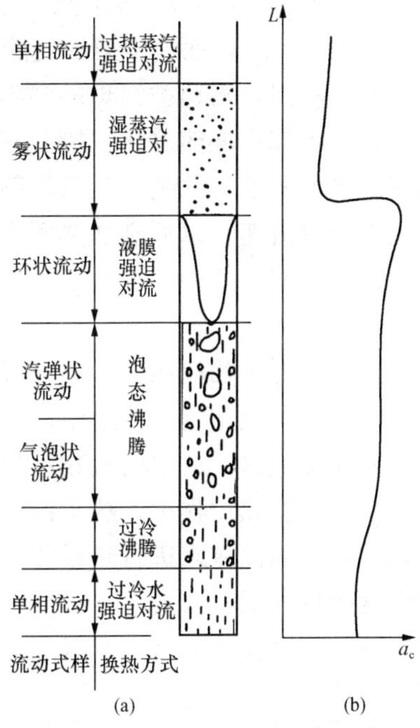

图 5－21　垂直管内沸腾时的流动情况及换热系数的变化

（a）流动状况示意；（b）对流换热系数的变化

6）过热蒸汽的强迫对流换热阶段。该阶段内水全部蒸发完毕，管内的换热为管壁与过热蒸汽的无相变换热。随着蒸汽温度的升高，壁温逐渐升高。

亚临界压力直流锅炉水冷壁中的沸腾过程与上述情况大致类似。对自然循环锅炉，由汽包进入水冷壁的水过冷度很小，从水冷壁进入汽包的汽水混合物中多数是水，因此，水冷壁中发生的主要是上述 3）、4）两种情况，1）、2）阶段发生在省煤器中。

水在水平管内沸腾和垂直管内的沸腾大致相似，但若流速较小，可能出现汽水分层现象。这时管子上部为蒸汽，下部为水。由于蒸汽的对流换热表面传热系数比水的对流表面传热换热系数小得多，使得上部管壁温度可能比下部管壁温度高出很多，由此产生的热应力可能超过管材的允许温度。因此，锅炉蒸发受热面应尽量避免水平布置。如果需要水平布置或微倾斜布置的管子，要保证足够的流速，以防止出现汽水分层现象。

管内沸腾和大容器沸腾一样会出现换热恶化。它包括两类膜态沸腾。第一类膜态沸腾，发生在热流密度大于临界热流密度时，在过冷沸腾阶段和泡态沸腾阶段可能会产生大量的汽泡，来不及脱离壁面而聚积成一层汽膜贴在管壁上，将水和管壁隔开。汽膜热阻使 α_c 急剧下降，管壁温度飞升，换热恶化。第二类膜态沸腾，发生在由“环状流动”向“雾状流动”的过渡区。由于蒸汽干度很高，液膜被撕破时，在管内形成不连续、不稳定的汽膜，使管壁直接与蒸汽接触，α_c 急剧下降，壁温飞升，换热恶化，也称为蒸干。

对于 $p\leqslant 14$MPa 的自然循环锅炉，一般不会发生膜态沸腾和蒸干现象。水冷壁管中的沸腾属于泡态沸腾，α_c 值很高，管壁温度和水温较接近。但对于亚临界压力直流锅炉，一般会由于 $\varphi > \varphi_{cr}$，而产生第一类膜态沸腾；且水冷壁中蒸汽干度从 0 变到 1，必然会出现蒸干现象。所以，对这类锅炉的沸腾恶化问题要认真对待。

为防止沸腾换热恶化，措施有：①设计高参数直流锅炉时，必须选用比临界热流密度小得多的热流密度，并把含汽量较高的受热面布置在低热负荷区，使之不超过临界值。②适当增加工质的流速，以冲刷加热面上的汽膜，使汽膜难以形成。③在炉内高热负荷区采用内螺纹管以及在水冷壁中装扰流子等。

2. 凝结换热

蒸汽与低于相应压力下饱和温度的冷壁面接触时，就会被冷却而凝结成液体依附在壁面上，同时放出汽化潜热传给壁面，这种现象称为凝结换热。如在火电厂凝汽器中，水蒸气在铜管外凝结成水，放出的汽化潜热穿过管壁由管内冷却水带走。

在凝结换热过程中，热量的传递是通过蒸汽凝结放出汽化潜热来实现的，而无相变对流换热则是依靠温差来进行热量传递的，由于汽化潜热较质量热容大得多，因此凝结换热属于高强度换热方式。

(1) 凝结换热的特点。凝结液体附着在壁面上有两种形式。凝结液能润湿壁面并在壁面上形成一层完整的液膜，这种凝结方式称膜状凝结；凝结液不能润湿壁面，而在壁面上凝聚成一个个小液珠，这种凝结方式称为珠状凝结。工业上所遇到的凝结过程大多数都属于膜状凝结，所以下面只介绍膜状凝结换热的特点。

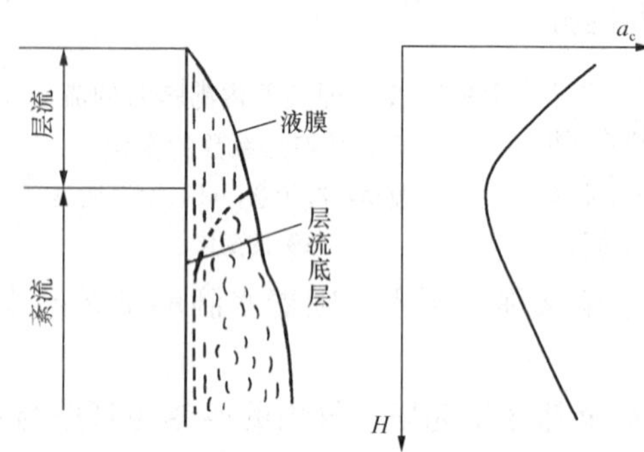

图 5 - 22 蒸汽在竖壁上的膜状凝结

图 5 - 22 所示为蒸汽在竖壁上凝结时的液膜厚度及流动规律与 α_c 的变化情况示意图。由图可知，膜状凝结时，壁面总是被一层液膜覆盖，这层液膜将蒸汽和壁面隔开，蒸汽的凝结只在液膜表面上发生，凝结时放出的汽化潜热必须穿过这层液膜才能传给壁面。因此，凝结液膜是凝结换热的主要热阻，其厚度和流态直接影响凝结换热的强弱，即 $\alpha_c = f$ (液膜)。

如图 5 - 22 所示，液膜在初始形成时，由于膜层的厚度还不大，液体的流动总是处于层流状态，而随着蒸汽不断凝结，液膜不断加厚，流速也会增加。当液膜厚度 δ 增加到一定程度时，会使液膜的流动状态由层流转变为紊流，但由于壁面与流体的摩擦作用，使紧靠壁面的很薄一层流体中仍保持层流。

随着液膜厚度 δ 及流态的变化，凝结换热表面传热系数 α_c 也相应发生变化。在层流段液膜由薄变厚，热阻由小变大，α_c 则由大变小；当液膜由层流转为紊流后，由于层流底层的逐渐减薄，使热阻减小，α_c 又逐渐回升。

(2) 影响凝结换热的因素。因凝结换热属高强度换热，所以在实际应用中，一般不是去注意如何增传换热系数，而是应当注意防止换热系数不正常地被降低。下面结合汽轮机凝汽器的换热情况对影响凝结换热的因素进行分析。

1) 蒸汽中含有不凝结气体的影响。凝汽器在真空下工作，由于凝汽器及其连接系统不严密、除氧器除气不净等原因，使蒸汽内部夹杂着少量空气。空气属于不凝结气体，当蒸汽中含有空气时，即使含量极微也会对凝结换热产生极其有害的影响。实验证明，当蒸汽中含有1%的空气时，就会使 α_c 下降50%以上。

不凝结气体对蒸汽凝结换热的影响是因为当蒸汽向冷壁面对流和扩散时，不凝结气体也随之被带到液膜的附近，并逐渐聚集在液膜的表面，使得近壁处不凝结气体的分压力增大，蒸汽分压则相对减小，这就导致液膜表面蒸汽的饱和温度 t_s 下降，降低了凝结换热温差 $\Delta t=t_s-t_w$，使凝结换热量下降。另外，空气聚集在凝结液膜的表面，形成附加热阻，阻止了蒸汽与液膜的接触，蒸汽放出的汽化潜热必须先穿过这一空气层才能到达液膜表面，而空气的导热能力很低，因而这层空气层的热阻很大，使表面传热系数大大降低。

因此，在汽轮机凝汽器设备中都装有高效能的抽气器，不断地将凝汽器内的空气排除，以获得良好的凝结效果，并维持凝汽器的真空。

2）蒸汽流速及流向的影响。蒸汽流速对凝结换热影响很大。当蒸汽以一定速度流动时（$c>10$m/s），蒸汽和液膜之间会产生明显的摩擦作用，若蒸汽的流动方向和液膜的流动方向一致，这种摩擦作用会加速液膜的流动使液膜变薄，并加快紊流的出现，使 α_c 增加；若蒸汽的流动方向和液膜的流动方向相反，则摩擦作用会阻碍液膜流动，使液膜减速并增厚，换热恶化。因此，电厂的凝汽器中，蒸汽的流动方向与液膜的流动方向是一致的。

3）管子排列方式的影响。火电厂的凝汽器是由管束组成的。蒸汽在管外凝结，管子横放时，凝结液膜短而薄；竖放时液膜长而厚，故管子横放的 α_c 比竖放大得多。因此在火电厂凝汽器中的管束均为水平布置。

蒸汽在水平管束外凝结时，各排管子的凝结情况是不一样的。当蒸汽自上而下流经管束时，第一排管子的凝结情况与水平放置的单管相同，而其他各排管子的凝结液膜都会因上排管子凝结液体的下落而加厚，致使下面各排管子的凝结换热表面传热系数逐渐下降，因而使整个管束的平均换传系数较单管的传热系数低。

凝汽器的管束常见的排列方式有顺排、叉排和辐向排列三种，如图5-23所示。一般来说，当管排数目相同时，下排管子受上排管子凝结液下落的影响以顺排为最大，叉排最小，辐向排列居中。因此，以叉排管束的凝结换热表面传热系数最大，辐向排列的管束凝结换热表面传热系数次之，顺排管束的凝结换热表面传热系数最小。

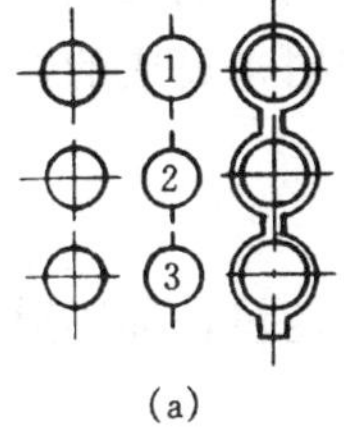

(a)

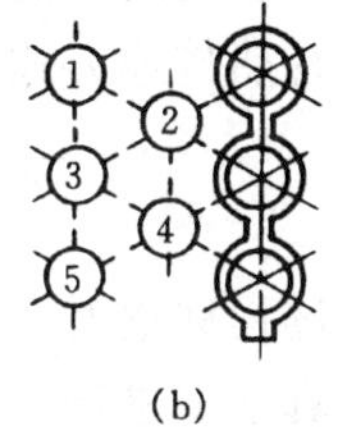

(b)

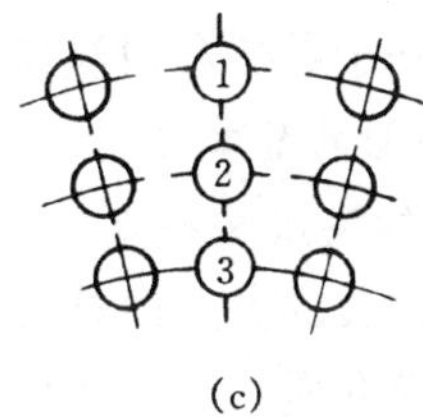

(c)

图5-23 管束的排列方式

(a) 顺排；(b) 叉排；(c) 辐向排列

因辐向排列时汽流由外圆向中心的流动较均匀，因此在国产300MW机组凝汽器中得到广泛应用。同时，为减小凝结液对下面管束的遮盖，减小凝结液膜的厚度，改善换热，在凝汽器一定位置上还装有斜挡板导流，排除凝结液。

4）冷却表面的影响

冷却表面粗糙度大或结垢、锈蚀等，也会使凝结液膜的流动阻力增加，从而增加液膜厚度，导致热阻增加，且结垢、生锈还会产生附加的导热热阻，从而使 α_c 减小。所以凝汽器一般采用不易生锈的黄铜管或铝黄铜管，同时还必须对凝汽器铜管内的泥垢进行定期清洗，以保持冷却面清洁。

通过以上对各种对流换热现象的简单分析，比较各种类型的对流换热，可以得出如下结论：

（1）液体的对流换热表面传热系数比气体的高。

（2）对同一种流体而言，强制对流换热比自然对流换热强烈；有相变的对流换热比无相变的换热强烈。因此，火电厂中的工质（水蒸气）在锅炉和凝汽器中都采用了有相变的换热方式，且汽水系统中的工质和风烟系统的流体大都采用强制对流换热方式，以增强换热。

（3）同一种流体，在其他条件相同的情况下，横向冲刷的换热比纵向冲刷强烈；横向冲刷时，叉排的换热又比顺排强烈。因此，锅炉中的烟气都是横向流经过热器和省煤器，凝汽器中的乏汽也是横向冲刷冷却管束。

表 5 - 1 列出了几种流体在不同换热方式下对流换热表面传热系数 α_c 的大致范围。

表 5 - 1　对流换热表面传热系数的大致范围

流体种类及换热方式	对流换热表面传热系数 [W/ (m² · K)]	流体种类及换热方式	对流换热表面传热系数 [W/ (m² · K)]
空气自然对流	5～50	过热蒸汽强制对流	500～3500
空气强制对流	25～500	水沸腾	2500～50000
水自然对流	200～1000	水蒸气膜状凝结	4500～18000
水强制对流	250～15000	水蒸气珠状凝结	45000～140000

三、热辐射

导热和对流换热都必须通过物体间的直接接触才能进行。然而，有一些热传递现象却并不需要物体的直接接触同样也能进行。如太阳虽然离地球约 1.5 亿 km，却能通过接近真空的宇宙空间把热量传到地球上来；打开锅炉炉膛的炉门，也立即会感到灼热。这些热量传递是依靠完全不同于导热和对流换热的另一种热传递方式——热辐射来完成的。

（一）热辐射的基本概念

1. 热辐射的实质和特点

物体以电磁波的方式向外传递能量的过程称辐射；被传递的能量，称辐射能。电磁波的传递不需要任何介质，因此辐射也可以在真空中进行。

电磁波的波长范围从零至无穷大，按波长范围可分为宇宙射线、γ 射线、X 射线、紫外线、可见光、红外线以及无线电波等。图 5 - 24 所示为电磁波波谱。

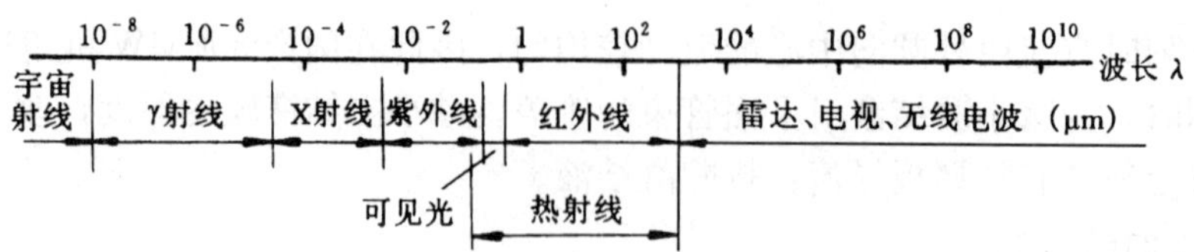

图 5 - 24　电磁波波谱

不同波长的电磁波落到物体表面上所能产生的效应是不同的。其中波长为 0.4～1000μm（1μm=10^{-6}m）范围内的电磁波投射到物体上，能被物体吸收并转变为热能。这些电磁波称热射线。它包括可见光和红外线。热射线的传播过程就是热辐射。

热辐射的实质是：由于热的原因引起物体内部电子的振动，通过由此而产生的热射线向外发射辐射能。

温度是物体内部电子运动的基本原因，因此，热辐射的强弱直接取决于物体的温度。分析热辐射的实质，决定了热辐射过程有如下特点：

（1）热辐射是物体固有的属性。只要物体的温度高于绝对零度，就会向外发出辐射能。且温度越高，发出的辐射能就越大。两个温度不相等的物体间进行相互辐射和吸收，必然是高温物体辐射的能量大于低温物体辐射的能量，故总的效果是高温物体向低温物体传递能量。即使两个物体的温度相等，这种辐射和吸收的过程仍在不停地进行，只是每个物体辐射和吸收的能量相等而已，这种情况称为“热动平衡”，此时物体间通过热辐射交换的热量为零。

（2）热辐射不需要任何介质，可以在真空中以光速传播。而导热和对流换热则需要介质的接触才能传递热量。

（3）热辐射过程中伴随着能量形式的转化。物体发射辐射时，不断将自身的热能转化为辐射能向外发出热射线，当热射线投射到另一物体表面时，辐射能即被物体吸收而重新转变为热能。而导热和对流换热则不存在能量形式的转化。

2. 辐射的吸收、反射和穿透

辐射能投射到物体的表面时，物体对辐射能有吸收、反射和穿透的现象，如图 5-25 所示。设投射到物体上的总辐射能为 G（称投入辐射），其中一部分 G_α 被物体吸收（吸收辐射），另一部分 G_ρ 被反射（反射辐射），其余部分 G_τ 穿透物体（透射辐射）。

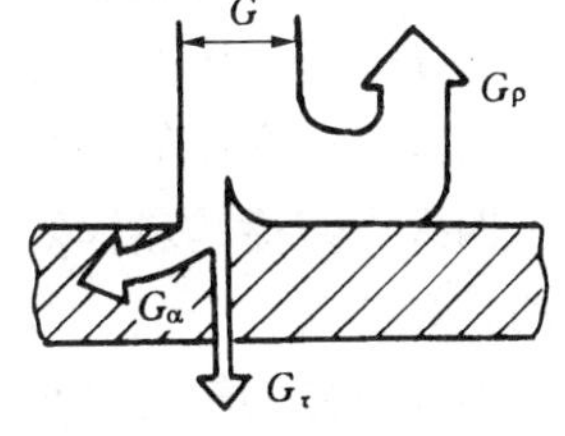

图 5-25 物体对投入辐射的吸收、反射和穿透

根据能量守恒定律有

$$G_\alpha + G_\rho + G_\tau = G$$

或

$$\frac{G_\alpha}{G}+\frac{G_\rho}{G}+\frac{G_\tau}{G}=1$$

即

$$\alpha+\rho+\tau=1 \tag{5-14}$$

式中 α、ρ、τ——物体的吸收率、反射率和穿透率。

它们的数值取决于物体特性、温度及表面状况等因素。如绝大部分固体和液体的穿透率为零，而气体的穿透率不为零；磨光表面的反射率比粗糙面大等。在特殊情况下有：

（1）$\tau=1$，即落在物体上的辐射能可以全部穿透物体，这类物体称为透明体。如不含 CO_2 和 H_2O 等三原子气体的空气就是透明体。

（2）$\rho=1$，即落在物体上的辐射能可以全部被物体反射出去。这类物体称为绝对白体，简称白体。如磨光的金属表面为白体。若反射为规则的镜反射，则该物体称为镜体，如镜子为镜体。

（3）$\alpha=1$，即落在物体上的辐射能可以被全部吸收，这类物体称黑体。在自然界中，真正的黑体是不存在的，即使物体表面涂上一层不光滑的涂料，如烟煤，其吸收率也仅有 0.9～0.96。

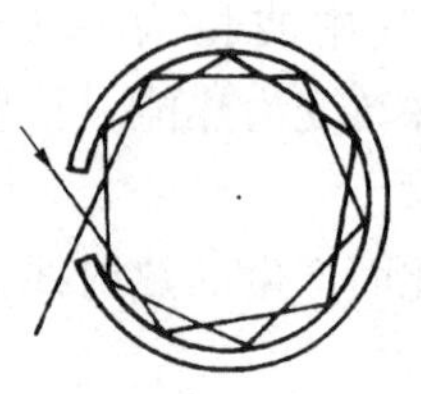
图 5-26 人工制造黑体模型

图 5-26 所示为人工制造的非常接近黑体的模型。

如图 5-26 所示，进入小孔的辐射能，经过腔壁多次吸收后，漏出的辐射能近乎为零。因此小孔即为黑体。黑体是吸收能力最强的一种理想模型，研究黑体的目的是为了研究问题方便起见。

另外，对于固体和液体而言，实际上都是不透明的，即 $\tau=0$。此时式（5-14）简化成

$$\alpha+\rho=1 \tag{5-15}$$

由此可见，凡善于吸收的物体，就不善于反射；凡善于反射的物体，则不善于吸收。

（二）热辐射的基本定律

1. 四次方定律

物体辐射能的大小以辐射力表示。在单位时间内，物体单位表面积向周围空间发射的总辐射能，称为辐射力。以 E 表示。单位为 W/m^2。黑体的辐射力以 E_b 表示（黑体的其他物理量均注以角码“b”）。

温度是产生热辐射的根本原因。实验表明：黑体的辐射力 E_b 与其绝对温度 T 的四次方成正比。该结论称为四次方定律。其数学表达式为

$$E_b=C_b\left(\frac{T}{100}\right)^4 \tag{5-16}$$

式中 E_b——黑体的辐射力，W/m^2；

T——黑体的绝对温度，K；

C_b——黑体的辐射系数，$C_b=5.67W/(m^2 \cdot K^4)$。

四次方定律是热辐射的基本定律，把这一定律推广到实际物体，可以得到实际物体辐射力的计算公式。

实际物体的辐射力小于同温度下黑体的辐射力。实际物体辐射力 E 与同温下黑体辐射力 E_b 之比称为该物体的黑度，以 ε 表示，即

$$\varepsilon=\frac{E}{E_b} \tag{5-17}$$

因此，实际物体的辐射力 E 为

$$E=\varepsilon E_b=\varepsilon C_b\left(\frac{T}{100}\right)^4 \tag{5-18}$$

黑度 ε 表示了实际物体辐射力接近黑体辐射力的程度。实际物体的黑度 ε 总是小于 1 的，它的大小与物体的种类、温度及其表面状况（如粗糙度、氧化程度等）有关。工程上常用材料的黑度值由实验测定。其数值可参阅书末附表九。

2. 基尔霍夫定律

基尔霍夫定律确定了任意物体的辐射力 E 和吸收率 α 之间的关系。

由分析计算证明：任意物体的辐射力与其吸收率的比值，恒等于同温度下黑体的辐射力，且只与温度有关，与物体的性质无关。其数学表达式为

$$\frac{E_1}{\alpha_1}=\frac{E_2}{\alpha_2}=\cdots=\frac{E}{\alpha}=E_b \tag{5-19}$$

由基尔霍夫定律可得出以下结论：

(1) 物体的辐射力越大，其吸收率就越大。换句话讲，善于吸收的物体必善于辐射。

(2) 因为所有实际物体的吸收率都小于 1，所以同温度下黑体的辐射力最大。

(3) 由式 (5 - 19) 可得$\frac{E}{E_b}=\alpha$，把它与黑度定义 $\varepsilon=\frac{E}{E_b}$对照，则有

$$\alpha = \varepsilon \tag{5 - 20}$$

式 (5 - 20) 是基尔霍夫定律的另一表达式。它说明实际物体的吸收率在数值上恒等于同温度下该物体的黑度。

(三) 物体间的辐射换热

任意物体只要温度高于绝对零度，随时都在向外辐射热能，而物体在向外热辐射的同时，也会吸收周围其他物体发出的辐射能，辐射换热就是指不同物体之间相互辐射与吸收的总效果。分析辐射换热的目的则是为了计算不同物体间的辐射换热量。

当两个物体之间发生辐射换热时，若两物体温度不等，则温度较高的物体辐射多于吸收，而温度较低的物体则辐射少于吸收，两者辐射换热的结果是高温物体将热量传给了低温物体。若两个物体温度相同，则每个物体辐射和吸收的热量恰好相等，总的效果是辐射换热量为零。但这时辐射和吸收的过程仍在不断地进行。

1. 物体间辐射换热的计算

(1) 空腔内物体与空腔内壁间的辐射换热计算。图 5 - 27 (a) 所示为空腔内物体与空腔内壁间的辐射换热示意。在工程上经常遇到这类辐射换热问题，如厂房内的热力设备表面以及蒸汽管道表面的散热等。

设空腔内物体 1 和空腔内壁 2 的温度、黑度、表面积分别为 T_1、ε_1、A_1 和 T_2、ε_2、A_2，且 $T_1>T_2$。根据理论分析和计算可以得出二者之间辐射换热量的计算公式为

$$\Phi_{12} = \frac{A_1 C_b}{\frac{1}{\varepsilon_1}+\frac{A_1}{A_2}\left(\frac{1}{\varepsilon_2}-1\right)}\left[\left(\frac{T_1}{100}\right)^4-\left(\frac{T_2}{100}\right)^4\right] \tag{5 - 21}$$

令 $\varepsilon_{12}=\frac{1}{\frac{1}{\varepsilon_1}+\frac{A_1}{A_2}\left(\frac{1}{\varepsilon_2}-1\right)}$，$\varepsilon_{12}$称为辐射换热系统的系统黑度。

若 $A_1\ll A_2$，则$\frac{A_1}{A_2}\approx 0$，此时系统黑度 $\varepsilon_{12}=\varepsilon_1$。式 (5 - 21) 可简化为

$$\Phi_{12} = \varepsilon_1 A_1 C_b\left[\left(\frac{T_1}{100}\right)^4-\left(\frac{T_2}{100}\right)^4\right] \tag{5 - 22}$$

式 (5 - 22) 具有很重要的实际意义。常见的大房间内高温管道的辐射换热以及气体管道内热电偶测温时的辐射误差计算都属于这种类型。计算时无需知道 A_2 及 ε_2 的数值。

(2) 两无限大平行平板间的辐射换热计算。图 5 - 27 (b) 所示为两个无限大平行平板的辐射换热示意。两平板的温度、吸收率、黑度分别为 T_1、α_1、ε_1 和 T_2、α_2、ε_2，且 $T_1>T_2$。根据理论分析和计算可以得出二者之间辐射换热热流密度的计算公式为

$$\varphi_{12} = \frac{C_b}{\frac{1}{\varepsilon_1}+\frac{1}{\varepsilon_2}-1}\left[\left(\frac{T_1}{100}\right)^4-\left(\frac{T_2}{100}\right)^4\right] \tag{5 - 23}$$

该系统黑度为 $\varepsilon_{12}=\frac{1}{\frac{1}{\varepsilon_1}+\frac{1}{\varepsilon_2}-1}$。

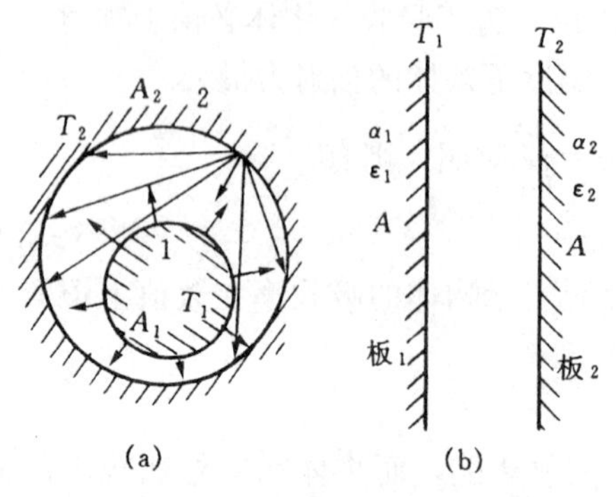

图 5-27 两物体间的辐射换热

(a) 空腔内物体与空腔内壁间的辐射换热；

(b) 两平行平板间的辐射换热

对于面积为 $A(\mathrm{m}^2)$ 的辐射换热量，则

$$\Phi_{12}=\varphi_{12}A=\frac{AC_b}{\dfrac{1}{\varepsilon_1}+\dfrac{1}{\varepsilon_2}-1}\left[\left(\frac{T_1}{100}\right)^4-\left(\frac{T_2}{100}\right)^4\right] \tag{5-24}$$

2. 辐射换热的增强与削弱

(1) 辐射换热系数和辐射换热热阻。为了分析方便，可把辐射换热的热流密度表示成与对流换热的牛顿公式一致的形式，即辐射换热系数 α_r 与温压 Δt 的乘积。

$$\varphi_{12}=\alpha_r\Delta t=\alpha_r(T_1-T_2) \tag{5-25}$$

则据式 (5-23) 可得两平行平板间辐射换热系数 α_r 的表达式应为

$$\alpha_r=\frac{\varepsilon_{12}C_b\left[\left(\dfrac{T_1}{100}\right)^4-\left(\dfrac{T_2}{100}\right)^4\right]}{T_1-T_2} \tag{5-26}$$

在锅炉计算中，各种情况下的辐射换热系数 α_r 已绘成特定的图表以供查阅。

式 (5-25) 还可写成 $\varphi_{12}=\dfrac{\Delta t}{\dfrac{1}{\alpha_r}}=\dfrac{\Delta t}{R_r}$的形式，其中

$$R_r=\frac{1}{\alpha_r}=\frac{T_1-T_2}{\varepsilon_{12}C_b\left[\left(\dfrac{T_1}{100}\right)^4-\left(\dfrac{T_2}{100}\right)^4\right]} \tag{5-27}$$

R_r 称为辐射换热热阻。它正好是辐射换热系数 α_r 的倒数。这样就得到了与导热、对流换热有一致形式的热流密度的计算公式，即辐射换热的热流密度与温压成正比，与辐射换热热阻成反比。

(2) 辐射换热的增强与削弱。工程上常遇到需要增强或削弱物体间辐射换热的情况。通过对辐射换热热阻的分析，可以找到增强或削弱辐射换热的措施。

由式 (5-27) 知，辐射换热热阻 R_r 的大小取决于温度 T_1、T_2 及系统黑度 ε_{12}。当系统黑度不变时，辐射换热量与物体温度四次方之差成正比；当温度不变时，辐射换热量则与系统黑度成正比。

因此，当表面温度一定时，增加表面黑度就成为减小辐射换热热阻、增强辐射换热的主要措施。如电厂室内各种电气设备，为增强其散热能力，均在表面涂以黑度较大的油漆。若要削弱辐射换热，则可在物体表面上镀上一层黑度较小的银、铝等薄层，以增加辐射换热热阻。如保温瓶的瓶胆就是采用这种方法提高保温效果的。而对炉膛内火焰与水冷壁之间的辐射换热，改变高温辐射物体（火焰）的温度，对增强或削弱炉内辐射换热最有效。

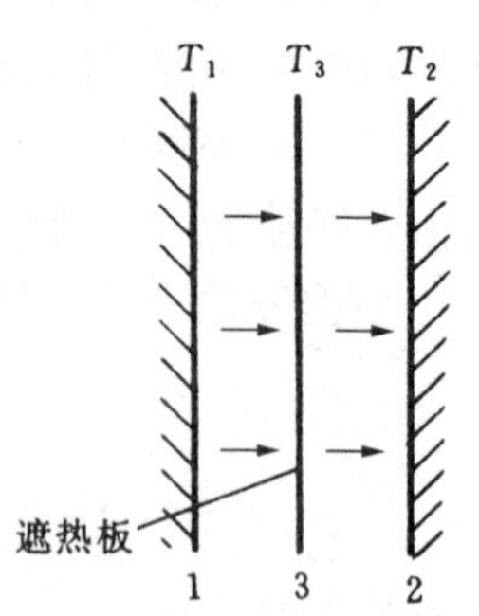

图 5-28 遮热板

另外，在工程上，为减少两表面间的辐射换热量，也常采用在两表面间放置黑度较小的金属薄板——遮热板的方法，如图 5-28 所示。分析计算表明，放置遮热板后，辐射换热系统的总热阻将增

加，使得辐射换热量减少。如若在两平板之间插入 n 块与平板黑度相同的遮热板，则辐射换热量减小为原来的$\frac{1}{n+1}$。

遮热板原理在工程技术中应用十分广泛。常见的测量高温烟气的热电偶，在气体温度与周围壁温不同的情况下，为了减少插入的热电偶与水冷壁间的辐射换热而引起的测温误差，多在热电偶工作端外面加遮热套。国产 300MW 汽轮机高、中压缸进汽连接管的内外层套管装有遮热筒，其目的也是为了减少进汽导管的辐射散热。

例　题

【5-1】　一炉墙用水泥珍珠岩材料，壁厚 $\delta=120$mm，已知内壁温度 $t_1=500$℃，外壁温度 $t_2=50$℃，水泥珍珠岩的导热系数 $\lambda=0.094$W/（m·K）。试求每平方米炉墙每小时的散热量。

解　属单层平壁的导热问题。

$$\varphi=\frac{t_1-t_2}{\frac{\delta}{\lambda}}=\frac{500-50}{\frac{120\times10^{-3}}{0.094}}=352.5\ (\mathrm{W/m^2})$$

每平方米炉墙每小时的散热量为

$$352.5\times3600=1269\ (\mathrm{kJ})$$

【5-2】　耐热钢管的内径为 $d_1=20$mm，外径为 $d_2=30$mm，导热系数为 $\lambda=17.5$W/（m·K），管壁内外表面的温度分别为 $t_1=500$℃和 $t_2=460$℃，试计算通过单位管长的热流量，并将简化计算结果与之进行比较。

解　属单层圆筒壁的导热问题。

$$\varphi_l=\frac{t_1-t_2}{\frac{1}{2\pi\lambda}\ln\frac{d_2}{d_1}}=\frac{500-460}{\frac{1}{2\pi\times17.5}\ln\frac{0.03}{0.02}}=1\ 0842\ (\mathrm{W/m})$$

简化计算　因$\frac{d_2}{d_1}=\frac{30}{20}=1.5<2$

$$\bar{d}=\frac{d_1+d_2}{2}=\frac{0.02+0.03}{2}=0.025\ (\mathrm{m})$$

$$\delta=\frac{d_2-d_1}{2}=\frac{0.03-0.02}{2}=0.005\ (\mathrm{m})$$

$$\varphi_l=\frac{t_1-t_2}{\frac{\delta}{\pi\bar{d}\lambda}}=\frac{500-460}{\frac{0.005}{3.14\times0.025\times17.5}}=10\ 990\ (\mathrm{W/m})$$

相对误差为

$$\frac{10\ 990-10\ 842}{10\ 842}=1.37\%$$

【5-3】　水在容器中沸腾，压力为 2MPa 时的饱和温度 $t_s=212.37$℃，加热面温度保持 $t_w=218$℃，对流换热表面传热系数 $\alpha_c=20\ 000$W/（$\mathrm{m^2}$·K），试求单位加热面上的换热量。

解　属大容器沸腾换热。

$$\varphi=\alpha_c\ (t_w-t_s)\ =20\ 000\times\ (218-212.37)\ =112\ 600\ (\mathrm{W/m^2})$$

【5-4】　把一黑体置于室温为 27℃的房间内，问在热平衡条件下，黑体表面的辐射力

为多少？若将黑体加热到 627℃，它的辐射力又如何？

解 在热平衡条件下，黑体温度与室温相同，即为 27℃，其辐射力为

$$E_{b1}=C_b\left(\frac{T_1}{100}\right)^4=5.67\times\left(\frac{273+27}{100}\right)^4=459\ (\text{W/m}^2)$$

在 627℃时，其辐射力为

$$E_{b2}=C_b\left(\frac{T_2}{100}\right)^4=5.67\times\left(\frac{273+627}{100}\right)^4=37\ 201\ (\text{W/m}^2)$$

该例表明，虽然 T_2 仅为 T_1 的 3 倍，但辐射力之比却高达 81 倍。

【5-5】 相距较近的两平行平板，其中一平板的 $t_1=727℃$，$\varepsilon_1=0.8$，另一块平板的 $t_2=227℃$，$\varepsilon_2=0.6$。求平板间的辐射换热量。

解 属两平板间的辐射换热量计算。平板间的辐射换热量为

$$\varphi_{12}=\frac{C_b}{\frac{1}{\varepsilon_1}+\frac{1}{\varepsilon_2}-1}\left[\left(\frac{T_1}{100}\right)^4-\left(\frac{T_2}{100}\right)^4\right]$$

$$=\frac{5.67\times\left[\left(\frac{727+273}{100}\right)^4-\left(\frac{227+273}{100}\right)^4\right]}{\frac{1}{0.8}+\frac{1}{0.6}-1}=27734\ (\text{W/m}^2)$$

课堂练习题

5-1 有两块大平壁 A 和 B，其厚度和表面积相同，在稳定导热过程中，测得它们的表面温度：$t_{A1}=t_{B1}=300℃$，$t_{A2}=150℃$，$t_{B2}=100℃$，若它们的导热量相等，试判别哪一个平壁的导热系数大？为什么？

5-2 膜态沸腾有什么危害？

5-3 为什么汽轮机的凝汽器要装有高效能的抽气器？

5-4 热辐射的本质是什么？有何特点？

课题二 传 热 过 程

教学目的

课题一分别介绍了导热、对流换热和辐射换热三种基本热传递方式的特点和基本计算，而在工程实际中，热量传递过程往往是这三种基本热传递方式组合在一起的复杂的传热过程。传热过程在火力发电厂中应用极为广泛，本课题主要讨论传热过程的特点及传热计算方法，并结合电厂实际从理论上明确增强传热与削弱传热的途径。

要求理解传热过程、传热系数、传热热阻的概念及传热方程式的意义；了解平壁、圆筒壁的传热计算公式；掌握增强与削弱传热的热阻分析法。

教学内容

一、传热过程及传热方程式

（一）传热过程与复合换热

在火电厂常用的换热设备中，需要交换热量的冷、热流体常分别处于固体壁面两侧，通

过壁面来进行热量交换。如锅炉的过热器，管外受高温烟气的冲刷，管内是被加热的蒸汽，烟气必须通过管壁才能将热量传递给蒸汽。这种冷、热流体各处一方，中间由固体壁面隔开，热流体通过固体壁面把热量传递给冷流体的过程，称为传热过程。锅炉的过热器、再热器、水冷壁、省煤器及汽轮机的凝汽器、表面式加热器等设备的热量传递过程都是传热过程。

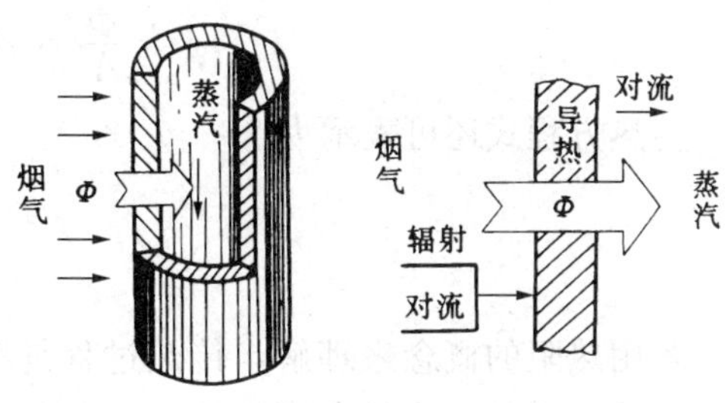

图 5-29 过热器的传热过程示意

在这些换热设备中，热量通过固体壁时，是以单纯的导热方式进行的，而固体壁面与热、冷流体之间的换热，则依靠对流换热的方式或辐射换热的方式进行，或是以两种方式的联合作用来进行。

过热器的传热过程如图 5-29 所示，可直观地表示如下：

$$\text{烟气}\xrightarrow[\text{对流换热}]{\text{辐射换热}}\text{管外壁}\xrightarrow{\text{导热}}\text{管内壁}\xrightarrow{\text{对流换热}}\text{蒸汽}$$

又如炉墙的传热过程可表示如下：

$$\text{烟气}\xrightarrow{\text{辐射换热}}\text{墙内壁}\xrightarrow{\text{导热}}\text{墙外壁}\xrightarrow[\text{辐射换热}]{\text{对流换热}}\text{空气}$$

我们把在物体的同一表面上对流换热和辐射换热同时存在的热传递现象，称之为复合传热。复合传热的总传热系数 α 应等于对流换热表面传热系数 α_c 与辐射传热系数 α_r 之和，即 $\alpha=\alpha_c+\alpha_r$。复合传热热阻 R 为复合传热系数 α 的倒数$\left(R=\dfrac{1}{\alpha}\right)$。在复合传热中，若某一种换热方式的换热量分额很小，则可不考虑，而以另一种换热方式为主进行处理。如省煤器与烟气间的换热，因烟气流速较高，烟温相对较低，辐射作用不明显，故可按对流换热方式进行处理。

一般说来，整个传热过程可看作由三个串联环节组成：

（1）热流体与壁面的复合换热过程；

（2）管壁内的导热过程；

（3）冷流体与壁面的复合换热过程。

（二）传热方程式

实践证明，在稳定的传热过程中，传热量与传热过程的总温差及传热面积成正比。传热过程传热量的计算公式表示如下：

$$\Phi = KA\Delta t = KA(t_{f1} - t_{f2}) \tag{5-28}$$

式中 Δt——热、冷流体的温度差，$\Delta t = t_{f1} - t_{f2}$，℃；

K——传热系数，W/（m^2·K）；

A——传热过程的传热面积，m^2。

传热系数 K 反映了传热过程的强烈程度。在数值上，它表示当传热温差为 1K 时，单位传热面积在单位时间内的传热量的大小。K 值越大，传热过程进行得越强烈；反之则越弱。

式（5-28）称为传热方程式，广泛应用于热工计算。

如果将该式表示成热流密度的形式，则

$$\varphi=\frac{\Phi}{A}=K\Delta t=K(t_{f1}-t_{f2}) \tag{5-29}$$

传热方程式还可表示为

$$\varphi=\frac{\Delta t}{\frac{1}{K}}=\frac{\Delta t}{R_K} \tag{5-30}$$

若用热阻的概念来理解，传热过程是串联环节的热量传递过程，根据串联热阻叠加原则，传热过程的总热阻应等于组成该传热过程的三个串联环节的局部热阻之和，即

$$R_K=R_1+R_\lambda+R_2 \tag{5-31}$$

传热过程的热流密度，应与传热过程的总温差成正比，与传热过程的总热阻成反比，即

$$\varphi=\frac{\Delta t}{R_K}=\frac{t_{f1}-t_{f2}}{R_K} \tag{5-32}$$

由式（5-30）可知，传热系数即是传热热阻的倒数，即 $R_K=\frac{1}{K}$。传热过程的总热阻越大，传热系数就越小，传热量就越少。

电厂常用的换热设备中，进行传热的壁面，常见的有平壁和圆筒壁，下面分别讨论这两类典型传热过程的传热计算。

二、平壁及圆筒壁的传热

（一）平壁的传热

1. 单层平壁的传热

图 5-30 为单层平壁传热示意。平壁材料的热导率为 λ，壁厚为 δ。壁的一侧是温度为 t_{f1} 的热流体，另一侧是温度为 t_{f2} 的冷流体，t_{w1}、t_{w2} 分别表示与热、冷流体相接触的壁面的温度。热流体侧复合传热系数为 α_1，冷流体侧复合传热系数为 α_2。

传热过程串联三环节的局部热阻分别为：热流体侧的复合传热热阻 $1/\alpha_1$、壁面的导热热阻 δ/λ、冷流体侧的复合传热热阻 $1/\alpha_2$。因此，根据串联热阻叠加原则，传热过程的传热热阻应为

$$R_K=R_1+R_\lambda+R_2=\frac{1}{\alpha_1}+\frac{\delta}{\lambda}+\frac{1}{\alpha_2} \tag{5-33}$$

则传热过程的传热系数为

$$K=\frac{1}{R_K}=\frac{1}{\frac{1}{\alpha_1}+\frac{\delta}{\lambda}+\frac{1}{\alpha_2}} \tag{5-34}$$

由传热方程式可得传热过程的热流密度为

$$\varphi=K\Delta t=\frac{\Delta t}{R_K}=\frac{t_{f1}-t_{f2}}{\frac{1}{\alpha_1}+\frac{\delta}{\lambda}+\frac{1}{\alpha_2}} \tag{5-35}$$

当传热面积为 $A\mathrm{m}^2$ 时，热流量为 $\Phi=\varphi A$　W。

2. 多层平壁的传热

工程上较常见的多是通过多层平壁的传热现象，如锅炉炉墙的散热、汽缸壁的散热等。显然，对于多层平壁的传热，只是增加几层平壁的导热热阻而已。图 5-31 为三层平壁的稳定传热过程示意。

根据串联热阻叠加原则，三层平壁传热过程的传热热阻为

$$R_K = R_1 + R_{\lambda 1} + R_{\lambda 2} + R_{\lambda 3} + R_2 = \frac{1}{\alpha_1} + \frac{\delta_1}{\lambda_1} + \frac{\delta_2}{\lambda_2} + \frac{\delta_3}{\lambda_3} + \frac{1}{\alpha_2} \tag{5-36}$$

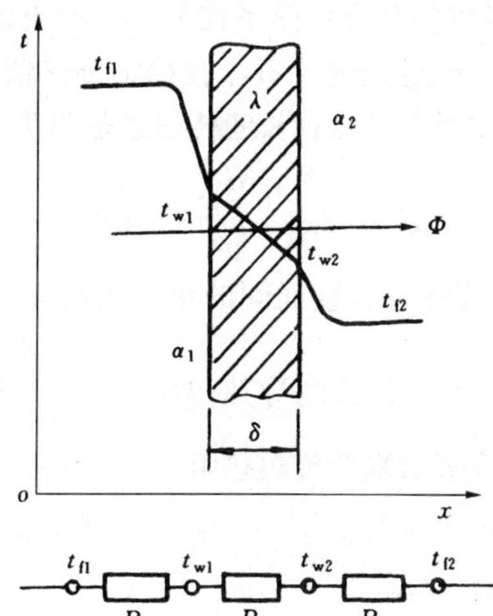

图 5 - 30 通过单层平壁的传热

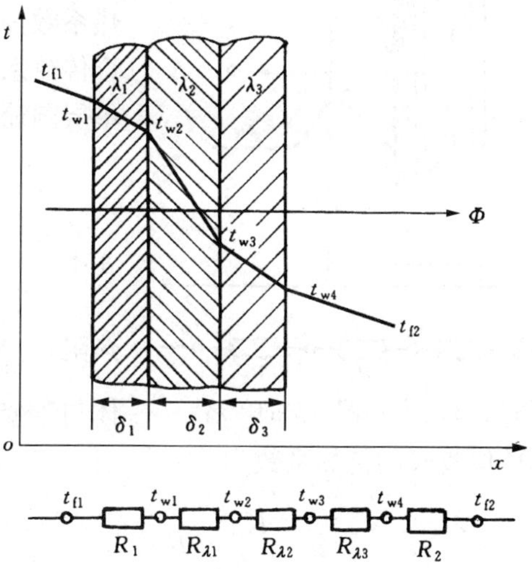

图 5 - 31 多层平壁的传热过程

因此传热系数为

$$K = \frac{1}{R_K} = \frac{1}{\dfrac{1}{\alpha_1} + \dfrac{\delta_1}{\lambda_1} + \dfrac{\delta_2}{\lambda_2} + \dfrac{\delta_3}{\lambda_3} + \dfrac{1}{\alpha_2}} \tag{5-37}$$

故热流密度 φ 为

$$\varphi = K\Delta t = \frac{\Delta t}{R_K} = \frac{t_{f1} - t_{f2}}{\dfrac{1}{\alpha_1} + \dfrac{\delta_1}{\lambda_1} + \dfrac{\delta_2}{\lambda_2} + \dfrac{\delta_3}{\lambda_3} + \dfrac{1}{\alpha_2}} \tag{5-38}$$

显然，对于 n 层平壁，有

$$\varphi = \frac{\Delta t}{R_K} = \frac{t_{f1} - t_{f2}}{\dfrac{1}{\alpha_1} + \sum_{i=1}^{n} \dfrac{\delta_i}{\lambda_i} + \dfrac{1}{\alpha_2}} \tag{5-39}$$

（二）圆筒壁的传热

火电厂广泛采用管道输送蒸汽和水，如过热器、省煤器及蒸汽管道等。这类传热过程都是在被圆筒壁隔开的冷、热流体之间进行的。要解决这类传热问题，就要研究通过圆筒壁的传热。

1. 单层圆筒壁的传热

在圆筒壁的稳定传热中，热量传递沿管子半径方向进行，虽然通过管壁的热流量相同，但由于传热面积由内向外逐渐增大，因此单位面积的热流量由内向外逐渐减小。所以对于圆筒壁传热问题的计算，如同其导热计算一样，应计算单位长度的管壁与热、冷流体间的传热量，即单位管长的热流量 φ_l 为

$$\varphi_l = \frac{\Phi}{l} \tag{5-40}$$

式中 l——管长，m；

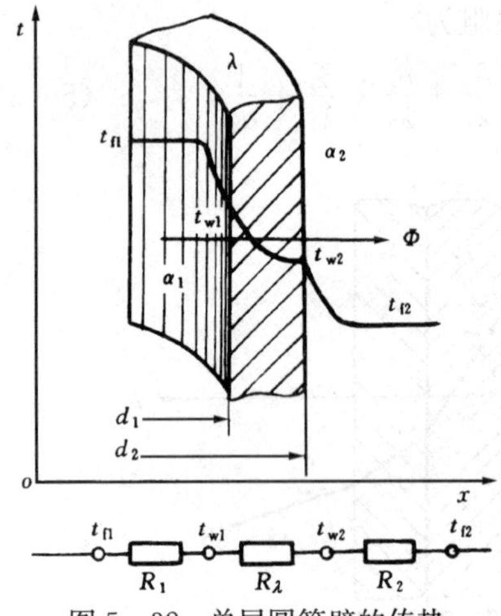

图 5-32 单层圆筒壁的传热

Φ——圆筒壁的热流量，W。

在图 5-32 中，圆管的内外径分别为 d_1、d_2。管内热流体温度为 t_{f1}、管外冷流体温度为 t_{f2}。管材的导热系数为 λ，热流体侧复合传热系数为 α_1，冷流体侧复合传热系数为 α_2。经过理论分析，在稳定传热情况下，单层圆筒壁传热过程中单位管长的传热总热阻为

$$R_{K,l}=\frac{1}{\alpha_1\pi d_1}+\frac{1}{2\pi\lambda}\ln\frac{d_2}{d_1}+\frac{1}{\alpha_2\pi d_2} \tag{5-41}$$

式中，$\frac{1}{\alpha_1\pi d_1}$为热流体与管壁面间的单位管长复合传热热阻，$\frac{1}{2\pi\lambda}\ln\frac{d_2}{d_1}$为单位管长的导热热阻，$\frac{1}{\alpha_2\pi d_2}$为冷流体与管壁间的单位管长复合传热热阻。

则单位管长的传热系数为

$$K_l=\frac{1}{R_{K,l}}=\frac{1}{\frac{1}{\alpha_1\pi d_1}+\frac{1}{2\pi\lambda}\ln\frac{d_2}{d_1}+\frac{1}{\alpha_2\pi d_2}} \tag{5-42}$$

单位管长的热流量为

$$\varphi_l=K_l\Delta t=\frac{\Delta t}{R_{K,l}}=\frac{t_{f1}-t_{f2}}{\frac{1}{\alpha_1\pi d_1}+\frac{1}{2\pi\lambda}\ln\frac{d_2}{d_1}+\frac{1}{\alpha_2\pi d_2}} \tag{5-43}$$

当传热管长为 lm 时，则传热的热流量为

$$\Phi=\varphi_l l \tag{5-44}$$

2. 多层圆筒壁的传热

同理，根据串联热阻叠加原则，对于多层圆筒壁的传热，只是导热热阻由一项变为多项而已。多层圆筒壁的总热阻公式为

$$R_{K,l}=\frac{1}{\alpha_1\pi d_1}+\sum_{i=1}^{n}\frac{1}{2\pi\lambda_i}\ln\frac{d_{i+1}}{d_i}+\frac{1}{\alpha_2\pi d_{n+1}} \tag{5-45}$$

3. 圆筒壁传热的简化计算

工程上为简便起见，当管壁较薄（$d_2/d_1<2$）或计算精度要求不太高时，可采用平壁的计算公式。

以单层壁为例，简化公式如下：

$$\Phi=K\overline{A}(t_{f1}-t_{f2})=K\pi\overline{d}l(t_{f1}-t_{f2})=\frac{t_{f1}-t_{f2}}{\frac{1}{\alpha_1}+\frac{\delta}{\lambda}+\frac{1}{\alpha_2}}\pi\overline{d}l \tag{5-46}$$

式中 K——按平壁计算的传热系数，W/（m^2·K）；

δ——管壁厚度，$\delta=\frac{d_2-d_1}{2}$，m；

$\overline{d}$——管壁平均直径，$\overline{d}=\frac{d_1+d_2}{2}$，m。

用这种简化方法计算，误差不超过 4%。

当换热面两侧的传热系数 α 相差较大时，取 α 较小侧的直径代替$\overline{d}$，计算结果误差会更小些。这是因为 α 较小侧的换热热阻较大，在传热过程的总热阻中占主导地位，对传热影响最大，故以该侧直径作为计算依据可使计算结果误差更小，即

当 $\alpha_1 \gg \alpha_2$ 时，$1/\alpha_1 \ll 1/\alpha_2$，取$\overline{d}=d_2$；

当 $\alpha_1 \ll \alpha_2$ 时，$1/\alpha_1 \gg 1/\alpha_2$，取$\overline{d}=d_1$。

如过热器、省煤器等，管内侧 α_1 较大，管外侧 α_2 较小，故常取$\overline{d}=d_2$ 进行简化计算。

一般锅炉各对流受热面壁厚都不大，都可采用平壁传热系数的计算公式。

在一些实际计算中，对于由多项热阻串联的情况，如果其中某项的热阻值比其他项小很多，则该项就可忽略不计，这样，可以使计算进一步简化。例如，过热器、再热器、省煤器等换热设备常用的是金属材料，通常管壁较薄，而金属的热导率又很大，因而导热热阻 δ/λ 很小，常常可将其忽略不计，则

$$K=\frac{1}{\dfrac{1}{\alpha_1}+\dfrac{1}{\alpha_2}} \tag{5-47}$$

当然，还须注意，对于使用中的换热设备，管壁本身的导热热阻虽可忽略，但管壁内、外表面的污垢热阻必须加以考虑。此时，K 的计算公式为

$$K=\frac{1}{\dfrac{1}{\alpha_1}+R_\xi+\dfrac{1}{\alpha_2}} \tag{5-48}$$

式中 R_ξ——管壁表面的污垢热阻，$(m^2 \cdot K)/W$。

三、传热的强化与削弱

工程上往往涉及如何增强传热或削弱传热的实际问题，如怎样提高换热设备的换热能力、如何减小管道内工质的散热损失等。

（一）传热热阻分析

热阻分析法是解决各种传热问题的基本方法。由传热分析和计算可知，传热热阻直接影响传热的强弱。为了找到增强或削弱传热的途径，有必要对传热热阻进行分析。

1. 传热过程的热阻分析

传热过程由多个环节串联组成，传热过程的总热阻等于串联环节各局部热阻的总和。由于各局部热阻大小不同，它们在总热阻中所起的作用也不同，通过对各局部热阻的分析、比较，可以确定过程中主要的、次要的或是可以忽略不计的局部热阻，这样就可以抓住主要矛盾，采取有效措施。

以过热器的传热过程为例进行分析。把管壁视为平壁。当锅炉及时吹灰，保证受热面不积灰时，无灰垢热阻，且金属壁面导热热阻很小可以忽略不计，则过热器传热总热阻为

$$R_K=\frac{1}{\alpha_1}+\frac{1}{\alpha_2}=R_1+R_2 \tag{5-49}$$

传热系数为

$$K=\frac{1}{R_K}=\frac{1}{\dfrac{1}{\alpha_1}+\dfrac{1}{\alpha_2}}=\frac{\alpha_1\alpha_2}{\alpha_1+\alpha_2} \tag{5-50}$$

式（5-49）和式（5-50）分别说明了各局部热阻与总热阻、总热阻与传热系数的关系。显然，α_1、α_2 均较小时，各局部热阻较大，总热阻也较大，故传热系数较小；反之，若 α_1、α_2

较大时，各局部热阻较小，总热阻就较小，传热系数较大。

下面进一步分析 α 的变化对热阻及传热系数的影响：

当 $\alpha_1=40\text{W}/(\text{m}^2\cdot\text{K})$，$\alpha_2=5000\text{W}/(\text{m}^2\cdot\text{K})$，则 $K=39.7\text{W}/(\text{m}^2\cdot\text{K})$；

当 $\alpha_1=40\text{W}/(\text{m}^2\cdot\text{K})$，$\alpha_2=10000\text{W}/(\text{m}^2\cdot\text{K})$，则 $K=39.8\text{W}/(\text{m}^2\cdot\text{K})$；

当 $\alpha_1=80\text{W}/(\text{m}^2\cdot\text{K})$，$\alpha_2=5000\text{W}/(\text{m}^2\cdot\text{K})$，则 $K=78.7\text{W}/(\text{m}^2\cdot\text{K})$。

由此看出，当 α_1 和 α_2 数值相差较大时，增加数值小的 α（即减小较大热阻）对减小总热阻，提高传热系数效果显著。

可以证明，当各局部热阻相差不多时，要想减小总热阻，则应同时减小每一项局部热阻。

上述结论是强化传热的基本原则。

2. 传热热阻与温差的关系

在稳定传热过程中，即在 φ 一定的情况下，传热过程的总温差与传热过程的总热阻成正比，而传热过程的总热阻为组成该传热过程的各串联环节的局部热阻之和，因此，由串联热路图可知，传热过程的各局部温差应与该局部的热阻成正比。即

$$\varphi=\frac{\Delta t}{R}=\frac{\Delta t_1}{R_1}=\frac{\Delta t_\lambda}{R_\lambda}=\frac{\Delta t_2}{R_2} \tag{5-51}$$

这样，凡是局部热阻大的地方，其局部温差也大。

按照这一结论，可以根据传热过程中各局部热阻的大小，分析、判断传热面的工作温度是否安全。这也是传热问题中需要解决的又一重要内容，具有重要的实际意义。

下面以电厂水冷壁和汽缸壁为例来说明。

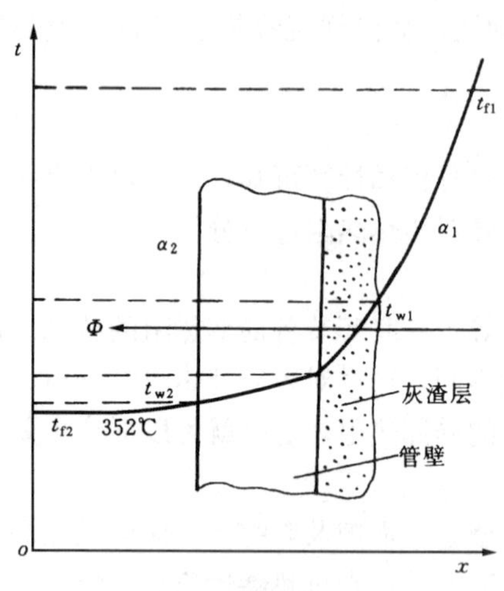

图 5-33 水冷壁管各局部温度的变化

(1) 水冷壁各局部热阻与温差的分析。锅炉水冷壁的传热过程总热阻包括：管内工质与内壁之间的对流换热热阻、管壁的导热热阻、管外灰渣层的导热热阻、烟气与灰渣层的复合换热热阻。

各局部热阻中，烟气与灰渣层的复合换热热阻以及灰渣层本身的导热热阻在总热阻中所占比例最大，约占总热阻的98%左右，而管壁本身的导热热阻以及管内沸腾水的对流换热热阻都很小。由于各局部热阻与该局部温差成正比，因此水冷壁外表面与烟气间的温差大，而管壁与沸腾水的温差小，如图 5-33 所示。

由图可见，烟气与管内沸水的温差虽很大，一般可达1000℃左右，但管子外壁温度却很接近管内沸水的温度，一般仅高于沸水温度20～40℃。如国产1000t/h亚临界直流锅炉，其沸水温度为350℃左右，即使考虑一些环节存在热阻而产生温差，管外壁温度也不超过400℃。而一般碳素钢允许的最高工作温度为480℃，所以水冷壁管处的温度是安全的。可见，即使炉膛内温度很高，但水冷壁管温度却并不高，这也就是水冷壁可用碳素钢来制造的缘故。

(2) 汽缸壁各局部热阻与温差的分析。包有保温层的汽轮机缸壁的传热过程总热阻包

括：汽轮机内蒸汽与缸内壁之间的对流换热热阻、汽缸壁本身金属材料的导热热阻、壁外保温层的导热热阻、保温层与空气之间的对流换热热阻。

从蒸汽到空气的传热过程中，主要热阻在保温层上，因而保温层的温差最大。而蒸汽与缸内壁的换热热阻以及缸壁本身的导热热阻在传热的总热阻中所占的比例极小，因而相应的温差也不大。因此，汽缸内外壁面的温度都很接近蒸汽温度，汽缸壁内外壁面的温差并不大，不必担心会产生热变形。但如果汽轮机在运行过程中产生保温层损坏或脱落现象，不但散热损失增加，而且此时缸壁的导热热阻在总热阻中所占的比例也迅速上升，就会使汽缸内外壁温差明显增加，严重时，会产生热应力而发生热变形。因此，这种通过包保温材料（增加局部热阻）而引起外部温差加大、使汽缸壁温差减小的办法，可以起到减小热损失和减少热变形的双重作用。

过热蒸汽管道或其他热力设备保温层的热阻及热应力分析同样适用上述结论。

（二）传热的强化

由传热方程式 $\Phi=KA\Delta t$ 知，传热热流量取决于三方面的因素：传热面积 A，热、冷流体的温差 Δt 以及传热系数 K。为了增强传热，可从这三个方面入手。

1. 提高传热系数 K

对于稳定运行中的换热设备，其传热面积 A 和温差 Δt 是一定的，此时强化传热的主要途径就是提高传热系数 K。而提高传热系数，实质就是减小传热热阻。因此，减小热阻是强化传热的方向。

按照强化传热的基本原则，不同情况下强化传热（即减小传热热阻）的方法有所不同。当各局部热阻相差不多时，应同时减小每一项局部热阻。而传热过程的热阻不外乎是由导热、对流换热和辐射换热这三种基本换热方式的热阻组成。本单元课题一中已讨论了这三种基本换热方式的换热规律，明确了减小任一种基本换热方式热阻的方法。例如可以通过减少壁面厚度以及选用热导率较大的材料来强化导热，以减小导热热阻$\frac{\delta}{\lambda}$；通过增加流速、增强流体的扰动以及对换热面进行合理布置来增强对流换热，以减小对流传热热阻$\frac{1}{\alpha_c}$；通过提高高温辐射物体的温度及提高辐射系统黑度来增强辐射换热，以减小辐射传热热阻$\frac{1}{\alpha_r}$等。这些措施对减小传热过程的总热阻，强化传热都是有效的。

当传热过程串联三环节的各局部热阻值相差较大时，为最有效地减小传热过程的总热阻，应抓住主要矛盾，首先设法减小串联热阻中的最大者，才能收到最明显的效果，最有效地增强传热。

火力发电厂各换热设备的传热过程中，最大热阻往往在烟气侧和污垢层上。

以锅炉省煤器为例。传热过程的总热阻为 $R_K=R_1+R_\lambda+R_2=\frac{1}{\alpha_1}+\frac{\delta}{\lambda}+\frac{1}{\alpha_2}$。其中，管壁金属材料的导热热阻很小，可忽略不计。则 $R_K=\frac{1}{\alpha_1}+\frac{1}{\alpha_2}$。而烟气侧传热系数 α_1 很小，只有几十，水侧传热系数 α_2 很大，高达几千，这使得$\frac{1}{\alpha_1}\gg\frac{1}{\alpha_2}$，即烟气侧局部热阻远大于水侧局部热阻。因此，为有效增强传热，应设法增大烟气侧传热系数，减小烟气侧传热热阻。如适当提高烟气流速等。

另外，如前所述，在电厂的各换热设备中，如水冷壁、省煤器、再热器、过热器等，受热面表面常常有结垢、积灰和结渣现象。因水垢、烟垢的导热系数很小，即使管壁上结有很薄的污垢或灰渣层，都将产生很大的污垢热阻，大大地削弱传热。因此，为增强传热，应提高给水品质，锅炉受热面要及时吹灰、定期排污和冲洗，对凝汽器管内的泥垢要定期清洗等。

2. 增大传热面积

由传热方程式可知，增大传热面积也可以使传热增强。为此，在许多换热设备中，广泛采用在传热面一侧加装肋片的方法来增加传热面积，以强化传热。

肋片的类型有多种，根据需要可以装在管子外面，也可以装在管子内壁；可以制成直肋，也可以做成环肋，如图 5 - 34 所示。

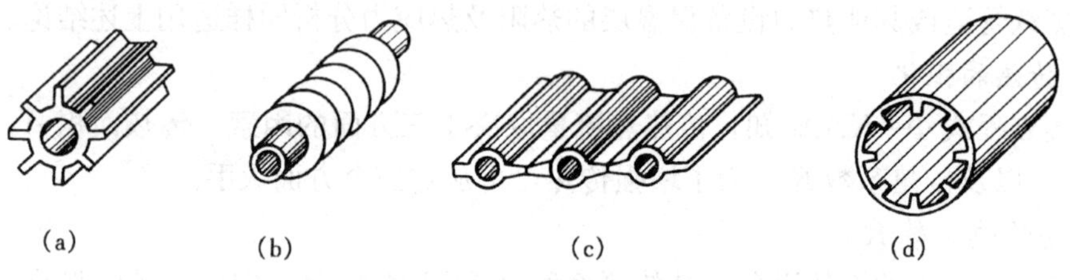

图 5 - 34　几种不同形式的肋片

(a) 直肋；(b) 环肋；(c) 膜式水冷壁；(d) 内肋

工程上常出现换热表面的一侧是气体，另一侧是液体的传热情况。由于气体侧传热系数 α_1 比液体侧传热系数 α_2 小很多，因此气体侧热阻 $1/\alpha_1$ 要比液体侧热阻 $1/\alpha_2$ 大很多。要有效增强传热，就要设法减小气侧换热热阻。除了上面介绍的提高气体侧传热系数 α_1 的方法外，还可以采用增加气体侧换热面积 A 的方法，即在传热系数小的一侧加装肋片，能起到事半功倍的效果。

图 5 - 35　暖气片

在实际生活中，冬天的取暖器，如图 5 - 35 所示，管内是热水，其传热系数较大，而外侧依靠空气的自然对流换热，其传热系数较小。因此，在管外加装肋片，可以有效强化传热。

采用换热面加肋以增强传热的方法在现代锅炉中也得到广泛应用。如电厂锅炉中广泛采用的膜式水冷壁，如图 5 - 34 (c) 所示，水冷壁内部为有相变的沸腾换热，传热系数很大，而外部则以辐射换热方式换热，与管内相比，传热系数较小，因此在管外加肋，将光管制成鳍片管，增大传热面积，强化传热效果。又如锅炉省煤器，管内是水的强制对流，管外是烟气强制对流，烟气侧换热系数较小，为强化传热，可在省煤器烟气侧加装肋片，制成肋片式省煤器。

另一方面，换热面加肋还能增加受热面工作的安全可靠性。由传热热阻分析可知，热阻大时温降大，热阻小时温降小。加肋后，加肋片侧的局部热阻在总热阻中所占的比例减小，因而使壁面温度更接近于同侧流体的温度。显然，在冷流体侧加肋片后，会使壁温更接近冷流体的温度，从而保证了金属壁面的安全运行。现代大型锅炉的再热器部分管段采用内肋管，如图 5 - 34（d）所示。因为再热器管内再热蒸汽温度高，且多布置在高温烟气区，这样，再热器管壁处在高温下工作，其安全性较差。此时如在管内加肋，虽传热量增加不多，但可以使再热器壁温降低至接近于再热蒸汽的温度，增加了再热器工作的安全可靠性。据理论分析和实验得知，有内肋片的那一段再热器管的平均壁温与光管壁温比较，低 20～40℃。

综上所述，在传热面上加肋是增加传热面积、强化传热、降低壁温的重要手段，特别是在换热系数小的一侧传热面上加装肋片是强化传热的重要措施。

值得一提的是，加装肋片的工艺问题。只有当肋片与壁面紧密接触时，才能起到增强传热的作用，否则将会产生较大的附加热阻，肋片就起不到应有的作用。为此，可以把肋片烧成炽热状态镶在壁面上，然后再在接合处焊牢。

3. 增大传热温差

提高热流体温度或降低冷流体温度可以提高传热温差，增强传热。另外，换热器中热、冷流体的温差与流体的流动方式有关，这一问题将在下一课题中讨论。

（三）传热的削弱

传热的削弱也称热绝缘。火力发电厂的蒸汽管道和换热设备一般都包敷有一层热绝缘材料，即通过增加导热热阻来达到削弱传热的目的。

工程上把减少向外界传递热量的附加材料层称热绝缘层。热绝缘材料的导热系数 $\lambda<0.23$W/（m·K），在管道外包敷这种材料，能取得良好的隔热效果。目前火力发电厂广泛采用的是膨胀珍珠岩，其热导率 $\lambda=$（0.035～0.081）W/（m·K）左右。此外，天然石棉、石棉制品、矿渣棉、泡沫塑料等导热性能差的材料也是工程上常用的隔热材料。

对于平壁，绝缘层厚度增加，导热热阻也随之增加，从而使传热削弱。

而在圆筒壁上敷设热绝缘层时，则应注意，并非热绝缘层越厚，传热热阻就越大，保温效果就越好。

圆筒壁加热绝缘层后的传热热阻为

$$R_{K,l}=R_1+R_{\lambda1}+R_{\lambda2}+R_2=\frac{1}{\alpha_1\pi d_1}+\frac{1}{2\pi\lambda_1}\ln\frac{d_2}{d_1}+\frac{1}{2\pi\lambda_2}\ln\frac{d_3}{d_2}+\frac{1}{\alpha_2\pi d_3} \quad (5-52)$$

式中 R_1、$R_{\lambda1}$、$R_{\lambda2}$、R_2——由内向外的各环节热阻。

由上式可知，随着管道热绝缘层厚度的增大，即 d_3 的增加，前两项局部热阻 R_1、$R_{\lambda1}$ 的值保持不变，后两项局部热阻的值都在变化。在热绝缘层导热热阻 $R_{\lambda2}$ 的值增加的同时，热绝缘层外表面的复合换热热阻 R_2 却由于 d_3 的增加而减小。如图 5 - 36（a）所示。这两种作用的结果，必然存在一个最小的总热阻使单位管长的热流量最大。如图 5 - 36（b）所示为单位管长的热损失随热绝缘层外径 d 的变化曲线。我们把总热阻值最小、热流量最大时的热绝缘层外径称为“临界热绝缘直径”，以 d_{cr} 表示。其计算公式为

$$d_{cr}=\frac{2\lambda_2}{\alpha_2} \quad (5-53)$$

d_{cr} 是一个重要的数值，当管子外径 $d_2>d_{cr}$ 时，热绝缘层加厚就可以使热损失减小，起到削弱传热的作用；当 $d_2<d_{cr}$ 时，热绝缘层加厚，反而起不到削弱传热的作用。

通常动力管道中需要加热绝缘层的管道直径都大于临界热绝缘直径，即对动力管道而言，热绝缘层加厚，能达到削弱传热的效果。

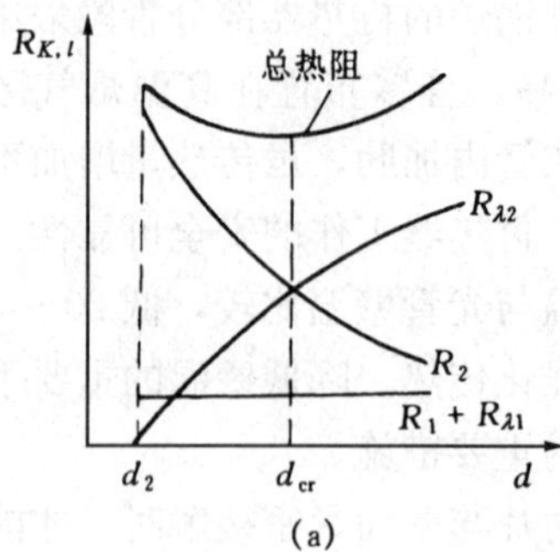

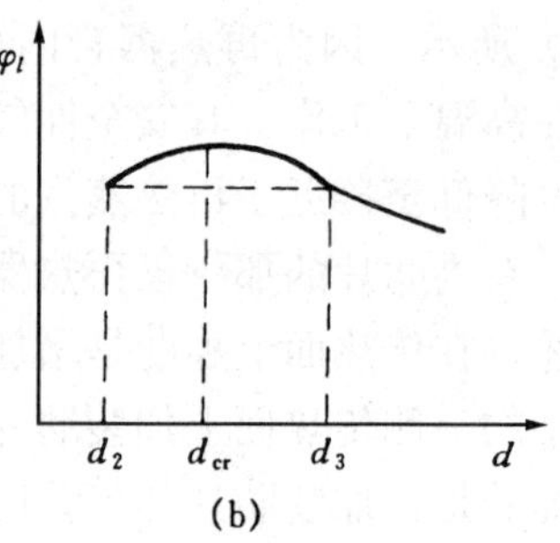

图 5-36 圆筒壁总热阻曲线和 φ_l 变化曲线

另外，热绝缘层厚度并非越厚越好，随着热绝缘层厚度的增加，虽然热损失减少了，但材料投资费和折旧费也增加了，因而对于以节约燃料为目的的热绝缘，必须通过技术经济比较确定最经济的热绝缘层厚度。

例 题

【5-6】 红砖墙的厚度 $\delta=240$mm，其导热系数 $\lambda=0.8$W/（m·K），内、外两侧空气温度分别为 $t_{f1}=20$℃，$t_{f2}=2$℃，复合传热系数分别为 $\alpha_1=20$W/（m²·K），$\alpha_2=5$W/（m²·K），求单位面积上传热过程的各局部热阻、传热总热阻、传热系数及热流密度。

解 单位面积上传热过程的各局部热阻分别为

内侧复合传热热阻：$R_1=\frac{1}{\alpha_1}=\frac{1}{20}=0.05$（$\mathrm{m^2\cdot K/W}$）

砖墙导热热阻：$R_\lambda=\frac{\delta}{\lambda}=\frac{0.24}{0.8}=0.3$（$\mathrm{m^2\cdot K/W}$）

外侧复合传热热阻：$R_2=\frac{1}{\alpha_2}=\frac{1}{5}=0.2$（$\mathrm{m^2\cdot K/W}$）

传热总热阻：$R_K=R_1+R_\lambda+R_2=0.05+0.3+0.2=0.55$（$\mathrm{m^2\cdot K/W}$）

传热系数：$K=\frac{1}{R_K}=\frac{1}{0.55}=1.82$ [W/（$\mathrm{m^2\cdot K}$）]

热流密度：$\varphi=K\Delta t=1.82\times(20-2)=32.76$（$\mathrm{W/m^2}$）

【5-7】 在省煤器中，已知钢管规格为 $\phi51\times6$mm，导热系数 $\lambda=45$W/（m·K），管内水侧换热系数 $\alpha_1=5000$W/（m²·K），管外烟气侧传热系数 $\alpha_2=40$W/（m²·K），试回答并计算：

（1）为最有效地增强传热，应在哪个环节采取措施？

（2）如省煤器管壁上积了一层厚 3mm 的灰渣层，则传热的薄弱环节有无变化？[已知灰垢的导热系数 $\lambda_\xi=0.0075$W/（m·K）]

解 （1）视圆管为平壁。则三个串联环节的各局部热阻分别为

水侧：$R_1=\frac{1}{\alpha_1}=\frac{1}{5000}=0.2\times10^{-3}$（$\mathrm{m^2\cdot K}$）/W

管壁：$R_\lambda=\frac{\delta}{\lambda}=\frac{0.006}{45}=0.13\times10^{-3}$（$\mathrm{m^2\cdot K}$）/W

烟气侧：$R_2=\frac{1}{\alpha_2}=\frac{1}{40}=25\times10^{-3}$（$\mathrm{m^2\cdot K}$）/W

由计算可知：$R_2>R_1>R_\lambda$，烟气侧的热阻最大。因此，强化传热必须首先减小 R_2。具体办法可采用增大烟气流速或在烟气侧管壁上加肋等。

（2）管上积灰后，传热过程除以上各热阻外，增加了灰垢热阻 R_ξ，即

$$R_\xi=\frac{\delta_\xi}{\lambda_\xi}=\frac{0.003}{0.0075}=40\times10^{-3}(\mathrm{m^2\cdot K/W})$$

可见，此时传热过程的最大局部热阻为灰垢层的导热热阻，所以此时减少总热阻的最有效方法为清除灰渣层。

课堂练习题

5-5　设有一根包敷有一层绝热层的蒸汽管道。试分析从管内蒸汽到管外周围环境的传热过程有哪些传热环节，写出各环节热阻的数学表达式和传热系数的表达式。

5-6　采用肋壁为什么可以强化传热？如果只允许在壁的一侧加肋，则应装在哪一侧？为什么？

课题三　换　热　器

教学目的

在火力发电厂中，大量的热量传递过程都是在换热器中进行的，本课题根据前面所学的热量传递的规律解决换热器的传热问题。要求理解换热器的基本概念、工作原理及特性，了解表面式换热器的传热计算，能运用传热学知识简单分析火电厂换热器的传热特性，以期为后续专业课相关内容的学习奠定基础。

教学内容

一、换热器及其分类

凡是把热流体的热量传递给冷流体的设备都称为换热器。电厂中的过热器、省煤器、空气预热器、除氧器、冷却水塔等，都属于换热器之列。

尽管换热器种类繁多，但就其结构及工作原理来看，基本上可分为三大类：表面式换热器、回热式换热器和混合式换热器。

（一）表面式换热器

在表面式换热器中，热流体和冷流体虽同在换热器内流动，但二者被固体壁面隔开，热流体的热量必须通过固体壁面才能传递给冷流体。

电厂中的换热器大多是表面式换热器。如过热器、再热器、省煤器［见图 5-37（a）］、凝汽器［见图 5-37（b）］、冷油器等。

这种换热器虽然传热效率较低，体积庞大，但具有冷、热流体互不掺混的特点，对流体的适应性较强，且使用、维护都较方便，因而在电厂中应用广泛。

（二）回热式换热器

这类换热器利用了传热元件的蓄热作用。在这种换热器中，热、冷流体交替流过同一传热元件壁面，当热流体流过传热元件壁面时，热量被壁面吸收并蓄积起来，而当冷流体流过同一壁面时，壁面又将储存的热量传递给冷流体，使冷流体温度升高。通过传热元件壁面周

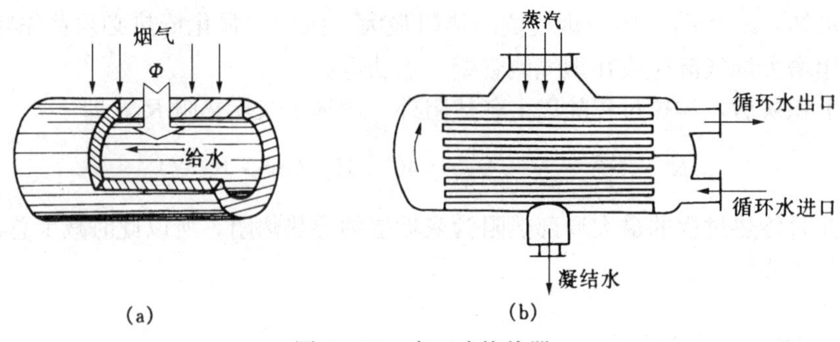

图 5-37　表面式换热器

(a) 省煤器；(b) 凝汽器

期性地被加热和冷却，实现了热量由热流体传给冷流体的目的。

图 5-38 所示的回转式空气预热器就属于回热式换热器。在回转式空气预热器中，烟气（热流体）在一通道中流动，空气（冷流体）在另一通道中流动，装有传热元件的转子缓慢转动，使传热元件交替经过烟气和空气通道，当传热元件转到烟气通道中时，它吸收烟气的热量并将之蓄积起来，当它再转到空气通道中时，又将蓄积的热量传给空气，从而实现了利用烟气加热空气的目的。

这种换热器的主要特点是结构紧凑，节约金属，传热效率较高。通常用于换热系数不大的气体介质之间的传热。但为了防止冷热流体间的混合及向外界泄漏，对密封性要求较高。

（三）混合式换热器

在混合式换热器中，热量的交换是依靠热、冷流体的直接接触和相互混合来实现的，热冷流体在进行热量传递的同时还伴随着质量的交换，且混合的结果，可使冷、热流体最终达到相同的温度，传热效果好。

火力发电厂的除氧器（见图 5-39）、冷却水塔、喷水减温器等都属于混合式换热器。如在喷水减温器中，低温的给水喷入高温的过热蒸汽中，通过直接混合传热来降低过热蒸汽的温度。在冷却水塔中，从凝汽器来的热循环水被分解成水滴后，与冷的大气充分混合，将热量传递给空气，从而达到了冷却循环水的目的。

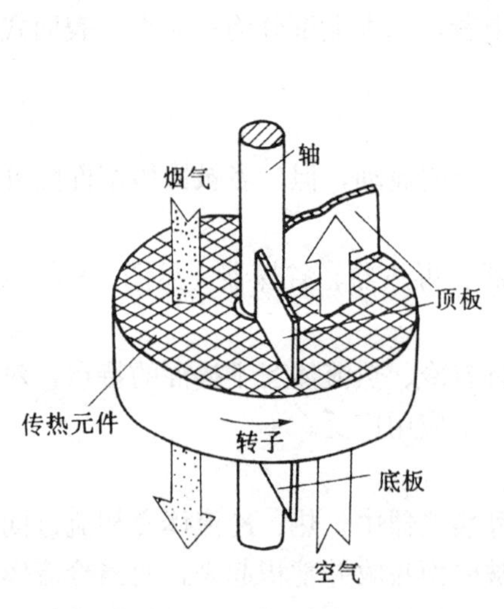

图 5-38　回转式空气预热器

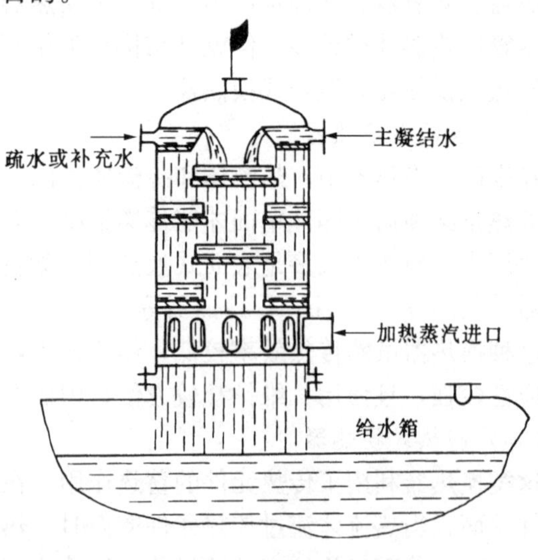

图 5-39　淋水盘式除氧器

混合式换热器具有传热速度快、传热效率高、结构简单、造价低等优点，但当不允许冷、热流体直接混合时，就不能使用，所以其使用范围是有限的。

在现代发电厂中，表面式、混合式和回热式换热器都得到了应用，其中以表面式换热器使用最为广泛。本课题重点讨论表面式换热器。

根据传热面的结构形状，表面式换热器有壳管式、板翅式、肋片管式等多种类型。电厂应用最多的是壳管式换热器。这些在有关的专业书中有详细的介绍。

图 5 - 40 所示为一种简单的壳管式换热器的示意。它的传热面由管束构成，管子的两端固定在管板上，管束与管板再封装在外壳内。管程流体和壳程流体互不掺混，只是通过管壁交换热量。

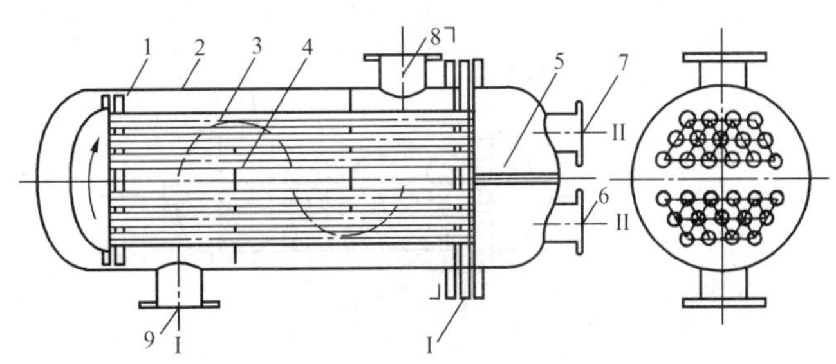

图 5 - 40　壳管式换热器

1—管板；2—外壳；3—管子；4—挡板；5—隔板；6、7—管程进口及出口；8、9—壳程进口及出口

图 5 - 41 所示为一种板翅式换热器的结构示意。其中图 5 - 41 (b) 所示的板翅式换热器是由图 5 - 41 (a) 所示的若干层基本换热元件叠积焊接而成，两块平隔板 1 中夹着的波纹形翅片 3 可作成其他多种形式，以增加流体的扰动，增强传热。

图 5 - 42 所示为肋片管式换热器结构示意。在管子的外壁加肋片，大大增加了复合换热系数小的一侧的换热面积，强化了传热。

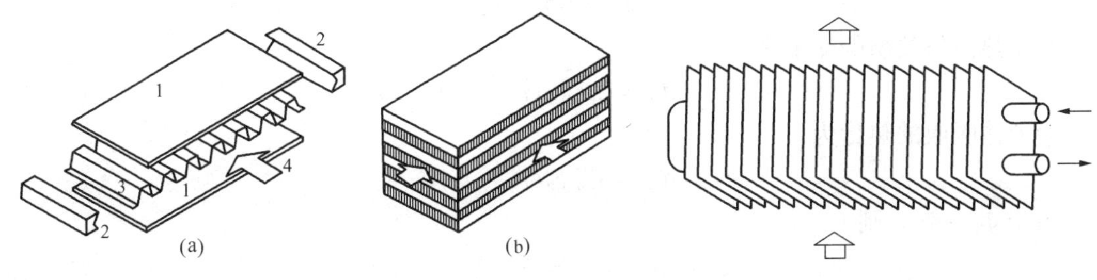

图 5 - 41　板翅式换热器结构原理

1—平隔板；2—侧条；3—翅片；4—流体

图 5 - 42　肋片管式换热器

根据换热器内冷热流体的流动方式不同，表面式换热器又可分为顺流式、逆流式和叉流式等几种。

顺流是指换热器中冷、热流体按同一方向平行流动，如图 5 - 43 (a) 所示。

逆流是指换热器中冷、热流体按相反方向平行流动，如图5 - 43 (b) 所示。

叉流是指换热器中冷、热流体在相互垂直的方向上作交叉流动，如图 5 - 43 (c) 所示。

以上三种流动方式为典型的基本流动方式。而在实际工程中，换热器中流体的流动方式往往是上述几种基本方式的组合——混流式，如图 5 - 43 (d)、(e) 所示。锅炉过热器、再热器、省煤器及高压加热器、低压加热器等都属于此种类型。

有时，从总的趋势看，混流式也可分为顺流型或逆流型，如图 5 - 43 (d)、(e) 中，虽然就每一段来说，冷热流体之间的流动都是交叉的，但就整个换热器来看，冷热流体经多次交叉后，整体流动情况接近于顺流（e）或逆流（d）。理论分析表明，对工程上常见的顺流式多次交叉流或逆流式多次交叉流，只要交叉次数超过四次，就可作为纯顺流或纯逆流来处理。

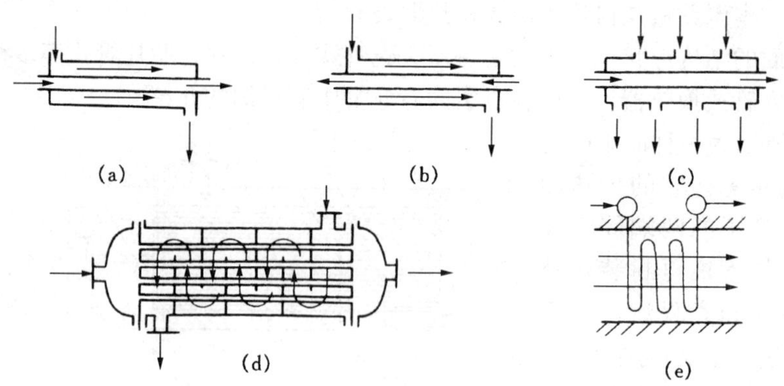

图 5 - 43 表面式换热器内流体流动方式

(a) 顺流式；(b) 逆流式；(c) 叉流式；(d)、(e) 混合流式

二、表面式换热器的传热计算

（一）传热计算的基本方程

1. 热平衡方程式

热平衡方程式反映了冷、热流体吸收与放出热量的平衡关系。根据能量守恒定律，在换热器无热损失的情况下，换热器中冷流体吸收的热量应等于热流体放出的热量，即

$$\Phi_1 = \Phi_2 = \Phi$$

其中热流体放出的热量为

$$\Phi_1 = q_{m1} c_1 (t_1' - t_1'') \tag{5-54}$$

冷流体吸收的热量为

$$\Phi_2 = q_{m2} c_2 (t_2'' - t_2') \tag{5-55}$$

由于 $\Phi_1 = \Phi_2$，则

$$q_{m1} c_1 (t_1' - t_1'') = q_{m2} c_2 (t_2'' - t_2') \tag{5-56}$$

式（5 - 56）为换热器的热平衡方程式。

式中 q_{m1}、q_{m2}——热、冷流体的质量流量，kg/s；

c_1、c_2——热、冷流体的质量热容，kJ/（kg·K）；

t_1'、t_1''——热流体的进、出口温度，℃；

t_2'、t_2''——冷流体的进、出口温度，℃。

2. 传热方程式

换热器的传热方程式为

$$\Phi = KA(t_{f1} - t_{f2}) \tag{5-57}$$

在课题二中进行传热过程的传热计算时，式中的 t_{f1}、t_{f2}，均假定其沿整个换热面是恒定的，于是热、冷流体之间的温差在整个换热面上是一个常数。但实际上，在表面式换热器中，由于热、冷流体之间不断进行热量交换，除了流体发生相变时温度会保持不变外，换热器中热流体的温度由入口到出口总是沿程降低，而冷流体的温度由入口到出口则沿程升高，所以热、冷流体的温差 $\Delta t = t_{f1} - t_{f2}$ 沿整个换热面是不断变化的，即 $\Delta t \neq$ 常数。因此，在换热器计算中，传热方程式中的温差应取沿整个受热面热、冷流体温差的平均值，以 $\overline{\Delta t}$ 表示。此时传热方程式可表示为

$$\Phi = KA\,\overline{\Delta t} \tag{5-58}$$

下面讨论平均温差 $\overline{\Delta t}$ 的计算方法。

（二）平均温差的计算

1. 热、冷流体的 t-A 图

在换热器中，热流体和冷流体沿换热面流动时，温度不断变化，热流体温度逐渐降低，冷流体温度不断升高。并且在不同的流动方式下，流体沿换热面温度变化的具体情形也不同。图 5－44 显示出顺流和逆流时热、冷流体沿换热面的温度变化情况，称为 t-A 图。图中横坐标表示热、冷流体在换热器内沿整个换热面的流程，纵坐标表示温度。

通过分析和比较，可以得出以下重要结论：

（1）顺流时，冷流体的出口温度 t_2'' 永远低于热流体的出口温度 t_1''，即 $t_2'' < t_1''$；逆流时，冷流体的出口温度 t_2'' 则有可能超过热流体的出口温度 t_1''。因此，对于进口温度相同的冷流体，采用逆流方式比采用顺流方式能把冷流体加热到更高的温度。

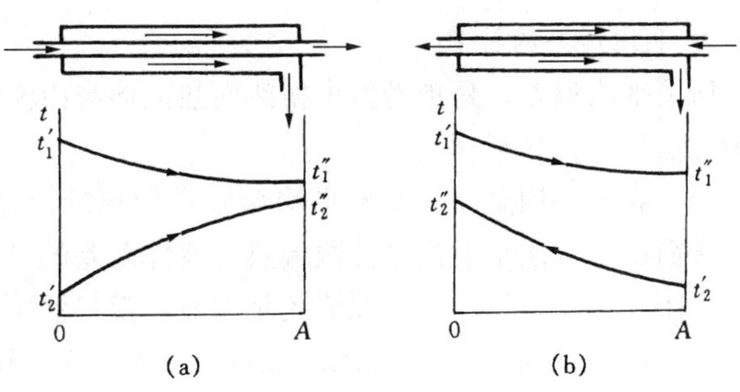

图 5－44　热、冷流体的 t-A 图

(a) 顺流；(b) 逆流

（2）在进出口温度相同的情况下，逆流的平均温差大于顺流的平均温差（这点可以进一步证实）。因此，根据传热方程式 $\Phi = KA\,\overline{\Delta t}$ 可知，当要求传热量 Φ 一定时，采用逆流方式，则换热器所需的传热面积 A 就较小，可减小换热器体积，节省金属材料；而当换热器换热面积 A 一定时，采用逆流方式，可传递更多的热量，即可提高换热器的传热能力。因此，一般在设计换热器时，在其他条件允许的情况下，尽量采用逆流或接近逆流的方式。图 5－45 为某火电厂锅炉中空气预热器和省煤器在尾部烟道中的布置示意。

（3）逆流方式布置也有它的缺陷。逆流时，热、冷流体的最高温度 t_1' 和 t_2'' 都集中在换热器的同一端，此端换热面的两侧同时处于高温下，有可能使得该处的壁温超温，影响换热器的安全运行。在这种情况下就要采用昂贵的耐高温金属，使换热器造价提高。而顺流方式布置时，冷流体的最高温度端处于热流体的最低温度端，金属壁温相对较低，比较安全。故从改善传热面的工作条件出发，有时宁可放弃逆流方式在传热方面的优点，而改用顺流或其他流动方式。如超高压锅炉的过热器，其低温段布置在烟气温度较低的地方，为提高传热效果采用逆流方式布置；而高温段布置在烟气温度较高的地方，从安全运行的角度出发，为使蒸汽出口处的管壁温度不至于过高，超出金属材料的承受能力，应采用顺流布置。这种先逆流、后顺流的综合布置既充分利用了逆流传热的优点，又利用了顺流的特点保证了过热器高温段的安全运行。图 5－46 所示为某电厂锅炉末级高温对流过热器中烟气与管内蒸汽的相对流动方向示意。

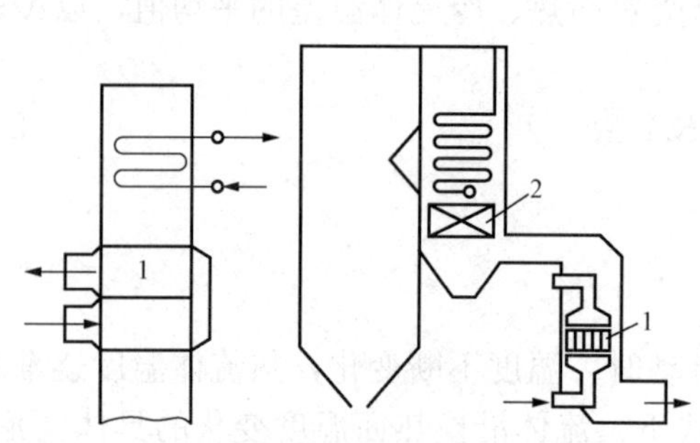

图 5-45 某火电厂锅炉中空气预热器和省煤器在尾部烟道中的布置示意

1—空气预热器；2—省煤器

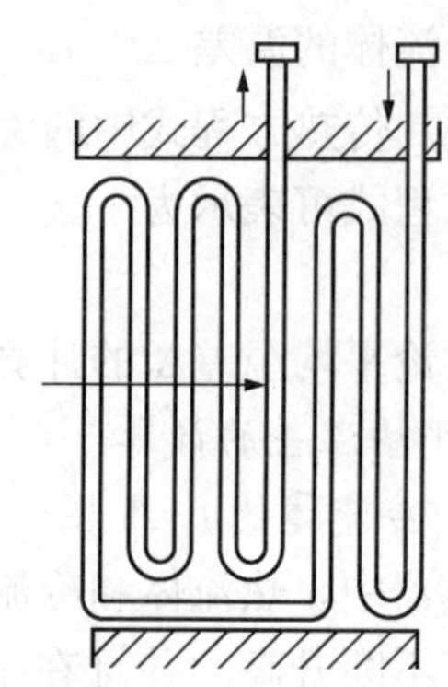

图 5-46 某电厂锅炉末级高温对流过热器中烟气与管内蒸汽的相对流动方向示意

2. 平均温差的计算

所谓平均温差，是指沿整个换热面热流体与冷流体之间温差的平均值。工程上常用以下两种方法计算传热平均温差。

(1) 算术平均温差。算术平均温差是指热冷流体间的温度差沿整个换热面的算术平均值。最简单的方法是取换热器两端热冷流体温差的平均值。

由图 5-44 可见，无论顺流还是逆流，换热器两端热冷流体的温差一定有一个较大值和一个较小值，分别以 Δt_{max}和 Δt_{min}表示。因此顺流或逆流的算术平均温差为

$$\overline{\Delta t} = \frac{\Delta t_{max} + \Delta t_{min}}{2} \tag{5-59}$$

式中 Δt_{max}——换热器两端热冷流体温差中数值较大的温差,℃；

Δt_{min}——换热器两端热冷流体温差中数值较小的温差,℃。

算术平均温差虽然算法简单，但由于它不能精确地反映出热、冷流体温度变化的实际情况，因此具有一定的误差。一般当$\frac{\Delta t_{max}}{\Delta t_{min}}<2$时，采用该方法计算，误差小于 4%，在工程上是允许的。

(2) 对数平均温差。要求精确计算时，常采用对数平均温差。

1) 顺流和逆流时的对数平均温差。以图 5-44 为例，无论顺流还是逆流，经数学方法推证，可以得出对数平均温差$\overline{\Delta t}$的计算公式如下：

$$\overline{\Delta t} = \frac{\Delta t_{max} - \Delta t_{min}}{\ln \frac{\Delta t_{max}}{\Delta t_{min}}} \tag{5-60}$$

式中，Δt_{max}和 Δt_{min}的意义与式（5-60）中 Δt_{max}和 Δt_{min}的意义相同。

2) 其他流动方式平均温差的计算。如前所述，换热器内冷热流体的流动方式除单纯的顺流和逆流方式外，还存在着各式各样的混合流动。但在相同的进出口温度下，各流动方式中以纯逆流时的对数平均温差为最大，纯顺流时的对数平均温差最小。其他各种混合流动的平均温差均介于纯逆流和纯顺流之间。这些混合流动的平均温差的推导和计算更为繁杂。工程计算中，换热器内一些常见的混合流动方式，其求解的结果已被整理成温差修正系数 ψ 图

线。此时对数平均温差可按下列步骤求得：

第一步，先按给定的冷热流体进出口温度，求出纯逆流方式下的对数平均温差$\overline{\Delta t}_{逆}$；

第二步，再将计算结果乘以一个温差修正系数ψ，即得实际平均温差$\overline{\Delta t}$，即

$$\overline{\Delta t} = \psi \overline{\Delta t}_{逆} \tag{5-61}$$

其中温差修正系数ψ值的大小可在有关换热器设计资料中查取。它是一个小于 1 的数，ψ值的大小反映了换热器所采用的流动方式在平均温差方面接近逆流的程度。ψ值越小，说明该换热器的流动方式与逆流相比差距越大；ψ值越大，则说明该换热器的流动方式越接近逆流；当$\psi=1$时，实际平均温差$\overline{\Delta t}$等于纯逆流时的平均温差，说明该换热器的流动方式为纯逆流。

（三）表面式换热器的校核计算

校核计算是针对运行中的换热器进行的。

此时已知的数据有：换热器的结构和布置（即换热面积 A）；热、冷流体的质量流量 q_{m1}、q_{m2}；热、冷流体的质量热容 c_1、c_2；热、冷流体的四个进出口温度中的三个温度；流动方式；换热面的材料，换热面的污染程度，复合换热系数 α_1、α_2。

要计算的量：工作流体的某一未知温度和传热量。

换热器校核计算的一般步骤如下：

（1）根据 q_{m1}、c_1、q_{m2}、c_2 及已知的三个进出口温度，利用热平衡方程式计算出另一个未知温度；

（2）根据四个进出口温度画出冷热流体的 $t-A$ 图，并计算平均温差；

（3）当传热系数 K 未知时，根据给定条件计算 K 值；

（4）根据已知的换热面积 A，利用传热方程式计算热流量。

三、火电厂各类换热器特性分析

传热学理论是分析各类换热器传热过程的基础。火电厂的主要换热设备，如锅炉各受热面和汽轮机主要辅助设备（如凝汽器、加热器、冷油器等）的传热过程都较复杂，它们之间既有共同点又有区别。下面利用传热理论对这两类换热设备进行简单的传热分析。

（一）锅炉各受热面的传热分析

1. 锅炉各受热面及其工作过程

锅炉受热面组成如图 5 - 47 所示。

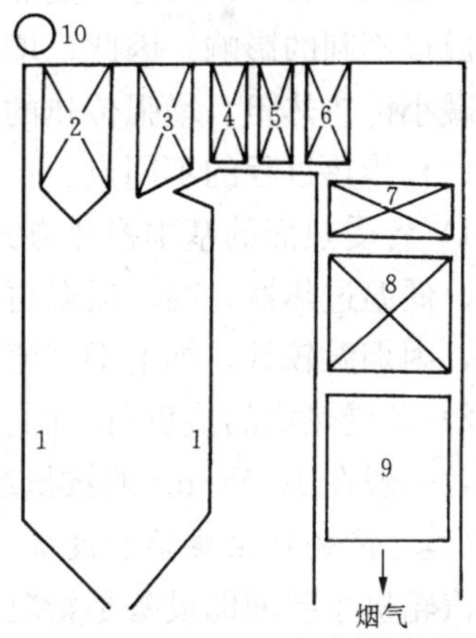

图 5 - 47　锅炉受热面组成

1—水冷壁；2—前屏过热器；3—后屏过热器；4—高温过热器；5—低温过热器；6—高温再热器；7—低温再热器；8—省煤器；9—空气预热器；10—汽包

将锅炉受热面工作过程分为烟气侧和工质侧来说明。在烟气侧，冷空气经空气预热器加热后送入炉膛，在炉膛内燃料与热空气混合燃烧后生成高温烟气，经水冷壁、过热器、再热器、省煤器、空气预热器等设备依次放热冷却后排出炉外。

在工质侧，给水经省煤器加热后送入汽包，由汽包经下降管到炉膛底部的联箱，再经水冷壁加热生成饱和蒸汽重新进入汽包，汽包里的饱和蒸汽被依次引入屏式过热器、低温过热器和高温过热器后送至汽轮机高压缸，

高压缸的排汽又送入锅炉再热器再加热，然后送入汽轮机低压缸。

2. 锅炉各受热面的传热分析

以HG670/140-1型锅炉热力计算的主要数据为例进行分析，见表5-2。

表5-2 HG670/140-1型锅炉热力计算主要数据

项目	单位	烟气流道各受热面名称									
		炉膛	前屏过热器	后屏过热器	高温过热器	低温过热器	高温再热器热段	高温再热器冷段	低温再热器	高温省煤器	低温省煤器
传热面积	m^2	2243	830	1940	1400	1270	2130	2130	3080	1700	2980
传热系数	W/(m^2·K)			44.6	54.12	54	49.35	49.93	69.83	71.93	83.33
平均温差	℃			497	257	276	177	157	161	171	60.5
吸热量	kJ/kg		1152	1030	863	938	431	385	813	490	360

(1) 传热过程的共同点。

1) 平均温差较大。HG670/140-1型锅炉水冷壁内工质平均温度343℃，而火焰中心温度(理论上)高达1800℃，按平均温度1200℃计算，温差也是很大的。从表中数据来看，平均温差最小的低温省煤器的平均温差也在50℃以上。其他各受热面的平均温差介于这两者之间。

2) 传热系数较小。从表中可看出，锅炉各受热面的传热系数值都不高，这是它们的又一共同点。造成传热系数小的原因是传热热阻大。虽然工质侧的传热系数都较大，如过热器、再热器内蒸汽侧的传热系数达10^3W/(m^2·K)的数量级，省煤器和水冷壁管内水侧的传热系数更高达10^3～10^4W/(m^2·K)的数量级，但烟气侧的传热系数却较工质侧要小得多，一般最大不超过100W/(m^2·K)。因此烟气侧传热热阻远大于工质侧传热热阻，为传热的主要热阻所在。另外，受热面积灰、结垢也使传热的总热阻增加，对锅炉各受热面的传热造成很不利的影响。因此，增加烟气流速，采取措施清除灰垢是减少烟气侧热阻与灰垢热阻、减小传热热阻、增强传热的主要途径。

(2) 传热过程的不同点。

1) 各受热面的基本换热方式不同。对于水冷壁、屏式过热器主要以辐射换热为主；对于高、低温过热器，高、低温再热器，则辐射和对流两种换热方式都有明显作用；而对于省煤器，因烟温较低，加上烟气流速较高，则以对流换热为主。

2) 各受热面的热负荷不同。各受热面的热负荷的数值相差较大。以水冷壁的热负荷为最高，一般在10^4W/m^2的数量级。

(二) 汽轮机主要辅助设备的传热分析

汽轮机主要辅助设备是指凝汽器、加热器、冷油器等。

在凝汽器中，汽轮机的排汽在水平管束外凝结成水，将热量通过管壁传递给管内流动的冷却水。

高、低压加热器是利用汽轮机的抽汽加热给水或凝结水的热交换器。就传热讲，实质上也是一种凝汽器。抽汽在加热器中放热凝结，其热量通过管壁传递给管内流动的给水或凝结水。

冷油器则利用水来冷却油。冷却水在管内流动，热油在管外多次折流，热油与冷却水通过管壁进行热量交换。

这些辅助设备的传热特点可归纳为：

(1) 传热系数大。凝汽器和加热器的传热系数一般为 $10^3 \sim 10^4$W/(m^2·K)，这是由于换热器中管内的水是强迫流动换热，管外的蒸汽是凝结换热，两者传热系数都较大，因此使得传热的总热阻小，传热系数大。冷油器中的传热系数稍低，但也可达 10^2W/(m^2·K)。

(2) 平均温差小。由于凝汽器和加热器中的传热热阻较小，传热系数较大，因此传热过程中的平均温差也较小，一般在10℃左右。如国产300MW机组凝汽器传热的平均温差仅为7.5℃左右。冷油器的平均温差稍大，也不过为10～20℃。

(3) 辐射换热的作用可忽略。由于换热器中流体和壁面的温度都较低，而且对流换热的强度大，所以辐射换热的作用可以忽略不计。

例　题

【5-8】　有一台加热器，热流体进、出口温度分别为120、80℃，冷流体进、出口温度分别为20℃、70℃。试分别计算顺流和逆流时的对数平均温差。

解　画出顺流、逆流时的温度变化图，如图5-48所示。

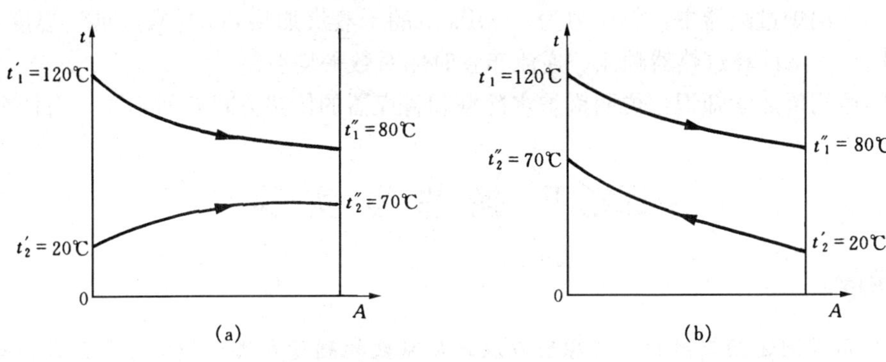

图5-48　例题5-8图

(a) 顺流；(b) 逆流

顺流时，$\Delta t_{max}=100$℃，$\Delta t_{min}=10$℃，因此顺流时的对数平均温差为

$$\overline{\Delta t}=\frac{\Delta t_{max}-\Delta t_{min}}{\ln\frac{\Delta t_{max}}{\Delta t_{min}}}=\frac{100-10}{\ln\frac{100}{10}}=39.8\ (℃)$$

逆流时，$\Delta t_{max}=60$℃，$\Delta t_{min}=50$℃，因此逆流时的对数平均温差为

$$\overline{\Delta t}=\frac{\Delta t_{max}-\Delta t_{min}}{\ln\frac{\Delta t_{max}}{\Delta t_{min}}}=\frac{60-50}{\ln\frac{60}{50}}=54.83\ (℃)$$

由上述计算结果可以发现，在进出口温度相同的情况下，逆流布置方式的对数平均温差比顺流布置时大。因而，为强化传热，受热面应尽可能采用逆流布置。

【5-9】　已知某换热器传热面积100m^2，平均温差$\overline{\Delta t}=65$℃，冷流体侧传热系数 $\alpha_2=4000$W/(m^2·K)，热流体侧传热系数 $\alpha_1=500$W/(m^2·K)，换热面壁厚 $\delta=4$mm，热导率 $\lambda=53.7$W/(m·K)，换热面污垢热阻 $R_\xi=0.03$(m^2·K)/W。进入换热器的冷流体为水，其质量流量 $q_{m2}=13.9$kg/s，入口温度 $t'_2=10$℃，水的质量热容 $c_2=4.187$kJ/(kg·

K),试计算水的出口温度 t''_2 及热流量(按平壁计算传热系数)。

解 据题意得传热系数为

$$K=\frac{1}{\frac{1}{\alpha_1}+\frac{\delta}{\lambda}+R_\xi+\frac{1}{\alpha_2}}=\frac{1}{\frac{1}{500}+\frac{0.004}{53.7}+0.03+\frac{1}{4000}}=30.9\quad[\text{W}/(\text{m}^2\cdot\text{K})]$$

热流量为

$$\Phi=KA\overline{\Delta t}=30.9\times100\times65=200\ 850(\text{W})$$

根据热平衡方程式得冷流体的吸热量为

$$\Phi_2=q_{m2}c_2(t''_2-t'_2)$$

在不考虑热损失的情况下,冷流体的吸热量应与热流量相等,即

$$\Phi=\Phi_2$$

得

$$200\ 850=13.9\times4187\times(t''_2-10)$$

所以

$$t''_2=13.45℃$$

课堂练习题

5-7 在锅炉过热器中,将压力为14MPa下的干蒸汽加热到540℃,烟气温度从950℃冷却到610℃,试计算过热器顺流、逆流布置时的对数平均温差。

5-8 运用传热学知识,说明锅炉水冷壁和省煤器的传热方式有何不同,为什么?

课题四 换热器实验

教学目的

从实验角度阐述换热器的工作原理以及传热系数的测量方法,加深对表面式换热器的工作原理及传热规律的理解;掌握实验仪器仪表的使用方法;能独立完成实验操作过程;能根据实验数据计算换热器的传热系数和平均温差;会整理实验数据,分析实验结果,写出实验报告。

教学内容

一、实验原理

表面式换热器传热方程式为 $\Phi=KA\overline{\Delta t}$,故传热系数 K 的计算式为

$$K=\frac{\Phi}{A\overline{\Delta t}}$$

其中 Φ 为热、冷流体间交换的热量。Φ 值的计算如下:

热流体放出的热量:$\Phi_1=q_{m1}c_1\ (t'_1-t''_1)$

冷流体吸收的热量:$\Phi_2=q_{m2}c_2\ (t''_2-t'_2)$

以 Φ_1、Φ_2 间的热平衡误差 $\Delta<10\%$ 的数值认为有效,并按平均值作为其换热量 Φ。

$$\Delta=\frac{\Phi_1-\Phi_2}{\Phi}\times100\%$$

$$\Phi = \frac{\Phi_1 + \Phi_2}{2}$$

$\overline{\Delta t}$为传热平均温差，其大小与流体流动方式有关（热、冷流体进、出口温度一定时）。$\overline{\Delta t}$的计算公式为

$$\overline{\Delta t} = \frac{\Delta t_{max} - \Delta t_{min}}{\ln \frac{\Delta t_{max}}{\Delta t_{min}}}$$

分析Φ和$\overline{\Delta t}$计算公式可知，要计算Φ和$\overline{\Delta t}$的数值，实验中必须测量出热、冷流体的流量和它们的进、出口温度等物理量，并且确定流体流动方式。而后确定传热系数K的值。下面以一个换热器实验为例说明传热系数K的测定方法。同时介绍实验设备及使用方法、实验要求与注意事项。

二、实验设备及使用方法

如图5-49所示为换热器实验装置图。实验装置主要由风源、热水源、可控硅温度控制器、换热器、测温装置等测量仪组成。

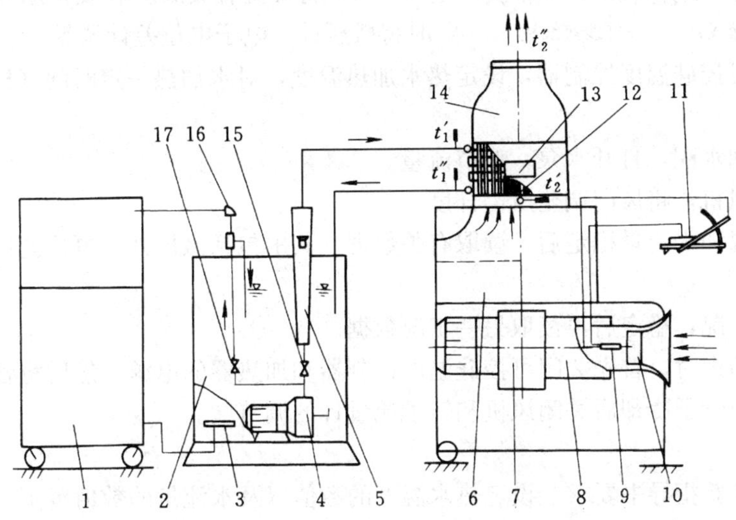

图5-49　换热器实验装置

1—可控硅温度控制器；2—水箱；3—加热器；4—水泵；5—转子流量计；6—风箱；7—风机；8—调风门；9—毕托管；10—风口；11—微压计；12—换热器；13—热电偶接线板；14—出口均温段；15—水量调节阀；16—温度传感器；17—回水阀

换热器为表面式换热器，结构紧凑。水—空气流按逆流连接。空气和水的进、出口温度用铜—康铜热电偶测量。水温测点t'_1、t''_1直接放置在两联箱进、出口。进口空气温度t'_2测点装在紧靠换热器进口截面处。换热器出口空气通道加一均温段，再用均布的九对热电偶并联测出出口的空气温度t''_2。热电偶接线见图5-50。冷端放入冰瓶内，通过一转换开关，用电位差计测定t'_1、t''_1、t'_2、t''_2各温度。

整个风源设计紧凑，风箱用塑料制成。出风口线型及大的收缩比保证空气在换热器进、出口截面处有均匀的流速。为了适应不同风量测量的需要，用两只直径不同的可叠套使用的橡胶收缩风口，可任意选用。用毕托管测定吸风口收缩处流速，以确定空气流量。用调风门

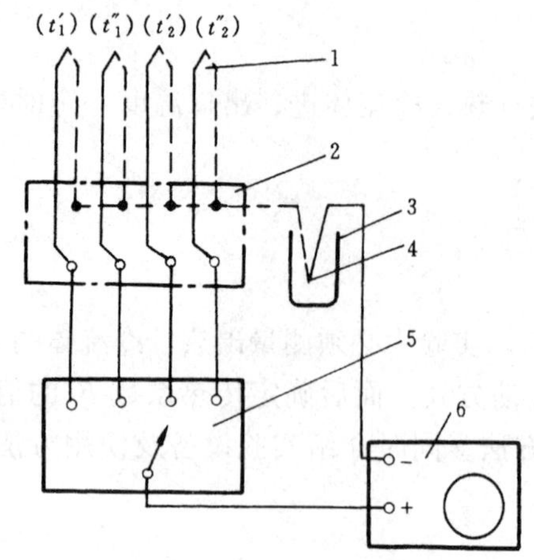

图 5-50 热电偶接线图

1—热电偶测温点；2—热电偶接线板；3—冰瓶；4—热电偶冷端；5—转换开关；6—电位差计

●—黑线接线柱；○—红线接线柱

改变风量。

热水源的水箱用铝合金制成。水泵、流量计、调节阀、回流管路、加热器组合紧凑。水流量通过调节阀控制，用转子流量计测量。

由于空气流速变化对传热系数 K 影响较大，水流速度及水温变化对传热系数也有影响。因此，为了了解空气流速及水流速度对传热系数的影响，可用可控硅温度控制器保持相同的水温，并维持一定的水流量，改变不同的空气量进行试验，可得出一定水温、水流速度下传热系数随空气流速的变化规律。

三、实验要求及注意事项

1. 实验要求

(1) 将实验有关的所有设备用导线连接好，同时将微压计、电子电位差计调零。

(2) 接通可控硅温度控制器，设定热水加热温度，对水加热一定时间（根据试验指导书要求）。

(3) 开启回水阀，打开水泵，调节流量。

(4) 开启风机，将风门调至所需开度。

(5) 待水温和水流量稳定后，读取有关数据（其中包括微压计、电位差计、转子流量计上面的数据）。

(6) 改变工况，稳定后再读取另一工况数据。

(7) 实验结束时，首先关闭可控硅温度控制器和加热器的电源。然后将各种仪表指针复零。待换热器内管子冷却后关闭风机和转子流量计的调节阀。

2. 注意事项

(1) 根据实验指导书要求，设定热水温度的数值以及水流量的数值范围。

(2) 测传热系数 K 时，维持恒定的水流量，改变不同空气流速进行测量。

(3) 用不同收缩口径的吸风口，并调节风门开度，以获得不同的空气流量。

小　　结

热传递是由于温差而引起的能量转移过程，它有三种不同的基本方式：导热、对流换热和辐射换热，实际的换热过程常由多种基本方式组合而成。热阻分析法是研究热量传递问题的基本方法。

(1) 导热是直接接触的物体或同一物体各部分之间由于存在温差而产生的热量传递过程。导热的基本定律是傅里叶定律。利用这一定律可以解决各种类型的实际导热问题，如平壁、圆筒壁的导热问题等。

平壁和圆筒壁的稳定导热具有各自的特点，平壁的热流面积不变，而圆筒壁的热流面积随半径而变化，故计算导热热流量虽然都是从傅立叶定律出发，但所得结果不同。平壁采用

热流密度 φ，计算公式为 $\varphi=\frac{\Delta t}{R_{\lambda}}$；圆筒壁采用单位长度热流量 φ_l，公式为 $\varphi_l=\frac{\Delta t}{R_{\lambda l}}$。显然两者热阻的表达形式不同。

通过对导热热阻的分析可以找到增强或削弱导热的措施。

不稳定导热的特点是热流量≠常数，温度随时间而变化，即 $t = f(x,y,z,\tau)$。不稳定导热时固体壁两侧的温差很大，由此而产生的热应力严重威胁设备的安全，必须采取相应的保护措施。

（2）对流换热是热对流与导热联合作用的结果。对流换热过程与流体的流动规律密切相关，一切影响流体流动的因素都将影响对流换热。

对流换热计算的基本公式是牛顿公式：$\Phi=\alpha_c A\Delta t$。它形式简单，但对流换热表面传热系数 α_c 却是一个复杂的物理量，它反映了对流换热的本质。影响 α_c 的因素有：流体流动原因、流动状态、流体物理性质、壁面几何因素及流体有无相变等。

α_c 是对流换热热阻的倒数，热阻分析法可以揭示各种换热方式下对流换热的热阻所在及其影响因素，找出增强对流换热的途径。

无相变对流换热的主要热阻在层流边界层和紊流时的层流底层，边界层的厚度直接影响对流换热表面传热系数 α_c，即 $\alpha_c = f(\delta,\delta_{底})$。无相变对流换热有自然对流换热和强制流动对流换热之分，后者的换热强度通常高于前者；强制对流又有管内流动和管外横向冲刷之分。

有相变（沸腾或凝结）的对流换热有其自身的特点。沸腾和凝结换热都属高强度换热。

无论是大容器沸腾还是管内沸腾，沸腾换热的突出特点是汽泡的产生和运动，沸腾温差是影响 α_c 的主要因素，即 $\alpha_c = f(\Delta t)$。为保证设备安全和增强换热，要求水在大容器内的沸腾换热在临界点附近的泡态沸腾区。管内沸腾主要针对直流炉，应注意管内沸腾换热的恶化及防止。

凝结换热的主要热阻是凝结液膜，其厚度和流动状态决定了换热的强弱，即 $\alpha_c = f(液膜)$。可结合汽轮机凝汽器的工作情况分析削弱换热的主要因素，并找出防止换热被削弱的措施。

（3）与导热、对流换热不同，热辐射有其自身的本质和特点，它是依靠波长为 0.4～1000μm 的电磁波向外传递能量的过程。

黑体和黑度是热辐射的两个重要概念。黑体这一理想模型使复杂的热辐射问题简单化，四次方定律 $E_b=C_b\left(\frac{T}{100}\right)^4$ 就是在黑体的基础上得出的，它是热辐射计算的基础。把黑体辐射定律应用于实际物体考虑了一个修正系数——黑度 ε，即 $E=\varepsilon E_b$。基尔霍夫定律 $\alpha=\varepsilon$ 则在热辐射的计算以及解释一些现象方面得到了广泛的应用。

（4）辐射换热是物体间相互辐射和吸收的总效果。任意两个物体之间的辐射换热量的计算公式为

$$\Phi_{12} = \varepsilon_{12}C_b\left[\left(\frac{T_1}{100}-\frac{T_2}{100}\right)^4\right]A$$

或

$$\varphi_{12}=\frac{\Delta t}{R_r}$$

式中　R_r——辐射换热热阻。通过定性分析 R_r 的组成，可以找到增强与削弱辐射换热的具体措施。

(5) 传热过程是由两种或两种以上的基本换热方式以不同主次组合而成的。$\Phi=KA\overline{\Delta t}$是传热的基本方程式。传热系数 K 反映了传热过程的强弱程度。传热计算的关键在于计算传热系数 K。

传热系数 K 是传热过程总热阻的倒数，不同的传热系统（如平壁、圆筒壁）具有不同的热阻形式和不同的热流量计算公式。

通过对传热方程式的分析，可以找到强化或削弱传热的基本途径；而对传热热阻的分析，为实际工程中找到增强或削弱传热的方法和措施提供了理论依据。

强化传热的最有效措施是设法减小最大的局部热阻。电厂中常见的各类换热设备的主要热阻多在气侧、油侧和污垢层上。工程上增强传热的常见措施是：改变流体的流动状况；定期清洗换热面，减小污垢热阻；增大换热面积。

削弱传热的主要措施是加热绝缘层。但在圆筒壁外表面加绝热层时，要注意临界热绝缘直径的问题。

(6) 对换热器这部分内容，在理解换热器基本概念、种类及工作原理的基础上，进一步讨论换热器中冷热流体的温度变化特性及计算方法，重点要求掌握表面式换热器的传热计算。换热器传热计算的基本公式为

传热方程式 $\Phi=KA\overline{\Delta t}$

热平衡方程式 $q_{m1}c_1\ (t'_1-t''_1)\ =q_{m2}c_2\ (t''_2-t'_2)$

由于热、冷流体的温度沿换热器受热面是变化的，因此，换热器传热计算要计算平均温差$\overline{\Delta t}$。其中对数平均温差较准确。无论顺流或逆流，$\overline{\Delta t}$按下式计算：

$$\overline{\Delta t}=\frac{\Delta t_{\max}-\Delta t_{\min}}{\ln\dfrac{\Delta t_{\max}}{\Delta t_{\min}}}$$

应能够运用传热学理论对锅炉和汽轮机主要辅助设备的传热过程进行简单的定性分析，以便对上述各受热面的传热基本规律有初步的了解。

(7) 换热器实验重点要求掌握其实验原理、实验设备及其操作要求。同时能对实验结果作出分析。

复习思考题

5-1 什么叫导热？火电厂中的导热现象哪些属于稳定导热？

5-2 热阻是什么意思？热阻概念的提出有何意义？

5-3 何谓绝热材料？为什么露天的管道或设备在敷设绝热材料时要注意防潮？冬天用的棉被为什么经常在太阳下晒会令人感到暖和？

5-4 与平壁稳定导热相比，圆筒壁稳定导热有何特点？φ 和 φ_l 的计算公式有何共性和特性？

5-5 以锅炉省煤器为例，说明增强导热所采取的措施。

5-6 什么是热对流？它与对流换热有何不同？对流换热量如何计算？

5-7 影响对流换热系数的因素有哪些？

5-8 什么是层流边界层？其厚度对对流换热表面传热系数有何影响？

5-9 自然对流换热的特点是什么?

5-10 流体在管内强制流动时，影响对流换热的因素有哪些?

5-11 流体横向流经管束时，影响对流换热的因素有哪些?

5-12 沸腾换热的主要特征是什么? 什么是泡态沸腾和膜态沸腾? 为什么前者使换热增强而后者却使换热恶化?

5-13 管内沸腾换热经历哪几个阶段? 管内沸腾换热的恶化指哪两种情况? 防止措施有哪些?

5-14 膜状凝结换热的特点是什么? 影响凝结换热的因素有哪些?

5-15 什么是黑体? 什么叫物体的黑度?

5-16 热辐射的基本定律是什么? 如何增强和削弱辐射换热?

5-17 什么是复合换热? 什么是传热过程? 举出火电厂中的实例。

5-18 传热系数的物理意义是什么? 它与热阻有何关系? 什么是串联热阻叠加原则?

5-19 增强传热的理论依据和基本原则是什么? 工程上常采取哪些具体措施?

5-20 什么叫热绝缘层? 临界热绝缘直径的意义是什么?

5-21 举例说明火电厂换热器的种类，在火电厂中应用最多的是哪一种类型的换热器?

5-22 火电厂中，为什么有些过热器低温段采用逆流布置，而高温段采用顺流布置?

5-23 换热器传热计算中，为什么要计算平均温差? 如何计算?

习　题

5-1 国产1000t/h锅炉水冷壁采用$\phi60\times6$的碳素钢管，$\lambda=47$W/(m·K)，管外壁、内壁温度分别为$t_1=390$℃，$t_2=360$℃，试求通过单位管长管壁的热流量。

5-2 一台300MW汽轮机凝汽器，压力为0.005MPa，铜管外壁温度为30℃，对流换热表面传热系数为$\alpha_c=13000$W/(m^2·K)，求凝结换热的热流密度。

5-3 某物体吸收率为0.8，求227℃时该物体的辐射力。此物体的辐射力与同温下黑体的辐射力的比值是多少?

5-4 一钢管外径为50mm，长8m，表面温度250℃，黑度为0.8，把它放在室温为27℃的大厂房内，问辐射散热损失为多少?

5-5 某省煤器，已知管子外径$d_2=30$mm，壁厚$\delta=2.5$mm，热导率$\lambda=35$W/(m·K)。管内水的平均温度为$t_{f2}=250$℃，传热系数为$\alpha_2=5800$W/(m^2·K)，管外烟气的平均温度为$t_{f1}=500$℃，传热系数为$\alpha_1=47$W/(m^2·K)，求φ_l值。

5-6 有一台空气冷却器，壁厚为$\delta=0.003$m，$\lambda=346.5$W/(m·K)，气侧传热系数为$\alpha_1=95$W/(m^2·K)，水侧传热系数为$\alpha_2=5800$W/(m^2·K)(视壁面为平壁)。试说明下列问题:(1) 各个环节的局部热阻占整个传热热阻的比例分别为多少? (2) 为强化传热，应首先从哪个环节入手? 应采取什么措施?

5-7 有一台加热器，热流体进、出口温度分别为110℃、70℃，冷流体进、出口温度分别为40℃、60℃。试分别计算顺流和逆流时的对数平均温差。

5-8 温度为99℃的热水进入一个逆流式换热器，将温度为10℃的冷水加热到40℃，冷水流量为3kg/s，热水流量为4kg/s，总传热系数为830W/(m^2·K)，试求热水出口温度和热流量［水的质量定压热容为4.187kJ/（kg·K)］。

5-9 某汽轮机的排汽量为350×10^3kg/h，凝汽器内绝对压力为0.0049MPa，排汽干度为0.85，冷却水进、出口温度分别为25℃、30℃，凝汽器铜管内、外径分别为18/20mm，导热系数为116.3W/（m·K)，蒸汽侧传热系数为6280W/（m^2·K)，水侧传热系数为7792W/（m^2·K)，试求凝汽器的换热面积（K按平壁计算，取算术平均温差）。

附 录 A

附表一 气体的平均质量定压热容$\bar{c}_p|_0^t$ kJ/（kg·K）

温度（℃）＼气体	O_2	N_2	CO	CO_2	H_2O	SO_2	空气
0	0.915	1.039	1.040	0.815	1.859	0.607	1.004
100	0.923	1.040	1.042	0.866	1.873	0.636	1.006
200	0.935	1.043	1.046	0.910	1.894	0.662	1.012
300	0.950	1.049	1.054	0.949	1.919	0.687	1.019
400	0.965	1.057	1.063	0.983	1.948	0.708	1.028
500	0.979	1.066	1.075	1.013	1.978	0.724	1.039
600	0.993	1.076	1.086	1.040	2.009	0.737	1.050
700	1.005	1.087	1.098	1.064	2.042	0.754	1.061
800	1.016	1.097	1.109	1.085	2.075	0.762	1.071
900	1.026	1.108	1.120	1.104	2.110	0.775	1.081
1000	1.035	1.118	1.130	1.122	2.144	0.783	1.091
1100	1.043	1.127	1.140	1.138	2.177	0.791	1.100
1200	1.051	1.136	1.149	1.153	2.211	0.795	1.108
1300	1.058	1.145	1.158	1.166	2.243	—	1.117
1400	1.065	1.153	1.166	1.178	2.274	—	1.124
1500	1.071	1.160	1.173	1.189	2.305	—	1.131
1600	1.077	1.167	1.180	1.200	2.335	—	1.138
1700	1.083	1.174	1.187	1.209	2.363	—	1.144
1800	1.089	1.180	1.192	1.218	2.391	—	1.150
1900	1.094	1.186	1.198	1.226	2.417	—	1.156
2000	1.099	1.191	1.203	1.233	2.442	—	1.161
2100	1.104	1.197	1.208	1.241	2.466	—	1.166
2200	1.109	1.201	1.213	1.247	2.489	—	1.171
2300	1.114	1.206	1.218	1.253	2.512	—	1.176
2400	1.118	1.210	1.222	1.259	2.533	—	1.180
2500	1.123	1.214	1.226	1.264	2.554	—	1.184
2600	1.127	—	—	—	2.574	—	—
2700	1.131	—	—	—	2.594	—	—
2800	—	—	—	—	2.612	—	—
2900	—	—	—	—	2.630	—	—
3000	—	—	—	—	—	—	—

附表二 **气体的平均容积定压热容$\overline{C_{p,V}}\big|_0^t$** kJ/（m³·K）

气体 温度（℃）	O_2	N_2	CO	CO_2	H_2O	SO_2	空气
0	1.306	1.299	1.299	1.600	1.494	1.733	1.297
100	1.318	1.300	1.302	1.700	1.505	1.813	1.300
200	1.335	1.304	1.307	1.787	1.522	1.888	1.307
300	1.356	1.311	1.317	1.863	1.542	1.955	1.317
400	1.377	1.321	1.329	1.930	1.565	2.018	1.329
500	1.398	1.332	1.343	1.989	1.590	2.068	1.343
600	1.417	1.345	1.357	2.041	1.615	2.114	1.357
700	1.434	1.359	1.372	2.088	1.641	2.152	1.371
800	1.450	1.372	1.386	2.131	1.668	2.181	1.384
900	1.465	1.385	1.400	2.169	1.696	2.215	1.398
1000	1.478	1.397	1.413	2.204	1.723	2.236	1.410
1100	1.489	1.409	1.425	2.235	1.750	2.261	1.421
1200	1.501	1.420	1.436	2.264	1.777	2.278	1.433
1300	1.511	1.431	1.447	2.290	1.803	—	1.443
1400	1.520	1.441	1.457	2.314	1.828	—	1.453
1500	1.529	1.450	1.466	2.335	1.853	—	1.462
1600	1.538	1.459	1.475	2.355	1.876	—	1.471
1700	1.546	1.467	1.483	2.374	1.900	—	1.479
1800	1.554	1.475	1.490	2.392	1.921	—	1.487
1900	1.562	1.482	1.497	2.407	1.942	—	1.494
2000	1.569	1.489	1.504	2.422	1.963	—	1.501
2100	1.576	1.496	1.510	2.436	1.982	—	1.507
2200	1.583	1.502	1.516	2.448	2.001	—	1.514
2300	1.590	1.507	1.521	2.460	2.019	—	1.519
2400	1.596	1.513	1.527	2.471	2.036	—	1.525
2500	1.603	1.518	1.532	2.481	2.053	—	1.530
2600	1.609	—	—	—	2.069	—	—
2700	1.615	—	—	—	2.085	—	—
2800	—	—	—	—	2.100	—	—
2900	—	—	—	—	2.113	—	—
3000	—	—	—	—	—	—	—

附表三 气体的平均质量定容热容 $\bar{c}_V|_0^t$ kJ/（kg·K）

温度（℃）＼气体	O_2	N_2	CO	CO_2	H_2O	SO_2	空气
0	0.655	0.742	0.743	0.626	1.398	0.477	0.716
100	0.663	0.744	0.745	0.677	1.411	0.507	0.719
200	0.675	0.747	0.749	0.721	1.432	0.532	0.724
300	0.690	0.752	0.757	0.760	1.457	0.557	0.732
400	0.705	0.760	0.767	0.794	1.486	0.578	0.741
500	0.719	0.769	0.777	0.824	1.516	0.595	0.752
600	0.733	0.779	0.789	0.851	1.547	0.607	0.762
700	0.745	0.790	0.801	0.875	1.581	0.624	0.773
800	0.756	0.801	0.812	0.896	1.614	0.632	0.784
900	0.766	0.811	0.823	0.916	1.648	0.645	0.794
1000	0.775	0.821	0.834	0.933	1.682	0.653	0.804
1100	0.783	0.830	0.843	0.950	1.716	0.662	0.813
1200	0.791	0.839	0.857	0.964	1.749	0.666	0.821
1300	0.798	0.848	0.861	0.977	1.781	—	0.829
1400	0.805	0.856	0.869	0.989	1.813	—	0.837
1500	0.811	0.863	0.876	1.001	1.843	—	0.844
1600	0.817	0.870	0.883	1.011	1.873	—	0.851
1700	0.823	0.877	0.889	1.020	1.902	—	0.857
1800	0.829	0.883	0.896	1.029	1.929	—	0.863
1900	0.834	0.889	0.901	1.037	1.955	—	0.869
2000	0.839	0.894	0.906	1.045	1.980	—	0.874
2100	0.844	0.900	0.911	1.052	2.005	—	0.879
2200	0.849	0.905	0.916	1.058	2.028	—	0.884
2300	0.854	0.909	0.921	1.064	2.050	—	0.889
2400	0.858	0.914	0.925	1.070	2.072	—	0.893
2500	0.863	0.918	0.929	1.075	2.093	—	0.897
2600	0.868	—	—	—	2.113	—	—
2700	0.872	—	—	—	2.132	—	—
2800	—	—	—	—	2.151	—	—
2900	—	—	—	—	2.168	—	—
3000	—	—	—	—	—	—	—

附表四 **气体的平均容积定容热容$\overline{C_{V,v}}|_0^t$** kJ/(m³·K)

温度(℃) \ 气体	O_2	N_2	CO	CO_2	H_2O	SO_2	空气
0	0.935	0.928	0.928	1.229	1.124	1.361	0.926
100	0.947	0.929	0.931	1.329	1.134	1.440	0.929
200	0.964	0.933	0.936	1.416	1.151	1.516	0.936
300	0.985	0.940	0.946	1.492	1.171	1.597	0.946
400	1.007	0.950	0.958	1.559	1.194	1.645	0.958
500	1.027	0.961	0.972	1.618	1.219	1.700	0.972
600	1.046	0.974	0.986	1.670	1.244	1.742	0.986
700	1.063	0.988	1.001	1.717	1.270	1.779	1.000
800	1.079	1.001	1.015	1.760	1.297	1.813	1.013
900	1.094	1.014	1.029	1.798	1.325	1.842	1.026
1000	1.107	1.026	1.042	1.833	1.352	1.867	1.039
1100	1.118	1.038	1.054	1.864	1.379	1.888	1.050
1200	1.130	1.049	1.065	1.893	1.406	1.905	1.062
1300	1.140	1.060	1.076	1.919	1.432	—	1.072
1400	1.149	1.070	1.086	1.943	1.457	—	1.082
1500	1.158	1.079	1.095	1.964	1.482	—	1.091
1600	1.167	1.088	1.104	1.985	1.505	—	1.100
1700	1.175	1.096	1.112	2.003	1.529	—	1.108
1800	1.183	1.104	1.119	2.021	1.550	—	1.116
1900	1.191	1.111	1.126	2.036	1.571	—	1.123
2000	1.198	1.118	1.133	2.051	1.592	—	1.130
2100	1.205	1.125	1.139	2.065	1.611	—	1.136
2200	1.212	1.130	1.145	2.077	1.630	—	1.143
2300	1.219	1.136	1.151	2.089	1.648	—	1.148
2400	1.225	1.142	1.156	2.100	1.666	—	1.154
2500	1.232	1.147	1.161	2.110	1.682	—	1.159
2600	1.238	—	—	—	1.698	—	—
2700	1.244	—	—	—	1.714	—	—
2800	—	—	—	—	1.729	—	—
2900	—	—	—	—	1.743	—	—
3000	—	—	—	—	—	—	—

附表五 **饱和水与饱和蒸汽性质表（按温度排列）**

t	p_s	v'	v''	ρ'	ρ''	h'	h''	l	s'	s''
℃	MPa	m^3/kg	m^3/kg	kg/m^3	kg/m^3	kJ/kg	kJ/kg	kJ/kg	kJ/(kg·K)	kJ/(kg·K)
0.01	0.000 610 8	0.001 000 2	206.3	999.80	0.004 847	0.00	2501	2501	0.000 0	9.154 4
1	0.000 656 6	0.001 000 1	192.6	999.90	0.005 192	4.22	2502	2498	0.015 4	9.128 1
5	0.000 871 9	0.001 000 1	147.2	999.90	0.006 793	21.05	2510	2489	0.076 2	9.024 1
10	0.001 227 7	0.001 000 4	106.42	999.60	0.009 398	42.04	2519	2477	0.151 0	8.899 4
15	0.001 704 1	0.001 001 0	77.97	999.00	0.012 82	62.97	2528	2465	0.224 4	8.780 6
20	0.002 337	0.001 001 8	57.84	998.20	0.017 29	83.80	2537	2454	0.296 4	8.666 5
25	0.003 166	0.001 003 0	43.40	997.01	0.023 04	104.81	2547	2442	0.367 2	8.557 0
30	0.004 241	0.001 004 4	32.92	995.62	0.030 37	125.71	2556	2430	0.436 6	8.453 0
35	0.005 622	0.001 006 1	25.24	993.94	0.039 62	146.60	2565	2418	0.504 9	8.351 9
40	0.007 375	0.001 007 9	19.55	992.16	0.051 15	167.50	2574	2406	0.572 3	8.255 9
45	0.009 584	0.001 009 9	15.28	990.20	0.065 44	188.40	2582	2394	0.638 4	8.163 8
50	0.012 335	0.001 012 1	12.04	988.04	0.083 06	209.3	2592	2383	0.703 8	8.075 3
60	0.019 917	0.001 017 1	7.678	983.19	0.130 2	251.1	2609	2358	0.831 1	7.908 4
70	0.031 17	0.001 022 8	5.045	977.71	0.198 2	293.0	2626	2333	0.954 9	7.754 4
80	0.047 36	0.001 029 0	3.408	971.82	0.293 4	334.9	2643	2308	1.075 3	7.611 6
90	0.070 11	0.001 035 9	2.361	965.34	0.423 5	377.0	2659	2282	1.192 5	7.478 7
100	0.101 31	0.001 043 5	1.673	958.31	0.597 7	419.1	2676	2257	1.307 1	7.354 7
110	0.143 26	0.001 051 5	1.210	951.02	0.826 4	461.3	2691	2230	1.418 4	7.238 7
120	0.198 54	0.001 060 3	0.891 7	943.13	1.121	503.7	2706	2202	1.527 7	7.129 8
130	0.270 11	0.001 069 7	0.668 3	934.84	1.496	546.3	2721	2174	1.634 5	7.027 2
140	0.361 4	0.001 079 8	0.508 7	926.10	1.966	589.0	2734	2145	1.739 2	6.930 4
150	0.476 0	0.001 090 6	0.392 6	916.93	2.547	632.2	2746	2114	1.841 4	6.838 3
160	0.618 0	0.001 102 1	0.306 8	907.36	3.258	675.6	2758	2082	1.942 7	6.750 8
170	0.792 0	0.001 114 4	0.242 6	897.34	4.122	719.2	2769	2050	2.041 7	6.666 6
180	1.002 7	0.001 127 5	0.193 9	886.92	5.157	763.1	2778	2015	2.139 5	6.585 8
190	1.255 3	0.001 141 5	0.156 4	876.04	6.394	807.5	2786	1979	2.235 7	6.507 4
200	1.555 1	0.001 156 5	0.127 2	864.68	7.862	852.4	2793	1941	2.330 8	6.431 8
210	1.908 0	0.001 172 6	0.104 3	852.81	9.588	897.7	2798	1900	2.424 6	6.357 7
220	2.320 1	0.001 190 0	0.086 06	840.34	11.62	943.7	2802	1858	2.517 9	6.284 9
230	2.797 9	0.001 208 7	0.071 47	827.34	13.99	990.4	2803	1813	2.610 1	6.213 3
240	3.348 0	0.001 229 1	0.059 67	813.60	16.76	1037.5	2803	1766	2.702 1	6.142 5
250	3.977 6	0.001 251 2	0.050 06	799.23	19.98	1085.7	2801	1715	2.793 4	6.072 1
260	4.694	0.001 275 5	0.042 15	784.01	23.72	1135.1	2796	1661	2.885 1	6.001 3
270	5.505	0.001 302 3	0.035 60	767.87	23.09	1185.3	2790	1605	2.976 4	5.929 7
280	6.419	0.001 332 1	0.030 13	750.69	33.19	1236.9	2780	1542.9	3.068 1	5.857 3
290	7.445	0.001 365 5	0.025 54	732.33	39.15	1290.0	2766	1476.3	3.161 1	5.782 7
300	8.592	0.001 403 6	0.021 64	712.45	46.21	1344.9	2749	1404.2	4.254 8	5.704 9
310	9.870	0.001 447	0.018 32	691.09	54.58	1402.1	2727	1325.2	3.350 8	5.623 3
320	11.290	0.001 499	0.015 45	667.11	64.72	1462.1	2700	1237.8	3.449 5	5.535 3
330	12.865	0.001 562	0.012 97	640.20	77.10	1526.1	2666	1139.6	3.552 2	5.441 2
340	14.608	0.001 639	0.010 78	610.13	92.76	1594.7	2622	1027.0	3.660 5	5.336 1
350	16.537	0.001 741	0.008 803	574.38	113.6	1671	2565	898.5	3.778 6	5.211 7
360	18.674	0.001 894	0.006 943	527.98	144.0	1762	2481	719.3	3.916 2	5.053 0
370	21.053	0.002 22	0.004 93	450.45	203	1893	2331	438.4	4.113 7	4.795 1
374	22.087	0.002 80	0.003 47	357.14	288	2032	2147	114.7	4.325 8	4.502 9

附表六 **饱和水与饱和蒸汽性质表**(按压力排列)

压 力	温 度	比体积		焓		比汽化潜热	熵	
		液 体	蒸 汽	液 体	蒸 汽		液 体	蒸 汽
p	t_s	v'	v''	h'	h''	l	s'	s''
MPa	℃	m³/kg	m³/kg	kJ/kg	kJ/kg	kJ/kg	kJ/(kg·K)	kJ/(kg·K)
0.001	6.982	0.001 000 1	129.208	29.33	2513.8	2484.5	0.106 0	8.975 6
0.002	17.511	0.001 001 2	67.006	73.45	2533.2	2459.8	0.260 6	8.723 6
0.003	24.098	0.001 002 7	45.668	101.00	2545.2	2444.2	0.354 3	8.577 6
0.004	28.981	0.001 004 0	34.803	121.41	2554.1	2532.7	0.422 4	8.474 7
0.005	32.90	0.001 005 2	28.196	137.77	2561.2	2423.4	0.476 2	8.395 2
0.006	36.18	0.001 006 4	23.742	151.50	2567.1	2415.6	0.520 9	8.330 5
0.007	39.02	0.001 007 4	20.532	163.38	2572.2	2408.8	0.559 1	8.276 0
0.008	41.53	0.001 008 4	18.106	173.87	2576.7	2402.8	0.592 6	8.228 9
0.009	43.79	0.001 009 4	16.266	183.28	2580.8	2397.5	0.622 4	8.187 5
0.01	45.83	0.001 010 2	14.676	191.84	2584.4	2392.6	0.649 3	8.150 5
0.015	54.00	0.001 014 0	10.025	225.98	2598.9	2372.9	0.754 9	8.008 9
0.02	60.09	0.001 017 2	7.651 5	251.46	2609.6	2358.1	0.832 1	7.909 2
0.025	64.99	0.001 019 9	6.206 0	271.99	2618.1	2346.1	0.893 2	7.832 1
0.03	69.12	0.001 022 3	5.230 8	289.31	2625.3	2336.0	0.944 1	7.769 5
0.04	75.89	0.001 026 5	3.994 9	317.65	2636.8	2319.2	1.026 1	7.671 1
0.05	81.35	0.001 030 1	3.241 5	340.57	2646.0	2305.4	1.091 2	7.595 1
0.06	85.95	0.001 033 3	2.732 9	359.93	2653.6	2203.7	1.145 4	7.533 2
0.07	89.96	0.001 036 1	2.365 8	376.77	2660.2	2283.4	1.192 1	7.481 1
0.08	93.51	0.001 038 7	2.087 9	391.72	2666.0	2274.3	1.233 0	7.436 0
0.09	96.71	0.001 041 2	1.870 1	405.21	2671.1	2265.9	1.269 6	7.396 3
0.1	99.63	0.001 043 4	1.694 6	417.51	2675.7	2258.2	1.302 7	7.360 8
0.12	104.81	0.001 047 6	1.428 9	439.36	2683.8	2244.4	1.360 9	7.299 6
0.14	109.32	0.001 051 3	1.237 0	458.42	2690.8	2232.4	1.410 9	7.248 0
0.16	113.32	0.001 054 7	1.091 7	475.38	2696.8	2221.4	1.455 0	7.203 2
0.18	116.93	0.001 059 7	0.977 75	490.70	2702.1	2211.4	1.494 4	7.163 8
0.2	120.23	0.001 060 8	0.885 92	504.7	2706.9	2202.2	1.530 1	7.128 6
0.25	127.43	0.001 067 5	0.718 81	535.4	2717.2	2181.8	1.607 2	7.054 0
0.3	133.54	0.001 073 5	0.605 86	561.4	2725.5	2164.1	1.671 7	6.993 0
0.35	138.88	0.001 078 9	0.524 25	584.3	2732.5	2148.2	1.727 3	6.941 4
0.4	143.62	0.001 083 9	0.462 42	604.7	2738.5	2133.8	1.776 4	6.896 6
0.45	147.92	0.001 088 5	0.418 92	623.2	2743.8	2120.6	1.820 4	6.857 0
0.5	151.85	0.001 092 8	0.374 81	640.1	2748.5	2108.4	1.860 4	6.821 5
0.6	158.84	0.001 100 9	0.315 56	670.4	2756.4	2086.0	1.930 8	6.759 8
0.7	164.96	0.001 108 2	0.272 74	697.1	2762.9	2065.8	1.991 8	6.707 4
0.8	170.42	0.001 115 0	0.240 30	720.9	2768.4	2047.5	2.045 7	6.661 8
0.9	175.36	0.001 121 3	0.214 84	742.6	2773.0	2030.4	2.094 1	6.621 2

续表

压力	温度	比体积		焓		比汽化潜热	熵	
		液体	蒸汽	液体	蒸汽		液体	蒸汽
p	t_s	v'	v''	h'	h''	l	s'	s''
MPa	℃	m^3/kg	m^3/kg	kJ/kg	kJ/kg	kJ/kg	kJ/(kg·K)	kJ/(kg·K)
1	179.88	0.001 127 4	0.194 30	762.6	2777.0	2014.4	2.138 2	6.584 7
1.1	184.06	0.001 133 1	0.177 39	781.1	2780.4	1999.3	2.178 6	6.551 5
1.2	187.96	0.001 138 6	0.163 20	798.4	2783.4	1985.0	2.216 0	6.521 0
1.3	191.60	0.001 143 8	0.151 12	814.7	2786.0	1971.3	2.250 9	6.492 7
1.4	195.04	0.001 148 9	0.140 72	830.1	2788.4	1958.3	2.283 6	6.466 5
1.5	198.28	0.001 153 8	0.131 65	844.7	2790.4	1945.7	2.314 4	6.441 8
1.6	201.37	0.001 158 6	0.123 68	858.6	2792.2	1933.6	2.343 6	6.418 7
1.7	204.30	0.001 163 3	0.116 61	871.8	2793.8	1922.0	2.371 2	6.396 7
1.8	207.10	0.001 167 8	0.110 31	884.6	2795.1	1910.5	2.397 6	6.375 9
1.9	209.79	0.001 172 2	0.104 64	896.8	2796.4	1899.6	2.422 7	6.356 1
2	212.37	0.001 176 6	0.099 53	908.6	2797.4	1888.8	2.446 8	6.337 3
2.2	217.24	0.001 185 0	0.090 64	930.9	2799.1	1868.2	2.492 2	6.301 8
2.4	221.78	0.001 193 2	0.083 19	951.9	2800.4	1848.5	2.534 3	6.269 1
2.6	226.03	0.001 201 1	0.076 85	971.7	2801.2	1829.5	2.573 6	6.238 6
2.8	230.04	0.001 208 8	0.071 38	990.5	2801.7	1811.2	2.610 6	6.210 1
3	233.84	0.001 216 3	0.066 62	1008.4	2801.9	1793.5	2.645 5	6.183 2
3.5	242.54	0.001 234 5	0.057 02	1049.8	2801.3	1751.5	2.725 3	6.121 8
4	250.33	0.001 252 1	0.049 74	1087.5	2799.4	1711.9	2.796 7	6.067 0
5	263.92	0.001 285 8	0.039 41	1154.6	2792.8	1638.2	2.920 9	5.971 2
6	275.56	0.001 318 7	0.032 41	1213.9	2783.3	1569.4	3.027 7	5.887 8
7	285.80	0.001 351 4	0.027 34	1267.7	2771.4	1503.7	3.122 5	5.812 6
8	294.98	0.001 384 3	0.023 49	1317.5	2757.5	1440.0	3.208 3	5.743 0
9	303.31	0.001 417 9	0.020 46	1364.2	2741.8	1377.6	3.287 5	5.677 3
10	310.96	0.001 452 6	0.018 00	1408.6	2724.4	1315.8	3.361 6	5.614 3
11	318.04	0.001 488 7	0.015 97	1451.2	2705.4	1254.2	3.431 6	5.553 1
12	324.64	0.001 526 7	0.014 25	1492.6	2684.8	1192.2	3.498 6	5.493 0
13	330.81	0.001 567 0	0.012 77	1533.0	2662.4	1129.4	3.563 3	5.433 3
14	336.63	0.001 610 4	0.011 49	1572.8	2638.3	1065.5	3.626 2	5.373 7
15	342.12	0.001 658 0	0.010 35	1612.2	2611.6	999.4	3.687 7	5.312 2
16	347.32	0.001 710 1	0.009 330	1651.5	2582.7	931.2	3.748 6	5.249 6
17	352.26	0.001 769 0	0.008 401	1691.6	2550.8	859.2	3.810 3	5.184 1
18	356.96	0.001 838 0	0.007 534	1733.4	2514.4	781.0	3.873 9	5.113 5
19	361.44	0.001 923 1	0.006 700	1778.2	2470.1	691.9	3.941 7	5.032 1
20	365.71	0.002 038	0.005 873	1828.8	2413.8	585.0	4.018 1	4.933 8
21	369.79	0.002 218	0.005 006	1892.2	2340.2	448.0	4.113 7	4.810 6
22	373.68	0.002 675	0.003 757	2007.7	2192.5	184.8	4.289 1	4.574 8

附表七 未饱和水与过热蒸汽性质表

p(MPa)	0.001			0.005		
	t_s=6.982 v'=0.001 000 1 v''=129.208 h'=29.33 h''=2513.8 s'=0.106 0 s''=8.975 6			t_s=32.90 v'=0.001 005 2 v''=28.196 h'=137.77 h''=2561.2 s'=0.476 2 s''=8.395 2		
t	v	h	s	v	h	s
℃	m³/kg	kJ/kg	kJ/(kg·K)	m³/kg	kJ/kg	kJ/(kg·K)
0	0.001 000 2	0.0	−0.000 1	0.001 000 2	0.0	−0.000 1
10	130.60	2519.5	8.995 6	0.001 000 2	42.0	0.151 0
20	135.23	2538.1	9.060 4	0.001 001 7	83.9	0.296 3
40	144.47	2575.5	9.183 7	28.86	2574.6	8.438 5
60	153.71	2613.0	9.299 7	30.71	2612.3	8.555 2
80	162.95	2650.6	9.409 3	32.57	2650.0	8.665 2
100	172.19	2688.3	9.513 2	34.42	2687.9	8.769 5
120	181.42	2726.2	9.612 2	36.27	2725.9	8.868 7
140	190.66	2764.3	9.706 6	38.12	2764.0	8.963 3
160	199.89	2802.6	9.797 1	39.97	2802.3	9.053 9
180	209.12	2841.0	9.883 9	41.81	2840.8	9.140 8
200	218.35	2879.7	9.967 4	43.66	2879.5	9.224 4
220	227.58	2918.6	10.048 0	45.51	2918.5	9.304 9
240	236.82	2957.7	10.125 7	47.36	2957.6	9.382 8
260	246.05	2997.1	10.201 0	49.20	2997.0	9.458 0
280	255.28	3036.7	10.273 9	51.05	3036.6	9.531 0
300	264.51	3076.5	10.344 6	52.90	3076.4	9.601 7
350	287.58	3177.2	10.513 0	57.51	3177.1	9.770 2
400	310.66	3279.5	10.670 9	62.13	3279.4	9.928 0
450	333.74	3383.4	10.820	66.74	3383.3	10.077
500	356.81	3489.0	10.961	71.36	3489.0	10.218
550	379.89	3596.3	11.095	75.98	3596.2	10.352
600	402.96	3705.3	11.224	80.59	3705.3	10.481

续表

p(MPa)	0.01			0.05		
	t_s=45.83 v'=0.001 010 2 v''=14.676 h'=191.84 h''=2584.4 s'=0.649 3 s''=8.150 5			t_s=81.35 v'=0.001 030 1 v''=3.241 5 h'=340.57 h''=2646.0 s'=1.091 2 s''=7.595 1		
t	v	h	s	v	h	s
℃	m³/kg	kJ/kg	kJ/(kg·K)	m³/kg	kJ/kg	kJ/(kg·K)
0	0.001 000 2	0.0	−0.000 1	0.001 000 2	0.0	−0.000 1
10	0.001 000 2	42.0	0.151 0	0.001 000 2	42.0	0.151 0
20	0.001 001 7	83.9	0.296 3	0.001 001 7	83.9	0.296 3
40	0.001 007 8	167.4	0.572 1	0.001 007 8	167.5	0.572 1
60	15.34	2611.3	8.233 1	0.001 017 1	251.1	0.831 0
80	16.27	2649.3	8.343 7	0.001 029 2	334.9	1.075 2
100	17.20	2687.3	8.448 4	3.419	2682.6	7.695 8
120	18.12	2725.4	8.547 9	3.608	2721.7	7.797 7
140	19.05	2763.6	8.642 7	3.796	2760.6	7.894 2
160	19.98	2802.0	8.733 4	3.983	2799.5	7.986 2
180	20.90	2840.6	8.820 4	4.170	2838.4	8.074 1
200	21.82	2879.3	8.904 1	4.356	2877.5	8.158 4
220	22.75	2918.3	8.984 8	4.542	2916.7	8.239 6
240	23.67	2957.4	9.062 6	4.728	2956.1	8.317 8
260	24.60	2996.8	9.137 9	4.913	2995.6	8.393 4
280	25.52	3036.5	9.210 9	5.099	3035.4	8.466 7
300	26.44	3076.3	9.281 7	5.284	3075.3	8.537 6
350	28.75	3177.0	9.450 2	5.747	3176.3	8.706 5
400	31.06	3279.4	9.608 1	6.209	3278.7	8.864 6
450	33.37	3383.3	9.757 0	6.671	3382.8	9.013 7
500	35.68	3488.9	9.898 2	7.134	3488.5	9.155 0
550	37.99	3596.2	10.033	7.595	3595.8	9.289 6
600	40.29	3705.2	10.161	8.057	3704.9	9.418 2

续表

p(MPa)	0.1			0.2		
	t_s=99.63 v'=0.001 043 4 v''=1.694 6 h'=417.51 h''=2675.7 s'=1.302 7 s''=7.3608			t_s=120.23 v'=0.001 060 8 v''=0.885 92 h'=504.7 h''=2706.9 s'=1.530 1 s''=7.128 6		
t	v	h	s	v	h	s
℃	m^3/kg	kJ/kg	kJ/(kg·K)	m^3/kg	kJ/kg	kJ/(kg·K)
0	0.001 002	0.1	−0.000 1	0.001 000 1	0.2	−0.000 1
10	0.001 000 2	42.1	0.151 0	0.001 000 2	42.2	0.151 0
20	0.001 001 7	84.0	0.296 3	0.001 001 6	84.0	0.296 3
40	0.001 007 8	167.5	0.572 1	0.001 007 7	167.6	0.572 0
60	0.001 017 1	251.2	0.830 9	0.001 017 1	251.2	0.830 9
80	0.001 029 2	335.0	1.075 2	0.001 029 1	335.0	1.075 2
100	1.696	2676.5	7.362 8	0.001 043 7	419.1	1.306 8
120	1.793	2716.8	7.468 1	0.001 060 6	503.7	1.527 6
140	1.889	2756.6	7.566 9	0.935 3	2748.4	7.231 4
160	1.984	2796.2	7.660 5	0.984 2	2789.5	7.328 6
180	2.078	2835.7	7.749 6	1.032 6	2830.1	7.420 3
200	2.172	2875.2	7.834 8	1.080	2870.5	7.507 3
220	2.266	2914.7	7.916 6	1.128	2910.6	7.590 5
240	2.359	2954.3	7.995 4	1.175	2950.8	7.670 4
260	2.453	2994.1	8.071 4	1.222	2991.0	7.747 2
280	2.546	3034.0	8.144 9	1.269	3031.3	7.821 4
300	2.639	3074.1	8.216 2	1.316	3071.7	7.893 1
350	2.871	3175.3	8.385 4	1.433	3173.4	8.063 3
400	3.103	3278.0	8.543 9	1.549	3276.5	8.222 3
450	3.334	3382.2	8.693 2	1.665	3380.9	8.372 0
500	3.565	3487.9	8.834 6	1.781	3486.9	8.513 7
550	3.797	3595.4	8.969 3	1.897	3594.5	8.648 5
600	4.028	3704.5	9.097 9	2.013	3703.7	8.777 4

续表

p(MPa)	0.5			1		
	t_s=151.85 v'=0.001 092 8 v''=0.374 81 h'=640.1 h''=2748.5 s'=1.860 4 s''=6.821 5			t_s=179.88 v'=0.001 127 4 v''=0.194 30 h'=762.6 h''=2777.0 s'=2.138 2 s''=6.584 7		
t	v	h	s	v	h	s
℃	m^3/kg	kJ/kg	kJ/（kg·K）	m^3/kg	kJ/kg	kJ/（kg·K）
0	0.001 000 0	0.5	−0.000 1	0.000 099 97	1.0	−0.000 1
10	0.001 000 0	42.5	0.150 9	0.000 999 8	43.0	0.150 9
20	0.001 001 5	84.3	0.296 2	0.001 001 3	84.8	0.296 1
40	0.001 007 6	167.9	0.571 9	0.001 007 4	168.3	0.571 7
60	0.001 016 9	251.5	0.830 7	0.001 016 7	251.9	0.830 5
80	0.001 029 0	335.3	1.075 0	0.001 028 7	335.7	1.074 6
100	0.001 043 5	419.4	1.306 6	0.001 043 2	419.7	1.306 2
120	0.001 060 5	503.9	1.527 3	0.001 060 2	504.3	1.526 9
140	0.001 080 0	589.2	1.738 8	0.001 079 6	589.5	1.738 3
160	0.383 6	2767.3	6.865 4	0.001 101 9	675.7	1.942 0
180	0.404 6	2812.1	6.966 5	0.194 4	2777.3	6.585 4
200	0.425 0	2855.5	7.060 2	0.205 9	2827.5	6.694 0
220	0.445 0	2898.0	7.148 1	0.216 9	2874.9	6.792 1
240	0.464 6	2939.9	7.231 5	0.227 5	2920.5	6.882 6
260	0.484 1	2981.5	7.311 0	0.237 8	2964.8	6.967 4
280	0.503 4	3022.9	7.387 2	0.248 0	3008.3	7.047 5
300	0.522 6	3064.2	7.460 6	0.258 0	3051.3	7.123 4
350	0.570 1	3167.6	7.633 5	0.282 5	3157.7	7.301 8
400	0.617 2	3271.8	7.794 4	0.306 6	3264.0	7.460 6
420	0.636 0	3313.8	7.855 8	0.316 1	3306.6	7.528 3
440	0.654 8	3355.9	7.915 8	0.325 6	3349.3	7.589 0
450	0.664 1	3377.1	7.945 2	0.330 4	3370.7	7.618 8
460	0.673 5	3398.3	7.974 3	0.335 1	3392.1	7.648 2
480	0.692 2	3440.9	8.031 6	0.334 6	3435.1	7.706 1
500	0.710 9	3483.7	8.087 7	0.354 0	3478.3	7.762 7
550	0.757 5	3591.7	8.223 2	0.377 6	3587.2	7.899 1
600	0.804 0	3701.4	8.352 5	0.401 0	3697.4	8.029 2

续表

p(MPa)	2			3		
	t_s=212.37 v'=0.001 176 6　v''=0.099 53 h'=908.6　h''=2797.4 s'=2.446 8　s''=6.337 3			t_s=233.84 v'=0.001 216 3　v''=0.066 62 h'=1008.4　h''=2801.9 s'=2.644 5　s''=6.183 2		
t	v	h	s	v	h	s
℃	m^3/kg	kJ/kg	kJ/（kg・K）	m^3/kg	kJ/kg	kJ/（kg・K）
0	0.000 999 2	2.0	0.000 0	0.000 998 7	3.0	0.000 1
10	0.000 999 3	43.9	0.150 8	0.000 998 8	44.9	0.150 7
20	0.001 000 8	85.7	0.295 9	0.001 000 4	86.7	0.295 7
40	0.001 006 9	169.2	0.571 3	0.001 006 5	170.1	0.570 9
60	0.001 016 2	252.7	0.829 9	0.001 015 8	253.6	0.829 4
80	0.001 028 2	336.5	1.074 0	0.001 027 8	337.3	1.073 3
100	0.001 042 7	420.5	1.305 4	0.001 042 2	421.2	1.304 6
120	0.001 059 6	505.0	1.526 0	0.001 059 0	505.7	1.525 0
140	0.001 079 0	590.2	1.737 3	0.001 078 3	590.8	1.736 2
160	0.001 101 2	676.3	1.940 8	0.001 100 5	676.9	1.939 6
180	0.009 112 66	763.6	2.137 9	0.001 125 8	764.1	2.136 6
200	0.001 156 0	852.6	2.330 0	0.001 155 0	853.0	2.328 4
220	0.102 11	2820.4	6.384 2	0.001 189 1	943.9	2.516 6
240	0.108 4	2876.3	6.495 3	0.068 18	2823.0	6.224 5
260	0.114 4	2927.9	6.594 1	0.072 86	2885.5	6.344 0
280	0.120 0	2976.9	6.684 2	0.077 14	2941.8	6.447 7
300	0.125 5	3024.0	6.767 9	0.081 16	2994.2	6.540 8
350	0.138 6	3137.2	6.957 4	0.090 53	3115.7	6.744 3
400	0.151 2	3248.1	7.128 5	0.099 33	3231.6	6.923 1
420	0.156 1	3291.9	7.192 7	0.102 76	3276.9	6.989 4
440	0.161 0	3335.7	7.255 0	0.106 1	3321.9	7.053 5
450	0.163 5	3357.7	7.285 5	0.107 8	3344.4	7.084 7
460	0.165 9	3379.6	7.315 6	0.109 5	3366.8	7.115 5
480	0.170 8	3423.5	7.374 7	0.112 8	3411.6	7.175 8
500	0.175 6	3467.4	7.432 3	0.116 1	3456.4	7.234 5
550	0.187 6	3578.0	7.570 8	0.124 3	3568.6	7.375 2
600	0.199 5	3689.5	7.702 4	0.132 4	3681.5	7.508 4

续表

p (MPa)	4			5		
	t_s=250.33 v'=0.001 252 1 v''=0.049 74 h'=1087.5 h''=2799.4 s'=2.796 7 s''=6.067 0			t_s=263.92 v'=0.001 285 8 v''=0.039 41 h'=1154.6 h''=2792.8 s'=2.920 9 s''=5.971 2		
t	v	h	s	v	h	s
℃	m^3/kg	kJ/kg	kJ/(kg·K)	m^3/kg	kJ/kg	kJ/(kg·K)
0	0.000 998 2	4.0	0.000 2	0.000 997 7	5.1	0.0002
10	0.000 998 4	45.9	0.150 6	0.000 997 9	46.9	0.150 5
20	0.000 999 9	87.6	0.295 5	0.000 999 5	88.6	0.295 2
40	0.001 006 0	171.0	0.570 6	0.001 005 6	171.9	0.570 2
60	0.001 015 3	254.4	0.828 8	0.001 014 9	255.3	0.828 3
80	0.001 027 3	338.1	1.072 6	0.001 026 8	338.8	1.072 0
100	0.001 041 7	422.0	1.303 8	0.001 041 2	422.7	1.303 0
120	0.001 058 4	506.4	1.524 2	0.001 057 9	507.1	1.523 2
140	0.001 077 7	591.5	1.735 2	0.001 077 1	592.1	1.734 2
160	0.001 099 7	677.5	1.938 5	0.001 099 0	678.0	1.937 3
180	0.001 124 9	764.6	2.135 2	0.001 124 1	765.2	2.133 9
200	0.001 154 0	853.4	2.326 8	0.001 153 0	853.8	2.325 3
220	0.001 187 8	944.2	2.514 7	0.001 186 6	944.4	2.512 9
240	0.001 228 0	1037.7	2.700 7	0.001 226 4	1037.8	2.698 5
260	0.051 74	2835.6	6.135 5	0.001 275 0	1135.0	2.884 2
280	0.055 47	2902.2	6.258 1	0.042 24	2857.0	6.088 9
300	0.058 85	2961.5	6.363 4	0.045 32	2925.4	6.210 4
350	0.066 45	3093.1	6.583 8	0.051 94	3069.2	6.451 3
400	0.073 39	3214.5	6.771 3	0.057 80	3196.9	6.648 6
420	0.076 06	3261.4	6.839 9	0.060 02	3245.4	6.719 6
440	0.078 69	3307.7	6.905 8	0.062 20	3293.2	6.787 5
450	0.079 99	3330.7	6.937 9	0.063 27	3316.8	6.820 4
460	0.081 28	3353.7	6.969 4	0.064 34	3340.4	6.852 8
480	0.083 84	3399.5	7.031 0	0.066 44	3387.2	6.915 8
500	0.086 38	3445.2	7.090 9	0.068 53	3433.8	6.976 8
550	0.092 64	3559.2	7.233 8	0.073 83	3549.6	7.122 1
600	0.098 79	3673.4	7.368 6	0.078 64	3665.4	7.258 0

续表

p(MPa)	6			7		
	t_s=275.56 v'=0.001 318 7　v''=0.032 41 h'=1213.9　h''=2783.3 s'=3.027 7　s''=5.887 8			t_s=285.80 v'=0.001 351 4　v''=0.027 34 h'=1267.7　h''=2771.4 s'=3.122 5　s''=5.812 6		
t	v	h	s	v	h	s
℃	m³/kg	kJ/kg	kJ/(kg·K)	m³/kg	kJ/kg	kJ/(kg·K)
0	0.000 997 2	6.1	0.000 3	0.000 996 7	7.1	0.000 4
10	0.000 997 4	47.8	0.150 5	0.000 997 0	48.8	0.150 4
20	0.000 999 0	89.5	0.295 1	0.000 998 6	90.4	0.294 8
40	0.001 005 1	172.7	0.569 8	0.001 004 7	173.6	0.569 4
60	0.001 014 4	256.1	0.827 8	0.001 014 0	256.9	0.827 3
80	0.001 026 3	339.6	1.071 3	0.001 025 9	340.4	1.070 7
100	0.001 040 6	423.5	1.302 3	0.001 040 1	424.2	1.301 5
120	0.001 057 3	507.8	1.522 4	0.001 056 7	508.5	1.521 5
140	0.001 076 4	592.8	1.733 2	0.001 075 8	593.4	1.732 1
160	0.001 098 3	678.6	1.936 1	0.001 097 6	679.2	1.935 0
180	0.001 123 2	765.7	2.132 5	0.001 122 4	766.2	2.131 2
200	0.001 151 9	854.2	2.323 7	0.001 151 0	854.6	2.322 2
220	0.001 185 3	944.7	2.511 1	0.001 184 1	945.0	2.509 3
240	0.001 224 9	1037.9	2.696 3	0.001 223 3	1038.0	2.694 1
260	0.001 272 9	1134.8	2.881 5	0.001 270 8	1134.7	2.878 9
280	0.033 17	2804.0	5.925 3	0.001 330 7	1236.7	3.066 7
300	0.036 16	2885.0	6.069 3	0.029 46	2839.2	5.932 2
350	0.042 23	3043.9	6.335 6	0.035 24	3017.0	6.230 6
400	0.047 38	3178.6	6.543 8	0.039 92	3159.7	6.451 1
450	0.052 12	3302.6	6.721 4	0.044 14	3288.0	6.635 0
500	0.056 62	3422.2	6.881 4	0.048 10	3410.5	6.798 8
520	0.058 37	3469.5	6.941 7	0.049 64	3458.6	6.860 2
540	0.060 10	3516.5	7.000 3	0.051 16	3506.4	6.919 8
550	0.060 96	3540.0	7.029 1	0.051 91	3530.2	6.949 0
560	0.061 82	3563.5	7.057 5	0.052 66	3554.1	6.977 8
580	0.063 52	3610.4	7.113 1	0.054 14	3601.6	7.034 2
600	0.065 21	3657.2	7.167 3	0.055 61	3649.0	7.089 0

续表

p(MPa)	8			9		
	t_s=294.98 v'=0.001 384 3 v''=0.023 49 h'=1317.5 h''=2757.5 s'=3.208 3 s''=5.743 0			t_s=303.31 v'=0.001 417 9 v''=0.020 46 h'=1 364.2 h''=2741.8 s'=3.287 5 s''=5.677 3		
t	v	h	s	v	h	s
℃	m^3/kg	kJ/kg	kJ/(kg·K)	m^3/kg	kJ/kg	kJ/(kg·K)
0	0.000 996 2	8.1	0.000 4	0.000 995 8	9.1	0.0005
10	0.000 996 5	49.8	0.150 3	0.000 996 0	50.7	0.150 2
20	0.000 998 1	91.4	0.294 6	0.000 997 7	92.3	0.294 4
40	0.001 004 3	174.5	0.569 0	0.001 003 8	175.4	0.568 6
60	0.001 013 5	257.8	0.826 7	0.001 013 1	258.6	0.826 2
80	0.001 025 4	341.2	1.070 0	0.001 024 9	342.0	1.069 4
100	0.001 039 6	425.0	1.300 7	0.001 039 1	425.8	1.300 0
120	0.001 056 2	509.2	1.520 6	0.001 055 6	509.9	1.519 7
140	0.001 075 2	594.1	1.731 1	0.001 074 5	594.7	1.730 1
160	0.001 096 8	679.8	1.933 8	0.001 096 1	680.4	1.932 6
180	0.001 121 6	766.7	2.129 9	0.001 120 7	767.2	2.128 6
200	0.001 150 0	855.1	2.320 7	0.001 149 0	855.5	2.319 1
220	0.001 182 9	945.3	2.507 5	0.001 181 7	945.6	2.505 7
240	0.001 221 8	1038.2	2.692 0	0.001 220 2	1038.3	2.689 9
260	0.001 268 7	1134.6	2.876 2	0.001 266 7	1134.4	2.873 7
280	0.001 327 7	1236.2	3.063 3	0.001 324 9	1235.6	3.060 0
300	0.024 25	2785.4	5.791 8	0.001 402 2	1344.9	3.253 9
350	0.029 95	2988.3	6.132 4	0.025 79	2957.5	6.038 3
400	0.034 31	3140.1	6.367 0	0.029 93	3119.7	6.289 1
450	0.038 15	3273.1	6.557 7	0.033 48	3257.9	6.487 2
500	0.041 72	3398.5	6.725 4	0.036 75	3386.4	6.659 2
520	0.043 09	3447.6	6.788 1	0.038 00	3436.4	6.723 0
540	0.044 45	3496.2	6.848 6	0.039 23	3485.9	6.784 6
550	0.045 12	3520.4	6.878 3	0.039 84	3510.5	6.814 7
560	0.045 78	3544.6	6.907 5	0.040 44	3535.0	6.844 4
580	0.047 10	3592.8	6.964 6	0.041 63	3583.9	6.902 3
600	0.048 41	3640.7	7.020 1	0.042 81	3632.4	6.958 5

续表

p(MPa)	10			12		
	t_s=310.96 v'=0.001 452 6　v''=0.018 00 h'=1408.6　h''=2724.4 s'=3.361 6　s''=5.614 3			t_s=324.64 v'=0.001 526 7　v''=0.014 25 h'=1492.6　h''=2684.8 s'=3.498 6　s''=5.493 0		
t	v	h	s	v	h	s
℃	m³/kg	kJ/kg	kJ/(kg·K)	m³/kg	kJ/kg	kJ/(kg·K)
0	0.000 995 3	10.1	0.000 5	0.000 994 3	12.1	0.000 6
10	0.000 995 6	51.7	0.150 0	0.000 994 7	53.6	0.149 8
20	0.000 997 2	93.2	0.294 2	0.000 996 4	95.1	0.293 7
40	0.001 003 4	176.3	0.568 2	0.001 002 6	178.1	0.567 4
60	0.001 012 6	259.4	0.825 7	0.001 011 8	261.1	0.824 6
80	0.001 024 4	342.8	1.068 7	0.001 023 5	344.4	1.067 4
100	0.001 038 6	426.5	1.299 2	0.001 037 6	428.0	1.297 7
120	0.001 055 1	510.6	1.518 8	0.001 054 0	512.0	1.517 0
140	0.001 073 9	595.4	1.729 1	0.001 072 7	596.7	1.727 1
160	0.001 095 4	681.0	1.931 5	0.001 094 0	682.2	1.929 2
180	0.001 119 9	767.8	2.127 2	0.001 118 3	768.8	2.124
200	0.001 148 0	855.9	2.317 6	0.001 146 1	856.8	2.314 6
220	0.001 180 5	946.0	2.504 0	0.001 178 2	946.6	2.500 5
240	0.001 218 8	1038.4	2.697 8	0.001 215 8	1038.8	2.683 7
260	0.001 264 8	1134.3	2.871 1	0.001 260 9	1134.2	2.866 1
280	0.001 322 1	1235.2	3.056 7	0.001 316 7	1234.3	3.050 3
300	0.001 397 8	1343.7	3.249 4	0.001 389 5	1341.5	3.240 7
350	0.022 42	2924.2	5.946 4	0.017 21	2848.4	5.761 5
400	0.026 41	3098.5	6.215 8	0.021 08	3053.3	6.078 7
450	0.029 74	3242.2	6.422 0	0.024 11	3209.9	6.303 2
500	0.032 77	3374.1	6.598 4	0.026 79	3349.0	6.489 3
520	0.033 92	3425.1	6.663 5	0.027 80	3402.1	6.557 1
540	0.035 05	3475.4	6.726 2	0.028 78	3454.2	6.622 0
550	0.035 61	3500.4	6.756 8	0.029 26	3480.0	6.653 6
560	0.036 16	3525.4	6.786 9	0.029 74	3505.7	6.684 7
580	0.037 26	3574.9	6.845 6	0.030 68	3556.7	6.745 1
600	0.038 33	3624.0	6.902 5	0.031 61	3607.0	6.803 4

续表

p(MPa)	14			16		
	t_s=336.63 v'=0.001 610 4 v''=0.011 49 h'=1572.8 h''=2638.3 s'=3.626 2 s''=5.373 7			t_s=347.32 v'=0.001 701 v''=0.009 330 h'=1651.5 h''=2582.7 s'=3.748 6 s''=5.249 6		
t	v	h	s	v	h	s
℃	m^3/kg	kJ/kg	kJ/(kg·K)	m^3/kg	kJ/kg	kJ/(kg·K)
0	0.000 993 3	14.1	0.000 7	0.000 992 4	16.1	0.000 8
10	0.000 993 8	55.6	0.149 6	0.000 992 8	57.5	0.149 4
20	0.000 995 5	97.0	0.293 3	0.000 994 6	98.8	0.292 8
40	0.001 001 7	179.8	0.566 6	0.001 000 8	181.6	0.565 9
60	0.001 010 9	262.8	0.823 6	0.001 010 0	264.5	0.822 5
80	0.001 022 6	346.0	1.066 1	0.001 021 7	347.6	1.064 8
100	0.001 036 6	429.5	1.296 1	0.001 035 6	431.0	1.294 6
120	0.001 052 9	513.5	1.515 3	0.001 051 8	514.9	1.513 6
140	0.001 071 5	598.0	1.725 1	0.001 070 3	599.4	1.723 1
160	0.001 092 6	683.4	1.926 9	0.001 091 2	684.6	1.924 7
180	0.001 116 7	769.9	2.122 0	0.001 115 1	771.0	2.119 5
200	0.001 144 2	857.7	2.311 7	0.001 142 3	858.6	2.308 7
220	0.001 175 9	947.2	2.497 0	0.001 173 6	947.9	2.493 6
240	0.001 212 9	1039.1	2.679 6	0.001 210 1	1039.5	2.675 6
260	0.001 257 2	1134.1	2.861 2	0.001 253 5	1134.0	2.856 3
280	0.001 311 5	1233.5	3.044 1	0.001 306 5	1232.8	3.038 1
300	0.001 381 6	1339.5	3.232 4	0.001 374 2	1337.7	3.224 5
350	0.013 23	2753.5	5.560 6	0.009 782	2618.5	5.307 1
400	0.017 22	3004.0	5.948 8	0.014 27	2949.7	5.821 5
450	0.020 07	3175.8	6.195 3	0.017 02	3140.0	6.094 7
500	0.022 51	3323.0	6.392 2	0.019 29	3296.3	6.303 8
520	0.023 42	3378.4	6.463 0	0.020 13	3354.2	6.377 7
540	0.024 30	3432.5	6.530 4	0.020 93	3410.4	6.447 7
550	0.024 73	3459.2	6.563 1	0.021 32	3438.0	6.481 6
560	0.025 15	3485.8	6.595 1	0.021 71	3465.4	6.514 6
580	0.025 99	3538.2	6.657 3	0.022 47	3519.4	6.578 7
600	0.026 81	3589.8	6.717 2	0.023 21	3572.4	6.640 1

续表

p(MPa)	18			20		
	$t_s=356.96$ $v'=0.0018380$ $v''=0.007534$ $h'=1733.4$ $h''=2514.4$ $s'=3.8739$ $s''=5.1135$			$t_s=365.71$ $v'=0.002038$ $v''=0.005873$ $h'=1828.8$ $h''=2413.8$ $s'=4.0181$ $s''=4.9338$		
t	v	h	s	v	h	s
℃	m³/kg	kJ/kg	kJ/（kg·K）	m³/kg	kJ/kg	kJ/（kg·K）
0	0.000 991 4	18.1	0.000 8	0.000 990 4	20.1	0.000 8
10	0.000 991 9	59.4	0.149 1	0.000 991 0	61.3	0.148 9
20	0.000 993 7	100.7	0.292 4	0.000 992 9	102.5	0.291 9
40	0.001 000 0	183.3	0.565 1	0.000 999 2	185.1	0.564 3
60	0.001 009 2	266.1	0.821 5	0.001 008 3	267.8	0.820 4
80	0.001 020 8	349.2	1.063 6	0.001 019 9	350.8	1.062 3
100	0.001 034 6	432.5	1.293 1	0.001 033 7	434.0	1.291 6
120	0.001 050 7	516.3	1.511 8	0.001 049 6	517.7	1.510 1
140	0.001 069 1	600.7	1.721 2	0.001 067 9	602.0	1.719 2
160	0.001 089 9	685.9	1.922 5	0.001 088 6	687.1	1.920 3
180	0.001 113 6	772.0	2.117 0	0.0011120	773.1	2.114 5
200	0.001 140 5	859.5	2.305 8	0.001 138 7	860.4	2.303 0
220	0.001 171 4	948.6	2.490 3	0.001 169 3	949.3	2.487 0
240	0.001 207 4	1039.9	2.671 7	0.001 204 7	1040.3	2.667 8
260	0.001 250 0	1134.0	2.851 6	0.001 246 6	1134.1	2.847 0
280	0.001 301 7	1232.1	3.032 3	0.001 297 1	1231.6	3.026 6
300	0.001 367 2	1336.1	3.216 8	0.001 360 6	1334.6	3.209 5
350	0.001 704 2	1660.9	3.758 2	0.001 666	1648.4	3.732 7
400	0.011 91	2 889.0	5.692 6	0.009 952	2820.1	5.557 8
450	0.014 63	3102.3	5.998 9	0.012 70	3062.4	5.906 1
500	0.016 78	3268.7	6.221 5	0.014 77	3240.2	6.144 0
520	0.017 56	3329.3	6.298 9	0.015 51	3303.7	6.225 1
540	0.018 31	3387.7	6.371 7	0.016 21	3364.6	6.300 9
550	0.018 67	3416.4	6.406 8	0.016 55	3394.3	6.337 3
560	0.019 03	3444.7	6.441 0	0.016 88	3423.6	6.372 6
580	0.019 73	3500.3	6.507 0	0.017 53	3480.9	6.440 6
600	0.020 41	3554.8	6.570 1	0.018 16	3536.9	6.505 5

续表

p(MPa)	25			30		
t	v	h	s	v	h	s
℃	m³/kg	kJ/kg	kJ/（kg·K）	m³/kg	kJ/kg	kJ/（kg·K）
0	0.000 988 1	25.1	0.000 9	0.000 985 7	30.0	0.000 8
10	0.000 988 8	66.1	0.148 2	0.000 986 6	70.8	0.147 5
20	0.000 990 7	107.1	0.290 7	0.000 988 6	111.7	0.289 5
40	0.000 997 1	189.4	0.562 3	0.000 995 0	193.8	0.560 4
60	0.001 006 2	272.0	0.817 8	0.001 004 1	276.1	0.815 3
80	0.001 017 7	354.8	1.059 1	0.001 015 5	358.7	1.056 0
100	0.001 031 3	437.8	1.287 9	0.001 028 9	441.6	1.284 3
120	0.001 047 0	521.3	1.505 9	0.001 044 5	524.9	1.501 7
140	0.001 065 0	605.4	1.714 4	0.001 062 1	608.1	1.709 7
160	0.001 085 3	690.2	1.914 8	0.001 082 1	693.3	1.909 5
180	0.001 108 2	775.9	2.108 3	0.001 104 6	778.7	2.102 2
200	0.001 134 3	862.8	2.296 0	0.001 130 0	865.2	2.289 1
220	0.001 164 0	951.2	2.478 9	0.001 159 0	953.1	2.471 1
240	0.001 198 3	1041.5	2.658 4	0.001 192 2	1042.8	2.649 3
260	0.001 238 4	1134.3	2.835 9	0.001 230 7	1134.8	2.825 2
280	0.001 286 3	1230.5	3.013 0	0.001 276 2	1229.9	3.000 2
300	0.001 345 3	1331.5	3.192 2	0.001 331 5	1329.0	3.176 3
350	0.001 600	1626.4	3.684 4	0.001 554	1611.3	3.647 5
400	0.006 009	2583.2	5.147 2	0.002 806	2159.1	4.485 4
450	0.009 168	2952.1	5.678 7	0.006 730	2823.1	5.445 8
500	0.011 13	3165.0	5.963 9	0.008 679	3083.9	5.795 4
520	0.011 80	3237.0	6.055 8	0.009 309	3166.1	5.900 4
540	0.012 42	3304.7	6.140 1	0.009 889	3241.7	5.994 5
550	0.012 72	3337.3	6.180 0	0.010 165	3277.7	6.038 5
560	0.013 01	3369.2	6.218 5	0.010 43	3312.6	6.080 6
580	0.013 58	3431.2	6.292 1	0.010 95	3379.8	6.160 4
600	0.014 13	3491.2	6.361 6	0.011 44	3444.2	6.235 1

注 粗水平线之上为未饱和水，粗水平线之下为过热蒸汽。

附表八　　几种材料的密度、导热系数、质量热容和热扩散率

材料名称	t (℃)	ρ (kg/m^3)	λ [W/(m·℃)]	c [kJ/(kg·℃)]	$a\times10^2$ (m^2/h)	备注
银	0	10 500	458.2	0.235	670.0	
铜(紫铜)	0	8800	383.8	0.461	412.0	
黄铜	0	8600	85.5	0.377	95.0	
钢C≈0.5%	20	7830	53.6	0.465		
C≈1.0%	20	7800	43.3	0.473		
C≈1.5%	20	7750	36.4	0.486		
灰铸铁	20		41.9~58.6			c为100℃时的质量热容
铸铝 ZL101	25	2660	150.7	0.879		
铸铝 ZL104	25	2650	146.5	0.754		
铸铝 ZL109	25	2680	117.2	0.963		
锻铝 LD7	25	2800	142.4	0.796		
铝	0	2670	203.5	0.921	328.0	
超细玻璃棉	36	33.4~50	0.030			
珍珠岩散料	20	44~288	0.042~0.078			
蛭石	20	395~467	0.105~0.128	0.816	0.712	
石棉板	30	770~1045	0.111~0.140			
耐火粘土砖	0	270~2000	0.058~0.698			
红砖	25	1560	0.489			
矿渣棉	30	207	0.058	1.130	0.560	
水泥	30	1900	0.302			
混凝土			1.28			
泡沫混凝土	0	400~450	0.091~0.1			
黄沙	30	1580~1700	0.279~0.337			
土			0.50~1.652			
松木(垂直木纹)	15	496	0.150			
松木(平行木纹)	21	527	0.347			
玻璃			0.698~1.05			
纤维板			0.049			
草绳		230	0.064~0.113			
泡沫塑料	30	29.5~162	0.041~0.056			
聚苯乙烯	30	24.7~37.8	0.04~0.043			
聚氯乙烯	30		0.14~0.151			
聚四氟乙烯	20	2240	0.186			
橡胶制品	0	1200	0.163	1.382	0.352	
木垢			1.28~3.14			
烟灰			0.07~0.116			
瓷		2400	1.035	1.089	1.43	

附表九 **几种材料在表面法线方向上的辐射黑度**

材料类别和表面状况	温度（℃）	黑度 ε	材料类别和表面状况	温度（℃）	黑度 ε
磨光的钢铸件	770～1035	0.52～0.56	镀锌的铁皮	38	0.23
碾压的钢板	21	0.657	镀锌的铁片被氧化呈灰色	24	0.276
具有非常粗糙的氧化层的钢板	24	0.80	磨光的或电镀层的银	38～1090	0.01～0.03
磨光的铬	150	0.058	白大理石	38～538	0.95～0.93
粗糙的铝板	20～25	0.06～0.07	石灰泥	38～260	0.92
基体为铜的镀铝表面	190～600	0.18～0.19	磨光的玻璃	38	0.90
在磨光的铁上电镀一层镍，但不再磨光	38	0.11	平滑的玻璃	38	0.94
			白瓷釉	51	0.92
铬镍合金	52～1034	0.64～0.76	石棉板	38	0.96
粗糙的铅	38	0.43	石棉纸	38	0.93
灰色、氧化的铝	38	0.28	耐火砖	500～1000	0.8～0.9
磨光的铸铁	200	0.21	红砖	20	0.93
生锈的铁板	20	0.685	油毛毡	20	0.93
粗糙的铁锭	926～1120	0.87～0.95	抹灰的墙	20	0.94
经过车床加工的铸铁	882～987	0.60～0.70	灯黑	20～400	0.95～0.97
稍加磨光的黄铜	38～260	0.12	平木板	20	0.78
无光泽的黄铜	38	0.22	硬橡皮	20	0.92
粗糙的黄铜	38	0.74	木料	20	0.80～0.92
磨光的紫铜	20	0.03	各种颜色的油漆	100	0.92～0.96
氧化了的紫铜	20	0.78	雪	0	0.8
镀有锡且发亮的铁片	25	0.043～0.064	水（厚度大于0.1mm）	0～100	0.96

注 绝大部分非金属材料的黑度在0.85～0.95之间，在缺乏资料时，可近似取作0.9。

附录B 焓 熵 图

附录B见文末插页。

参 考 文 献

[1] 唐莉萍. 热工基础（Ⅰ）、（Ⅱ）. 北京：中国电力出版社，1999.
[2] 黄恩洪. 热工基础. 北京：水利电力出版社，1994.
[3] 程上婉. 热工学理论基础. 北京：水利电力出版社，1989.
[4] 王大振. 热工基础. 北京：中国电力出版社，1998.
[5] 盛胜雄. 热工基础. 北京：科学技术出版社，1998.
[6]《中国电力百科全书》编辑委员会. 中国电力百科全书. 2 版. 北京：中国电力出版社，2001.